现代非参数统计

杨善朝 著

科学出版社

北 京

内 容 简 介

　　非参数估计方法是现代统计学中的重要方法,本书主要介绍非参数密度估计、非参数回归估计和经验似然方法.非参数密度估计的内容包括核密度估计、最近邻密度估计和频率插值密度估计,而非参数回归估计的内容包括随机设计权函数回归估计、固定设计权函数回归估计和混合相依样本下的回归估计.书中主要介绍这些估计方法的构造和定义,以及相关的大样本性质.在内容选取时,有部分参考了一些学术专著,也有部分来源于学术论文,并经过提炼和升华,对一些数值模拟计算还配有 R 软件代码,使其更加通俗易懂,适应更多读者.

　　本书适合作为高等院校计算机专业或信息类相关专业的本科或专科教材,也非常适合信息技术和工程应用行业的工作者作为自学参考书.

图书在版编目(CIP)数据

现代非参数统计/杨善朝著. —北京:科学出版社,2021.12
ISBN 978-7-03-070501-3

Ⅰ.①现… Ⅱ.①杨… Ⅲ.①非参数统计 Ⅳ.①O212.7

中国版本图书馆 CIP 数据核字(2021)第 224159 号

责任编辑:胡庆家　范培培/责任校对:彭珍珍
责任印制:吴兆东/封面设计:无极书装

科 学 出 版 社 出版
北京东黄城根北街 16 号
邮政编码:100717
http://www.sciencep.com
北京九州迅驰传媒文化有限公司印刷
科学出版社发行　各地新华书店经销
*
2021 年 12 月第 一 版　开本:720×1000　1/16
2025 年 1 月第三次印刷　印张:12 3/4
字数:260 000
定价:98.00 元
(如有印装质量问题,我社负责调换)

前　　言

在统计学中, 参数估计和非参数估计是两种最主要的估计方法. 为了采用参数估计方法, 要事先假设所研究的对象服从某种类型的数学模型, 且数学模型仅由一些参数所确定, 这样将研究问题转化为对模型参数的估计问题. 这种方法通过模型假设将复杂问题转化为简单问题, 有利于便捷解决问题, 而且在模型假设正确的条件下该方法具有很好的小样本性质和大样本性质. 然而, 模型假设是一个困难的事情, 容易出现模型假设错误, 这导致整个估计方法的失败, 所以参数估计方法容易面临模型假设错误所带来的风险. 因此, 人们发展了新的非参数估计方法, 这种估计方法不需要事先假设所研究问题服从某种类型的数学模型, 而是完全根据数据结构对问题进行估计和推断, 具有模型自由和分布自由的特点, 完全避免了由模型假设错误所带来的风险, 并且该方法也具有很好的大样本性质, 所以非参数估计方法被理论界和应用界广泛认可, 成为近代重要的统计方法.

由于非参数估计方法是完全借助数据的结构特点来对问题进行估计和推断的, 所以对数据容量的要求要大一些, 不然样本数据就很难反映出数据结构的特征, 就会降低估计的效果. 对样本容量要求大, 从而导致计算量大, 这是非参数估计方法的一个缺陷. 然而, 在当今大数据时代和计算机蓬勃发展的时代, 数据容易获取, 计算能力超强, 在这种有利大环境下非参数估计方法被广泛应用于人工智能、航空航天、国防安全、经济、生物医药、信息、能源、海洋、先进制造、教育等领域.

非参数估计方法有许多, 本书主要介绍非参数密度估计、非参数回归估计和经验似然方法. 其中, 非参数密度估计的内容包括核密度估计、最近邻密度估计和频率插值密度估计, 而非参数回归估计的内容包括随机设计权函数回归估计、固定设计权函数回归估计和混合相依样本下的回归估计. 对这些估计方法, 主要介绍方法的构造和定义以及相关的大样本性质. 本书是作者经过长期教学与科研实践和体会形成的, 在取材上既考虑了内容的科学性和系统性, 也考虑了内容涵盖的广度和深度, 同时还考虑了内容的应用性和学术性. 有部分内容参考了一些学术专著, 有部分内容则是来源于学术论文, 有许多内容都是经过作者的提炼和升华, 并对一些数值模拟计算还配有 R 软件代码, 使其更加通俗易懂, 适应更广泛的读者.

　　本书的出版得到国家自然科学基金 (11461009, 11061007, 10161004) 的资助, 作者谨在此表示衷心感谢.

杨善朝

2021 年 5 月

目　　录

第 1 章　预 备 知 识

本章收集一些后面常用的随机变量 (序列) 的不等式和随机变量阵列的中心极限定理.

1.1　随机变量序列的收敛性

1.1.1　收敛的定义

设 $\{X_n, n \geqslant 1\}$ 为随机变量序列, X 为一个随机变量. 如果 $\forall \varepsilon > 0$, 都有

$$\lim_{n \to \infty} P(|X_n - X| > \varepsilon) = 0,$$

则称 X_n 依概率收敛于 X, 记为 $X_n \overset{P}{\to} X$, 或记为 $X_n - X = o_p(1)$.

如果 $\forall \varepsilon > 0$, 存在 $M > 0$, 使得

$$P(|X_n| \geqslant M) < \varepsilon, \quad \forall n \geqslant 1,$$

则称 X_n 依概率有界, 记为 $X_n = O_p(1)$.

如果

$$P\left(\lim_{n \to \infty} X_n = X\right) = 1,$$

则称 X_n 以概率 1 收敛于 X, 或称 X_n 几乎处处收敛于 X, 记为 $X_n \overset{\text{a.s.}}{\to} X$, 或记为 $X_n \to X, \text{a.s.}$, 或记为 $X_n - X = o_{\text{a.s.}}(1)$.

几乎处处收敛的定义也可以等价描述为: $\forall \varepsilon > 0$, 存在 $N > 0$, 使得当 $n > N$ 时有

$$|X_n - X| < \varepsilon, \quad \text{a.s.},$$

则称 X_n 几乎处处收敛于 X.

如果存在 $M > 0$ 使得

$$P(|X_n| \leqslant M) = 1, \quad \forall n \geqslant 1,$$

则称 X_n 几乎处处有界, 记为 $X_n = O_{\text{a.s.}}(1)$.

设 $r > 0$, 如果

$$\lim_{n \to \infty} E|X_n - X|^r = 0,$$

则称 X_n 的 r 阶矩收敛于 X, 记为 $X_n \xrightarrow{r} X$. 当 $r = 2$ 时, 称为均方收敛.

如果 $\forall \varepsilon > 0$, 有

$$\sum_{n=1}^{\infty} P(|X_n - X| > \varepsilon) < \infty,$$

则称 X_n 完全收敛于 X, 记为 $X_n \xrightarrow{C} X$.

设 $F_n(x)$ 为 X_n 的分布函数, $F(x)$ 为 X 的分布函数. 如果对 $F(x)$ 的任意连续点 x, 均有

$$\lim_{n \to \infty} F_n(x) = F(x),$$

则称 X_n 依分布收敛于 X, 记为 $X_n \xrightarrow{d} X$.

若实数数列 $d_n \to \infty$, 且在某种收敛意义下 $d_n|X_n - X| \to 0$, 则称 d_n 为 X_n 在某种收敛意义下收敛于 X 的收敛速度.

1.1.2 收敛的性质

各种收敛的相互关系为

$$X_n \xrightarrow{C} X \;\; \Rightarrow \;\; X_n \xrightarrow{\text{a.s.}} X \;\; \Rightarrow \;\; X_n \xrightarrow{P} X \;\; \Rightarrow \;\; X_n \xrightarrow{d} X.$$

$$X_n \xrightarrow{r} X \;\; \Uparrow .$$

设 a 为常数, 则

$$X_n \xrightarrow{P} a \;\; \Leftrightarrow \;\; X_n \xrightarrow{d} a.$$

下面的结论给出了部分关系的证明.

定理 1.1.1 $X_n \xrightarrow{\text{a.s.}} X$ 的充要条件是: 对于任意的 $\varepsilon > 0$, 有

$$\lim_{n \to \infty} P\left(\bigcup_{m=n}^{\infty} \{|X_m - X| > \varepsilon\} \right) = 0.$$

证明 由 a.s. 收敛的定义, 知

$$X_n \xrightarrow{\text{a.s.}} X \Leftrightarrow 1 = P\left(\lim_{n \to \infty} X_n = X \right)$$

$$= P\left(\bigcup_{n=1}^{\infty}\bigcap_{m=n}^{\infty}\{|X_m - X| \leqslant \varepsilon\}\right), \quad \forall \varepsilon > 0.$$

这等价于

$$P\left(\bigcap_{n=1}^{\infty}\bigcup_{m=n}^{\infty}\{|X_m - X| > \varepsilon\}\right) = 0, \quad \forall \varepsilon > 0.$$

由概率的连续性, 上式等价于

$$\lim_{n\to\infty} P\left(\bigcup_{m=n}^{\infty}\{|X_m - X| > \varepsilon\}\right) = 0, \quad \forall \varepsilon > 0.$$

证毕.

由于

$$\lim_{n\to\infty} P(|X_m - X| > \varepsilon) \leqslant \lim_{n\to\infty} P\left(\bigcup_{m=n}^{\infty}\{|X_m - X| > \varepsilon\}\right)$$

$$\leqslant \lim_{n\to\infty} \sum_{m=n}^{\infty} P(|X_m - X| > \varepsilon),$$

所以结合定理 1.1.1, 有

$$X_n \xrightarrow{C} X \quad \Rightarrow \quad X_n \xrightarrow{\text{a.s.}} X \quad \Rightarrow \quad X_n \xrightarrow{P} X.$$

设 $\{A_n : n \geqslant 1\}$ 为一串随机事件序列, 记

$$\limsup_{n\to\infty} A_n := \bigcap_{n=1}^{\infty}\bigcup_{k=n}^{\infty} A_k$$

$$= \{A_n \text{中有无穷多个事件发生}\}$$

$$=: \{A_n, \text{i.o.}\}.$$

Borel-Cantelli 引理 设 $\{A_n, n \geqslant 1\}$ 为一串随机事件序列.

(i) 若 $\sum_{n=1}^{\infty} P(A_n) < \infty$, 则 $P\{A_n, \text{i.o.}\} = 0$.

(ii) 若 $\{A_n, n \geqslant 1\}$ 为独立随机事件序列, 且 $\sum_{n=1}^{\infty} P(A_n) = \infty$, 则 $P\{A_n, \text{i.o.}\} = 1$.

证明 (i) 由于

$$0 \leqslant P\{A_n, \text{i.o.}\} = P\left(\bigcap_{n=1}^{\infty}\bigcup_{k=n}^{\infty} A_k\right)$$

$$\leqslant P\left(\bigcup_{k=n}^{\infty} A_k\right)$$

$$\leqslant \sum_{k=n}^{\infty} P(A_k) \to 0,$$

所以 $P\{A_n, \text{i.o.}\} = 0$.

(ii) 如果 $\{A_n : n \geqslant 1\}$ 为独立随机事件序列, 则对任意的正整数 $N > n$, 有

$$1 - P\left(\bigcup_{k=n}^{N} A_k\right) = P\left(\bigcap_{k=n}^{N} A_k^C\right)$$

$$= \prod_{k=n}^{N} P\left(A_k^C\right)$$

$$= \prod_{k=n}^{N} \left[1 - P\left(A_k\right)\right]$$

$$\leqslant \prod_{k=n}^{N} e^{-P(A_k)}$$

$$= \exp\left\{-\sum_{k=n}^{N} P\left(A_k\right)\right\} \to 0 \quad (N \to \infty).$$

因此, 对每一个 n, 有 $P\left(\bigcup_{k=n}^{\infty} A_k\right) = 1$. 故

$$P\{A_n, \text{i.o.}\} = 1.$$

证毕.

由 Borel-Cantelli 引理有如下重要的结论, 它提供了一种证明几乎处处收敛的重要方法.

定理 1.1.2 若 $\forall \varepsilon > 0$, 有 $\sum_{n=1}^{\infty} P(|X_n - X| > \varepsilon) < \infty$, 则当 $n \to \infty$ 时, 有 $X_n \stackrel{\text{a.s.}}{\to} X$.

证明 记 $A_n = \{|X_n - X| > \varepsilon\}$. 由于 $\sum_{n=1}^{\infty} P(A_n) < \infty$, 所以由 Borel-Cantelli 引理, 有 $P\{A_n, \text{i.o.}\} = 0$, 即 $P(A_n$中有无穷多个事件发生$) = 0$. 因此, 存在 $N > 1$, 当 $n \geqslant N$ 时, A_n 几乎都不发生, 即

$$P(|X_n - X| \leqslant \varepsilon, \ \forall n \geqslant N) = 1.$$

由几乎处处收敛的定义知, 上式意味着 $X_n \stackrel{\text{a.s.}}{\to} X$.

另外, 注意到上式等价于

$$P\left(\bigcap_{n=N}^{\infty}\{|X_n-X|\leqslant\varepsilon\}\right)=1,$$

也等价于

$$P\left(\bigcup_{n=N}^{\infty}\{|X_n-X|>\varepsilon\}\right)=0.$$

所以, 由定理 1.1.1 也可以获得 $X_n \xrightarrow{\text{a.s.}} X$. 证毕.

Kronecker 引理 设 $\{a_n : n \geqslant 1\}$ 和 $\{x_n : n \geqslant 1\}$ 是两个实数序列, $0 < a_n \uparrow \infty$. 如果 $\sum_{n=1}^{\infty} x_n/a_n$ 收敛, 那么 $\sum_{j=1}^{n} x_j/a_n \to 0$ $(n \to \infty)$.

证明 记 $a_0 = 0, y = \sum_{n=1}^{\infty} x_n/a_n, y_1 = 0, y_n = \sum_{j=1}^{n-1} x_j/a_j$ $(n \geqslant 2)$, 则

$$y_n \to y.$$

显然

$$\sum_{j=1}^{n} x_j/a_n$$

$$= \sum_{j=1}^{n} a_j(y_{j+1}-y_j)/a_n$$

$$= \{a_1(y_2-y_1)+a_2(y_3-y_2)+a_3(y_4-y_3)+\cdots+a_n(y_{n+1}-y_n)\}/a_n$$

$$= y_{n+1} - \sum_{j=1}^{n}(a_j-a_{j-1})y_j/a_n.$$

因此, 下面只需证明

$$\sum_{j=1}^{n}(a_j-a_{j-1})y_j/a_n \to y.$$

由条件知, 对任意给定的 $\varepsilon > 0$, 存在 $N > 1$, 使当 $n > N$ 时, 有 $|y_n - y| < \varepsilon$. 因此

$$\left|\frac{1}{a_n}\sum_{j=1}^{n}(a_j-a_{j-1})y_j - y\right|$$

$$= \left| \frac{1}{a_n} \sum_{j=1}^{n} (a_j - a_{j-1})(y_j - y) \right|$$

$$\leqslant \left| \frac{1}{a_n} \sum_{j=1}^{N} (a_j - a_{j-1})(y_j - y) \right| + \frac{1}{a_n} \sum_{j=N+1}^{n} (a_j - a_{j-1})|y_j - y|$$

$$\leqslant \frac{1}{a_n} \left| \sum_{j=1}^{N} (a_j - a_{j-1})(y_j - y) \right| + \frac{a_n + a_N}{a_n} \varepsilon,$$

由此式及 $0 < a_n \uparrow \infty$ 得结论. 证毕.

1.2 随机变量的不等式

1.2.1 随机变量的基本不等式

1. **Hölder 不等式** 若 $r, s > 1, \dfrac{1}{r} + \dfrac{1}{s} = 1$, 则

$$E|XY| \leqslant E^{1/r}|X|^r E^{1/s}|Y|^s. \tag{1.2.1}$$

2. **Schwarz 不等式** $E|XY| \leqslant E^{1/2}|X|^2 E^{1/2}|Y|^2$.

3. **Jensen 不等式** 若 $g(x)$ 是 $\mathbb{R}^1$ 上连续的凸函数, 则

$$Eg(X) \geqslant g(EX). \tag{1.2.2}$$

对 $s \geqslant 1$, 取 $g(x) = |x|^s$, 由此 Jensen 不等式得

$$E|X| \leqslant E^{1/s}|X|^s. \tag{1.2.3}$$

若 $0 < r < s$, 则

$$E^{1/r}|X|^r \leqslant E^{1/s}|X|^s. \tag{1.2.4}$$

此不等式也可称为随机变量关于模的阶数的单调性.

4. **Markov 不等式** 若 $r > 0$, 则 $\varepsilon > 0$, 有

$$P(|X| > \varepsilon) \leqslant \frac{E|X|^r}{\varepsilon^r}. \tag{1.2.5}$$

当 $r = 2$ 时, 即为切比雪夫不等式.

5. **Minkowski 不等式** 若 $r > 1$, 则

$$E^{1/r}|X + Y|^r \leqslant E^{1/r}|X|^r + E^{1/r}|Y|^r, \tag{1.2.6}$$

$$E^{1/r}|X_1 + X_2 + \cdots + X_n|^r \leqslant E^{1/r}|X_1|^r + E^{1/r}|X_2|^r + \cdots + E^{1/r}|X_n|^r. \quad (1.2.7)$$

6. C_r-不等式 若 $0 < r \leqslant 1$, 则

$$E|X_1 + X_2 + \cdots + X_n|^r \leqslant E|X_1|^r + E|X_2|^r + \cdots + E|X_n|^r. \quad (1.2.8)$$

若 $r > 1$, 则

$$E|X_1 + X_2 + \cdots + X_n|^r \leqslant n^{r-1}\left(E|X_1|^r + E|X_2|^r + \cdots + E|X_n|^r\right). \quad (1.2.9)$$

1.2.2 独立随机变量序列和的矩不等式

定理 1.2.1 假设随机变量序列 $\{X_i, i \geqslant 1\}$ 相互独立, $E(X_i) = 0$ 和 $E|X_i|^r < \infty$ $(\forall i \geqslant 1)$, 其中 $r > 1$. 则存在与 n 无关的常数 $C > 0$, 使

$$E\left|\sum_{i=1}^{n} X_i\right|^r \leqslant C \sum_{i=1}^{n} E|X_i|^r \quad (1 < r \leqslant 2) \quad (1.2.10)$$

和

$$E\left|\sum_{i=1}^{n} X_i\right|^r \leqslant C\left\{\sum_{i=1}^{n} E|X_i|^r + \left(\sum_{i=1}^{n} E(X_i^2)\right)^{r/2}\right\} \quad (r > 2). \quad (1.2.11)$$

这类矩不等式称为 Rosenthal 型矩不等式, 可参见: Rosenthal (1970).

1.2.3 独立随机变量序列和的尾部概率不等式

定理 1.2.2 设随机变量序列 $\{X_i, i \geqslant 1\}$ 相互独立且 $E(X_i) = 0, |X_i| \leqslant b_i$ a.s. $(i \geqslant 1)$. 如果实数 $t > 0$ 满足 $t \cdot \max\limits_{1 \leqslant i \leqslant n} b_i \leqslant 1$, 则 $\forall \varepsilon > 0$,

$$P\left(\left|\sum_{i=1}^{n} X_i\right| > \varepsilon\right) \leqslant 2\exp\left\{-t\varepsilon + t^2 \sum_{i=1}^{n} E(X_i^2)\right\}. \quad (1.2.12)$$

这个尾部概率不等式来源于杨善朝和王岳宝 (1999), 也可参见: 杨善朝 (1995).

证明 由于 $|tX_i| \leqslant tb_i \leqslant 1$, a.s., 所以

$$Ee^{tX_i} = E\left\{\sum_{k=0}^{\infty} \frac{(tX_i)^k}{k!}\right\}$$

$$\leqslant E\left\{1 + tX_i + (tX_i)^2\left(\frac{1}{2!} + \frac{1}{3!} + \cdots\right)\right\}$$

$$\leqslant 1 + t^2 E X_i^2$$

$$\leqslant e^{t^2 E X_i^2}, \tag{1.2.13}$$

最后一个不等式利用 $1 + x \leqslant e^x$ 得到. 由 Markov 不等式, $\forall \varepsilon > 0$, 有

$$P\left(\sum_{j=1}^{n} X_i > \varepsilon\right) \leqslant e^{-t\varepsilon} E e^{t \sum_{i=1}^{n} X_i}$$

$$= e^{-t\varepsilon} \prod_{i=1}^{n} E e^{t X_i}$$

$$\leqslant e^{-t\varepsilon + t^2 \sum_{i=1}^{n} E X_i^2}. \tag{1.2.14}$$

因此得结论. 证毕.

定理 1.2.3 设随机变量序列 $\{X_i, i \geqslant 1\}$ 相互独立且 $E(X_i) = 0, |X_i| \leqslant b_i$ a.s. $(i \geqslant 1)$. 记 $d_n = \max\limits_{1 \leqslant i \leqslant n} b_i, \sigma_n^2 = \dfrac{1}{n} \sum_{i=1}^{n} E(X_i^2)$, 则 $\forall \varepsilon > 0$, 有

$$P\left(\left|\sum_{i=1}^{n} X_i\right| > \varepsilon\right) \leqslant 2\exp\left\{-\frac{\varepsilon^2}{2(d_n\varepsilon + 2n\sigma_n^2)}\right\}. \tag{1.2.15}$$

这类尾部概率不等式称为 Bernstein 型概率不等式, 可参见: Hoeffding(1963).

证明 令 $t = \dfrac{\varepsilon}{d_n\varepsilon + 2n\sigma_n^2}$, 则 $t > 0$ 且 $t \cdot \max\limits_{1 \leqslant i \leqslant n} b_i \leqslant 1$. 利用定理 1.2.2, 有

$$P\left(\left|\sum_{i=1}^{n} X_i\right| > \varepsilon\right) \leqslant 2\exp\left\{-t\varepsilon + t^2 n\sigma_n^2\right\}$$

$$= 2\exp\left\{-\frac{\varepsilon^2}{d_n\varepsilon + 2n\sigma_n^2} + \frac{n\sigma_n^2\varepsilon^2}{(d_n\varepsilon + 2n\sigma_n^2)^2}\right\}$$

$$= 2\exp\left\{-\frac{\varepsilon^2}{d_n\varepsilon + 2n\sigma_n^2} + \frac{\varepsilon^2}{d_n\varepsilon + 2n\sigma_n^2} \cdot \frac{n\sigma_n^2}{d_n\varepsilon + 2n\sigma_n^2}\right\}$$

$$\leqslant 2\exp\left\{-\frac{\varepsilon^2}{d_n\varepsilon + 2n\sigma_n^2} + \frac{\varepsilon^2}{d_n\varepsilon + 2n\sigma_n^2} \cdot \frac{1}{2}\right\}$$

$$= 2\exp\left\{-\frac{\varepsilon^2}{2(d_n\varepsilon + 2n\sigma_n^2)}\right\}. \tag{1.2.16}$$

证毕.

1.3 中心极限定理

1.3.1 随机变量序列的中心极限定理

以 $\Phi(x)$ 记标准正态分布的分布函数.

定理 1.3.1 (林德伯格-莱维 (Lindeberg-Lévy)) 设 $\{X_j, j \geqslant 1\}$ 是一个独立同分布随机变量序列, 记 $a = E(X_j)$, $\sigma^2 = \mathrm{Var}(X_j)$. 如果 $0 < \sigma < \infty$, 则 $\forall x \in \mathbb{R}$, 有

$$\lim_{n \to \infty} P\left(\frac{1}{\sigma \sqrt{n}} \sum_{j=1}^{n} (X_j - a) < x \right) = \Phi(x). \tag{1.3.1}$$

定理 1.3.2 (棣莫弗-拉普拉斯 (De Moivre-Laplace)) 设 μ_n 是 n 次伯努利试验中事件 A 出现的次数, $p = P(A)$, $q = 1 - p$. 如果 $0 < p < 1$, 则 $\forall x \in \mathbb{R}$, 有

$$\lim_{n \to \infty} P\left(\frac{\mu_n - np}{\sqrt{npq}} < x \right) = \Phi(x). \tag{1.3.2}$$

定理 1.3.3 (林德伯格-费勒 (Lindeberg-Feller)) 设 $\{X_j, j \geqslant 1\}$ 是一个独立随机变量序列, 记 $a_j = E(X_j)$, $\sigma_j^2 = \mathrm{Var}(X_j)$, $B_n^2 = \sum_{j=1}^{n} \sigma_j^2$. 则 $\forall x \in \mathbb{R}$, 有

$$\lim_{n \to \infty} P\left(\frac{1}{B_n} \sum_{j=1}^{n} (X_j - a_j) < x \right) = \Phi(x), \tag{1.3.3}$$

且费勒条件

$$\lim_{n \to \infty} \max_{1 \leqslant j \leqslant n} \frac{\sigma_j}{B_n} = 0 \tag{1.3.4}$$

成立的充要条件是下面林德伯格条件成立:

$$\lim_{n \to \infty} \frac{1}{B_n^2} \sum_{j=1}^{n} \int_{|x - a_j| > \varepsilon B_n} (x - a_j)^2 dF_j(x) = 0. \tag{1.3.5}$$

定理 1.3.4 (李雅普诺夫) 设 $\{X_j, j \geqslant 1\}$ 是一个独立随机变量序列, 记 $a_j = E(X_j)$, $\sigma_j^2 = \mathrm{Var}(X_j)$, $B_n^2 = \sum_{j=1}^{n} \sigma_j^2$. 如果存在 $\delta > 0$ 使

$$\lim_{n \to 0} \frac{1}{B_n^{2+\delta}} \sum_{j=1}^{n} E|X_j - a_j|^{2+\delta} = 0, \tag{1.3.6}$$

则 $\forall x \in \mathbb{R}$, 有

$$\lim_{n \to \infty} P\left(\frac{1}{B_n} \sum_{j=1}^{n} (X_j - a_j) < x \right) = \Phi(x). \tag{1.3.7}$$

1.3.2　随机变量阵列的中心极限定理

设 $\{X_{n,i} : 1 \leqslant i \leqslant k_n, n \geqslant 1\}$ 是一个随机变量阵列. 如果对每个给定 $n \geqslant 1$, 随机变量 $X_{n,1}, X_{n,2}, X_{n,k_n}$ 相互独立, 则称这一个随机变量阵列为独立随机变量阵列. 随机变量阵列的部分和为

$$S_n = \sum_{i=1}^{k_n} X_{n,i}. \tag{1.3.8}$$

定理 1.3.5　设 $\{X_{n,i} : 1 \leqslant i \leqslant k_n, n \geqslant 1\}$ 是独立随机变量阵列, 其中 $EX_{n,i}=0$ $(1 \leqslant i \leqslant k_n, n \geqslant 1)$. 如果对所有的 $n \geqslant 1$ 有 $\mathrm{Var}(S_n) = 1$, 则当 $n \to \infty$ 时,

$$S_n \xrightarrow{d} N(0,1) \tag{1.3.9}$$

的充要条件是: 对任意给定的 $\gamma > 0$, 有

$$\sum_{i=1}^{k_n} E[X_{n,i}^2 I(|X_{n,i}| > \gamma)] \to 0. \tag{1.3.10}$$

(1.3.10) 式是随机变量阵列的林德伯格条件. 这个中心极限定理可以参见 Barndorff-Nielsen 和 Shephard (2006, Theorem 3.1) 与 Gnedenko 和 Kolmogorov (1954, 102-103). 定理 1.3.1 也可写成如下定理.

定理 1.3.6　设 $\{X_{n,i} : 1 \leqslant i \leqslant k_n, n \geqslant 1\}$ 是独立随机变量阵列, 其中 $EX_{n,i}=0$ 且 $\sigma_{n,i}^2 = \mathrm{Var}(X_{n,i}) < \infty$ $(1 \leqslant i \leqslant k_n, \forall n \geqslant 1)$. 记 $B_n^2 = \sum_{i=1}^{k_n} \sigma_{n,i}^2$. 则当 $n \to \infty$ 时,

$$B_n^{-1} S_n \xrightarrow{d} N(0,1) \tag{1.3.11}$$

的充要条件是: 对任意给定的 $\gamma > 0$, 有

$$B_n^{-2} \sum_{i=1}^{k_n} E[X_{n,i}^2 I(|X_{n,i}| > \gamma B_n)] \to 0. \tag{1.3.12}$$

证明　记 $Y_{n,i}=X_{n,i}/B_n$. 显然 $Y_{n,i}$ 满足定理 1.3.1 的条件, 从而得结论. 证毕.

定理 1.3.7 (加权和中心极限定理)　设 $\{\varepsilon_j\}$ 是相互同分布独立的, $E\varepsilon_j = 0$ 且 $\mathrm{Var}(\varepsilon_j) = \sigma^2$. 又设 $\{a_{nj}\}$ 是一个非负常数列, 满足

$$\widetilde{B}_n^{-2} \max_{1 \leqslant j \leqslant n} a_{nj}^2 \to 0, \tag{1.3.13}$$

其中 $\widetilde{B}_n^2 = \sum_{j=1}^{n} a_{nj}^2$. 则当 $n \to \infty$ 时, 有

$$\left(\sigma \widetilde{B}_n \right)^{-1} \sum_{j=1}^{n} a_{nj} \varepsilon_j \xrightarrow{d} N(0,1). \tag{1.3.14}$$

证明 在定理 1.3.2 中, 令 $X_{n,i} = a_{ni}\varepsilon_i$. 显然

$$E(X_{n,i}) = 0, \quad \text{Var}(X_{n,i}) = a_{ni}^2\sigma^2, \quad B_n^2 = \sigma^2\sum_{i=1}^n a_{ni}^2 = \sigma^2\widetilde{B}_n^2. \tag{1.3.15}$$

对任意给定的 $\gamma > 0$, 有

$$B_n^{-2}\sum_{i=1}^{k_n} E[X_{n,i}^2 I(|X_{n,i}| > \gamma B_n)]$$

$$= \sigma^{-2}\widetilde{B}_n^{-2}\sum_{i=1}^{k_n} E[a_{ni}^2\varepsilon_i^2 I(|a_{ni}\varepsilon_i| > \gamma\sigma\widetilde{B}_n)]$$

$$\leqslant \sigma^{-2}\widetilde{B}_n^{-2}\sum_{i=1}^{k_n} a_{ni}^2 E\Big[\varepsilon_i^2 I\Big(|\varepsilon_i| > \gamma\sigma\widetilde{B}_n/\max_{1\leqslant i\leqslant n}|a_{ni}|\Big)\Big]$$

$$= \sigma^{-2}\widetilde{B}_n^{-2}\left(\sum_{i=1}^{k_n} a_{ni}^2\right) E\Big[\varepsilon_1^2 I\Big(|\varepsilon_1| > \gamma\sigma\widetilde{B}_n/\max_{1\leqslant i\leqslant n}|a_{ni}|\Big)\Big]$$

$$= \sigma^{-2} E\Big[\varepsilon_1^2 I\Big(|\varepsilon_1| > \gamma\sigma\widetilde{B}_n/\max_{1\leqslant i\leqslant n}|a_{ni}|\Big)\Big]. \tag{1.3.16}$$

由条件 (1.3.13) 和 $E(\varepsilon_1^2) < \infty$, 有

$$E\Big[\varepsilon_1^2 I\Big(|\varepsilon_1| > \gamma\sigma\widetilde{B}_n/\max_{1\leqslant i\leqslant n}|a_{ni}|\Big)\Big] \to 0, \tag{1.3.17}$$

所以

$$B_n^{-2}\sum_{i=1}^{k_n} E[X_{n,i}^2 I(|X_{n,i}| > \gamma B_n)] \to 0. \tag{1.3.18}$$

因此由定理 1.3.2 得结论. 证毕.

1.3.3 中心极限定理的收敛速度

定理 1.3.8 (Esseen 不等式) 设 $F(x)$ 和 $G(x)$ 分别是 $\mathbb{R}^1$ 上的有界不减和有界变差函数, 且 $F(-\infty) = G(-\infty)$. 记

$$f(t) = \int_{-\infty}^{\infty} e^{itx}dF(x), \quad g(t) = \int_{-\infty}^{\infty} e^{itx}dG(x). \tag{1.3.19}$$

则对任意正数 T, 当 $b > \dfrac{1}{2\pi}$ 时, 有

$$\sup_{x\in\mathbb{R}^1}|F(x)-G(x)|$$

$$\leqslant b\int_{-T}^{T}\left|\frac{f(t)-g(t)}{t}\right|dt+bT\sup_{x\in\mathbb{R}^1}\int_{|y|\leqslant c(b)/T}|G(x+y)-G(x)|dy, \qquad (1.3.20)$$

其中 $c(b)$ 是仅与 b 有关的正常数, 可取它为下面方程的根

$$\int_0^{c(b)/4}\frac{\sin^2 u}{u^2}du=\frac{\pi}{4}+\frac{1}{8b}. \qquad (1.3.21)$$

定理 1.3.9 (Berry-Esseen 不等式)　设 $\{X_j,j\geqslant 1\}$ 是一个独立随机变量序列, $EX_j=0,E|X_j|^{2+\delta}<\infty,0<\delta\leqslant 1,j=1,2,\cdots,n.$ 记 $B_n^2=\sum_{j=1}^n EX_j^2$, $S_n=\frac{1}{\sqrt{B_n}}\sum_{j=1}^n X_j.$ 则存在正常数 A 使得

$$\sup_{x\in\mathbb{R}^1}|P(S_n<x)-\Phi(x)|\leqslant\frac{A}{B_n^{1+\delta/2}}\sum_{j=1}^n E|X_j|^{2+\delta}. \qquad (1.3.22)$$

这两个定理可以参见《概率极限理论基础》(林正炎等, 1999) 中第二章的定理 5.1 和推论 5.2.

第 2 章　核密度估计

本章讨论非参数核密度估计, 核密度估计最先是 Rosenblatt (1956) 提出, 他利用经验分布函数给出一个显而易见的均匀权密度估计, 并讨论均匀权密度估计的均方误差的渐近性质, 最后利用这些性质提出了一般形式的核密度估计. 此后, Parzen (1962) 较全面地讨论了核密度估计的理论性质, 如渐近无偏性、一致弱相合性、渐近正态性和渐近均方误差. 由于这些良好理论性质, 核密度估计很快就被学术界和应用界广泛认可, 这种估计也被称为 Parzen-Rosenblatt 估计.

关于核密度估计的进一步研究有: Nadaraya (1965) 研究核密度估计的一致强相合性; Cacoullos (1966) 把核密度估计推广到多元情形, 并讨论多元核密度估计的渐近无偏性、均方相合性、一致弱相合性和渐近正态性. 更多可以参阅: Whittle (1958), Van Ryzin (1969).

2.1　核密度估计的定义

设总体 X 是一个一维随机变量, 具有未知分布密度函数 $f(x)$, 现从总体 X 抽取样本 $X_1, X_2, \cdots, X_n$. 我们的问题是: 如何根据这些样本估计未知的密度函数 $f(x)$? 更确切地说, 对任意给定的 $x \in \mathbb{R}$, 如何根据样本估计 $f(x)$ 的值?

2.1.1　核密度估计的构造

设 $F(x)$ 是总体 X 的分布函数, 其样本 $X_1, X_2, \cdots, X_n$ 的经验分布函数为

$$F_n(x) = \frac{1}{n} \sum_{i=1}^{n} I(X_i < x), \quad x \in \mathbb{R}, \tag{2.1.1}$$

其中 $I(A)$ 表示集合 A 的示性函数. 由于

$$f(x) = \lim_{h \to 0} \frac{F(x+h) - F(x-h)}{2h} \tag{2.1.2}$$

且经验分布函数 $F_n(x)$ 是分布函数 $F(x)$ 的相合估计, 所以密度函数 $f(x)$ 的一个自然估计为

$$\widetilde{f}_n(x) = \frac{F_n(x+h) - F_n(x-h)}{2h}. \tag{2.1.3}$$

此式也可近似写成

$$\widetilde{f}_n(x) = \frac{1}{2hn} \sum_{i=1}^{n} I(x - h < X_i < x + h). \tag{2.1.4}$$

(1) $\widetilde{f}_n(x)$ 是一个直方图密度估计.

$\sum_{i=1}^{n} I(x - h < X_i < x + h)$ 是样本落在以 x 为中心, h 为半径的邻域区间 $(x - h, x + h)$ 内的样本个数, $n^{-1} \sum_{i=1}^{n} I(x - h < X_i < x + h)$ 是样本落在该邻域区间内的频率, 这个频率再除以区间长度 $2h$ 就是单位长度上的频率, 这就是直方图密度估计. 如图 2.1.1 所示.

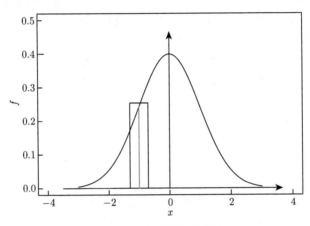

图 2.1.1   直方图密度估计

(2) $\widetilde{f}_n(x)$ 是一个加权和估计.

将 (2.1.4) 式改写为

$$\widetilde{f}_n(x) = \sum_{i=1}^{n} \widetilde{K} \left(\frac{x - X_i}{h} \right) \frac{1}{nh_n}, \tag{2.1.5}$$

其中 $\widetilde{K}(u) = 2^{-1} I(-1 < u < 1)$. 上式中 $\dfrac{1}{nh_n}$ 表示当样本 X_i 落在区间 $(x - h, x + h)$ 内时密度函数的增加量, 而 $\widetilde{K} \left(\dfrac{x - X_i}{h} \right)$ 是相应的权重, 当样本 X_i 落在区间 $(x - h, x + h)$ 内时相应的权重为 1, 当样本 X_i 不落在区间 $(x - h, x + h)$ 内时相应的权重为 0. 所以, $\widetilde{f}_n(x)$ 是关于密度函数增量 $\dfrac{1}{nh_n}$ 的加权和.

权重函数 $\widetilde{K}(u)$ 正好是 $(-1, 1)$ 上的均匀密度函数, 其图形为图 2.1.2 中 (a) 图所示. 用均匀密度函数作为权函数, 其取值只有 0 和 1 两个, 赋权过于极端, 不是太合理. 当样本 X_i 落在区间 $(x-h, x+h)$ 内时相应的权重都为 1, 合理性欠缺. 合理的权重应该是: 当样本 X_i 靠近 x 时权重大一些, 当样本 X_i 远离 x 时权重小一些, 如图 2.1.2 中 (b) 图所示的密度函数作为权重函数更合理. 同样, 当样本 X_i 不落在区间 $(x-h, x+h)$ 内时相应的权重都为 0, 合理性也是欠缺的, 应该考虑使用如图 2.1.2 中 (c) 图所示的密度函数作为权重函数更合理.

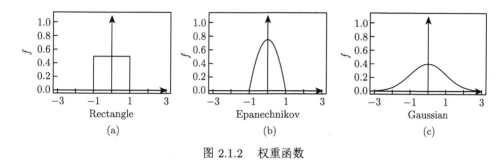

图 2.1.2　权重函数

因此, 可以使用更一般的权重函数, 得到如下密度函数估计的定义.

定义 2.1.1　设 $K(u)$ 是定义在 $\mathbb{R}^1$ 上的一个 Borel 可测函数, $h_n > 0$ 为常数, 则称

$$f_n(x) = \frac{1}{nh_n} \sum_{i=1}^{n} K\left(\frac{x - X_i}{h_n}\right) \tag{2.1.6}$$

为 $f(x)$ 的核密度估计, 其中 $K(u)$ 称为核函数, h_n 称为窗宽.

在定义中, 核函数 $K(u)$ 为一般的 Borel 可测函数, 这是为了在理论上的更广泛性. 但在实际应用中, 一般取核函数 $K(u)$ 为一个概率密度函数, 即

$$K(u) \geqslant 0, \qquad \int_{-\infty}^{\infty} K(u)du = 1. \tag{2.1.7}$$

另外, 在大多数情况下关于 x 具有相同的左右偏差的样本其信息量是相同的, 所以核函数通常都是关于原点对称的密度函数. 例如,

Epanechnikov kernel (E 核函数):　$K(u) = \dfrac{3}{4}(1 - u^2)I(|u| \leqslant 1)$;

Quartic kernel (四次核函数):　$K(u) = \dfrac{15}{16}(1 - u^2)^2 I(|u| \leqslant 1)$;

Triangle kernel (三角核函数):　$K(u) = (1 - |u|)I(|u| \leqslant 1)$;

Rectangle kernel (矩形核函数):　$K(u) = \dfrac{1}{2}I(|u| \leqslant 1)$;

Cosine kernel (余弦核函数):　$K(u) = \dfrac{\pi}{4}\cos\left(\dfrac{\pi u}{2}\right)I(|u| \leqslant 1)$;

Gaussian kernel (正态核函数):　$K(u) = \dfrac{1}{\sqrt{2\pi}}e^{-u^2/2}$.

这些核函数在原点附近的权重的分布情况见图 2.1.2 和图 2.1.3.

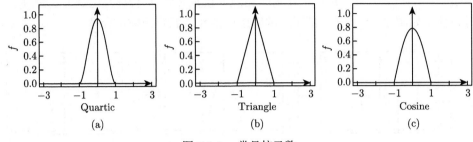

图 2.1.3　常见核函数

定理 2.1.1　如果核函数 $K(u)$ 为密度函数, 那么核密度估计 $f_n(x)$ 是一个密度函数.

证明　显然有 $f_n(x) \geqslant 0$, 且

$$\int_{-\infty}^{\infty} f_n(x)dx = \frac{1}{nh_n}\sum_{i=1}^{n}\int_{-\infty}^{\infty} K\left(\frac{x-X_i}{h_n}\right)dx$$

$$= \frac{1}{n}\sum_{i=1}^{n}\int_{-\infty}^{\infty} K(u)du \quad (\text{作变换}: u=(x-X_i)/h_n)$$

$$= 1.$$

证毕.

2.1.2　核密度估计的数值模拟

在本段我们利用标准正态分布产生样本数据, 样本容量为 $n = 2000$, 并使用正态密度作为核函数, 就窗宽 h_n 分别为 $0.05, 0.15, 0.25, 0.35$ 这四种情形计算核密度估计 $f_n(x)$, 得到图 2.1.4 所示的结果.

我们可以从如下两方面理解图形所示的结果.

(1) 从估计曲线的光滑程度看. 随着窗宽逐步变小, 核密度估计 $f_n(x)$ 的曲线光滑程度逐步变差, 而随着窗宽逐步增大, 核密度估计 $f_n(x)$ 的曲线光滑程度逐步变好, 所以窗宽 h_n 也称为平滑参数, 而相应的估计 $f_n(x)$ 也称为平滑密度估计.

(2) 从估计的偏差程度看. 若窗宽取得太小, 则估计曲线波动较大, 呈现出不规则的形状, 容易出现较大偏差; 若窗宽取得太大, 则估计曲线过于平稳, 灵敏性差, 反映不了 $f(x)$ 的细致特征, 也会导致较大偏差.

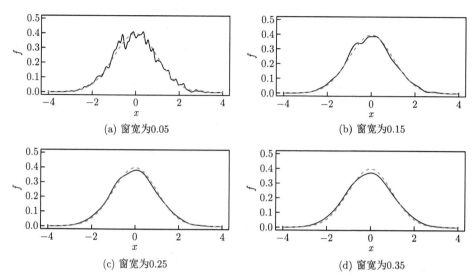

(a) 窗宽为0.05   (b) 窗宽为0.15

(c) 窗宽为0.25   (d) 窗宽为0.35

图 2.1.4   实线为核密度估计线, 虚线为标准正态密度线, 样本容量 $n = 2000$

因此, 窗宽 h_n 对估计曲线的光滑程度和偏差程度都有影响, 而且反应很灵敏, 所以寻找合适的窗宽就十分重要, 后面将利用均方误差最小化方法给出最优窗宽选择方法.

在实际计算中, 除了窗宽 h_n 的选择外, 我们还要面临核函数 $K(u)$ 的选择, 这里不想通过模拟方法来讨论核函数 $K(u)$ 的选择对估计的影响, 后面将从理论上探讨这个问题. 从后面的理论分析看, 核函数 $K(u)$ 的不同选择对估计 $f_n(x)$ 的均方误差影响不是太敏感. 相比之下, 窗宽 h_n 的选择对估计 $f_n(x)$ 的均方误差影响较大, 所以对窗宽的选择要比较慎重.

附: 核密度估计的数值模拟的 R 软件代码如下.

```
n=2000
x_sample=rnorm(n)
h=0.05
x=seq(-3,3,0.01)
m=length(x)
f=rep(0,m)
for(i in 1:m){
        kernel=dnorm((x[i]-x_sample)/h)
        f[i]=sum(kernel)/(n*h)
}
plot(x,f,type="l",ylim=c(0,0.5))
lines(x,dnorm(x),lty=2,col="red")
```

2.1.3　多元核密度估计

现在我们简单给出多元核密度估计的定义. 设总体 X 是 d 维随机向量, 具有未知密度函数 $f(x)$, 从中抽取样本 $X_1, X_2, \cdots, X_n$.

定义 2.1.2　设 $K(u)$ 是定义在 $\mathbb{R}^d$ 上的一个 Borel 可测函数, $h_n > 0$ 为常数, 则称

$$f_n(x) = \frac{1}{nh_n^d} \sum_{j=1}^{n} K\left(\frac{x - X_j}{h_n}\right) \tag{2.1.8}$$

为 $f(x)$ 的核密度估计, 其中 $K(u)$ 称为核函数, h_n 称为窗宽.

2.2　核密度估计的均方误差与窗宽选择

本章在讨论核密度估计的理论性质时均假设样本 $X_1, X_2, \cdots, X_n$ 为独立同分布, 且具有共同的密度函数 $f(x)$, 核密度估计 $f_n(x)$ 为 (2.1.6) 式所定义, 后面不再一一说明. 在讨论核密度估计的理论性质前我们首先给出后面经常使用的一个重要引理.

2.2.1　一个重要引理

引理 2.2.1 (陈希孺等, 1989, 引理 6.1)　设 $K(u)$ 和 $g(x)$ 都是定义在 $\mathbb{R}^1$ 上的 Borel 可测函数, 满足条件

(1) $K(u)$ 在 $\mathbb{R}^1$ 上有界;

(2) $\displaystyle\int_{-\infty}^{\infty} |K(u)| du < \infty$;

(3) $\displaystyle\lim_{|u| \to \infty} |uK(u)| = 0$ 或者 $g(x)$ 在 $\mathbb{R}^1$ 上有界;

(4) $\displaystyle\int_{-\infty}^{\infty} |g(x)| dx < \infty$.

令

$$g_n(x) = \frac{1}{h_n} \int_{-\infty}^{\infty} K\left(\frac{u}{h_n}\right) g(x - u) du, \tag{2.2.1}$$

其中 $h_n > 0$ 为常数序列且满足 $h_n \to 0$, 则当 x 是 $g(x)$ 的连续点时, 有

$$\lim_{n \to \infty} g_n(x) = g(x) \int_{-\infty}^{\infty} K(u) du. \tag{2.2.2}$$

又若 $g(x)$ 在 $\mathbb{R}^1$ 上有界且一致连续, 则

$$\lim_{n \to \infty} \left\{ \sup_{x \in \mathbb{R}^1} \left| g_n(x) - g(x) \int_{-\infty}^{\infty} K(u) du \right| \right\} = 0. \tag{2.2.3}$$

注 2.2.1 结论 (2.2.2) 是来自 Parzen (1962) 的定理 1A.

证明 首先假设条件 (3) 中前一条件成立, 取 $\delta > 0$, 有

$$\left| g_n(x) - g(x) \int_{-\infty}^{\infty} K(u)du \right|$$

$$= \left| \frac{1}{h_n} \int_{-\infty}^{\infty} K\left(\frac{u}{h_n}\right) g(x-u)du - g(x) \int_{-\infty}^{\infty} K(y)dy \right|$$

$$\xlongequal{y=u/h_n} \left| \frac{1}{h_n} \int_{-\infty}^{\infty} K\left(\frac{u}{h_n}\right) g(x-u)du - \frac{1}{h_n} g(x) \int_{-\infty}^{\infty} K\left(\frac{u}{h_n}\right) du \right|$$

$$= \left| \frac{1}{h_n} \int_{-\infty}^{\infty} K\left(\frac{u}{h_n}\right) [g(x-u) - g(x)]du \right|$$

$$= \left| \frac{1}{h_n} \int_{|u| \leqslant \delta} K\left(\frac{u}{h_n}\right) [g(x-u) - g(x)]du \right.$$

$$\left. + \frac{1}{h_n} \int_{|u| > \delta} K\left(\frac{u}{h_n}\right) [g(x-u) - g(x)]du \right|$$

$$\leqslant J_{1n} + J_{2n} + J_{3n}, \tag{2.2.4}$$

其中

$$J_{1n} = \sup_{|u| \leqslant \delta} |g(x-u) - g(x)| \cdot \frac{1}{h_n} \int_{|u| \leqslant \delta} \left| K\left(\frac{u}{h_n}\right) \right| du,$$

$$J_{2n} = \left| \frac{1}{h_n} \int_{|u| > \delta} K\left(\frac{u}{h_n}\right) g(x-u)du \right|,$$

$$J_{3n} = \left| g(x) \frac{1}{h_n} \int_{|u| > \delta} K\left(\frac{u}{h_n}\right) du \right|.$$

作变换 $y = u/h_n$, 由条件 (2) 知, 当 n 充分大时 (意思是: 存在整数 $N > 0$, 当 $n > N$ 时), 有

$$\frac{1}{h_n} \int_{|u| \leqslant \delta} \left| K\left(\frac{u}{h_n}\right) \right| du = \int_{|y| \leqslant \delta/h_n} |K(y)|dy \leqslant \int_{-\infty}^{\infty} |K(y)|dy = C < \infty.$$

因此, 对任意给定的 $\varepsilon > 0$, 由 x 是 $g(x)$ 的连续点知, 存在充分小的 $\delta = \delta(\varepsilon, x) > 0$, 使当 n 充分大时, 有

$$J_{1n} < \varepsilon/3. \tag{2.2.5}$$

作变换 $y = x - u$, 由条件 (4) 有

$$\int_{|u| > \delta} |g(x-u)|du = \int_{|x-y| > \delta} |g(y)|dy \leqslant \int_{-\infty}^{\infty} |g(y)|dy = C < \infty.$$

因此, 如果条件 (3) 中前一个条件成立, 那么当 n 充分大时, 有

$$
\begin{aligned}
J_{2n} &\leqslant \sup_{|u|>\delta} \left| \frac{1}{h_n} K\left(\frac{u}{h_n}\right) \right| \cdot \int_{|u|>\delta} |g(x-u)| du \\
&\leqslant \frac{C}{\delta} \sup_{|u|>\delta} \left| \frac{\delta}{h_n} K\left(\frac{u}{h_n}\right) \right| \\
&\leqslant \frac{C}{\delta} \sup_{|u|>\delta} \left| \frac{u}{h_n} K\left(\frac{u}{h_n}\right) \right| \\
&= \frac{C}{\delta} \sup_{|y|>\delta/h_n} |y K(y)| \\
&< \varepsilon/3.
\end{aligned}
\tag{2.2.6}
$$

如果条件 (3) 中后一条件成立, 不妨设 $|g(x)| \leqslant C < \infty$, 则当 n 充分大时, 同样有

$$
\begin{aligned}
J_{2n} &\leqslant \frac{C}{h_n} \int_{|u|>\delta} \left| K\left(\frac{u}{h_n}\right) \right| du \\
&= C \int_{|y|>\delta/h_n} |K(y)| dy \\
&< \varepsilon/3.
\end{aligned}
\tag{2.2.7}
$$

另外, 由条件 (2) 知, 当 n 充分大时, 有

$$
J_{3n} = \frac{|g(x)|}{h_n} \int_{|u|>\delta} \left| K\left(\frac{u}{h_n}\right) \right| du = |g(x)| \int_{|y|>\delta/h_n} |K(y)| dy < \varepsilon/3.
\tag{2.2.8}
$$

联合 (2.2.4)—(2.2.8) 式得, 当 n 充分大时, 有

$$
\left| g_n(x) - g(x) \int_{-\infty}^{\infty} K(u) du \right| < \varepsilon.
$$

因此, (2.2.2) 式成立.

最后我们来证明 (2.2.3) 式, 此时 $g(x)$ 在 $\mathbb{R}^1$ 上有界且一致连续, 从而可以取与 x 无关的 $\delta > 0$ 使 (2.2.5) 式成立, 而且 (2.2.8) 式中的 $|g(x)|$ 可以换为与 x 无关的常数 C. 另外, (2.2.6) 式和 (2.2.7) 式中的正常数 C 显然与 x 无关. 因此, 联合 (2.2.4)—(2.2.8) 式知, 当 n 充分大时, 有

$$
\sup_{x \in \mathbb{R}^1} \left| g_n(x) - g(x) \int_{-\infty}^{\infty} K(u) du \right| < \varepsilon
$$

所以, (2.2.3) 式成立. 证毕.

2.2.2 均方误差与逐点最优窗宽

本段我们研究核密度估计的均方误差 (mean squared error)

$$\text{MSE} = \text{MSE}(f_n(x)) = E[f_n(x) - f(x)]^2, \tag{2.2.9}$$

它反映核密度估计 $f_n(x)$ 与 $f(x)$ 的平均偏差程度.

定理 2.2.1 设密度函数 $f(x)$ 的二阶导数 $f''(x)$ 在 $\mathbb{R}^1$ 上有界且连续, 核函数 $K(u)$ 为概率密度, 且满足

(1) $\displaystyle\int_{-\infty}^{\infty} uK(u)du = 0$;

(2) $k_2 = \displaystyle\int_{-\infty}^{\infty} u^2K(u)du < \infty$ 以及 $k_2 \neq 0$.

又设 $h_n \to 0$ 和 $nh_n \to \infty$. 则对 $f(x) \neq 0$ 的点 x, 有

$$\text{MSE}(f_n(x)) = \frac{1}{4}\left(f''(x)\right)^2 k_2^2 h_n^4 + \frac{f(x)}{nh_n}\int_{-\infty}^{\infty} K^2(u)du + o\left(h_n^4 + \frac{1}{nh_n}\right). \tag{2.2.10}$$

证明 记偏差项 $\text{Bias}_n(x) = Ef_n(x) - f(x)$, 则

$$\text{MSE}(f_n(x)) = \text{Var}\,(f_n(x)) + \text{Bias}_n^2(x). \tag{2.2.11}$$

显然,

$$\begin{aligned}
\text{Bias}_n(x) &= \frac{1}{h_n}EK\left(\frac{x-X_1}{h_n}\right) - f(x) \\
&= \frac{1}{h_n}\int_{-\infty}^{\infty} K\left(\frac{x-y}{h_n}\right)f(y)dy - f(x) \\
&= \int_{-\infty}^{\infty} K(u)f(x-h_nu)du - f(x) \quad (u=(x-y)/h_n) \\
&= \int_{-\infty}^{\infty} K(u)[f(x-h_nu) - f(x)]du.
\end{aligned}$$

利用 Taylor 展开以及 $k_1 = 0$, 有

$$\begin{aligned}
\text{Bias}_n(x) &= \int_{-\infty}^{\infty} K(u)\left[-f'(x)h_nu + \frac{1}{2}f''(x-\theta h_nu)h_n^2u^2\right]du \\
&= \frac{h_n^2}{2}\int_{-\infty}^{\infty} u^2K(u)f''(x-\theta h_nu)du.
\end{aligned}$$

由控制收敛定理, 当 $n \to \infty$ 时, 得

$$\text{Bias}_n(x)/h_n^2 = \frac{1}{2} \int_{-\infty}^{\infty} u^2 K(u) f''(x - \theta h_n u) du$$

$$\rightarrow \frac{f''(x)}{2} \int_{-\infty}^{\infty} u^2 K(u) du$$

$$= \frac{1}{2} f''(x) k_2.$$

从而

$$\text{Bias}_n(x) = \frac{1}{2} f''(x) k_2 h_n^2 + o(h_n^2). \tag{2.2.12}$$

因此

$$\text{Bias}_n^2(x) = \frac{1}{4} \left(f''(x) \right)^2 k_2^2 h_n^4 + o(h_n^4). \tag{2.2.13}$$

另外, 由样本 $X_1, X_2, \cdots, X_n$ 为独立同分布的有

$$\text{Var}\,(f_n(x)) = \text{Var}\left(\frac{1}{nh_n} \sum_{i=1}^{n} K\left(\frac{x - X_i}{h_n} \right) \right)$$

$$= \frac{1}{n^2 h_n^2} \sum_{i=1}^{n} \text{Var}\left(K\left(\frac{x - X_i}{h_n} \right) \right)$$

$$= \frac{1}{n h_n^2} \text{Var}\left(K\left(\frac{x - X_1}{h_n} \right) \right)$$

$$= \frac{1}{n h_n^2} \left\{ EK^2\left(\frac{x - X_1}{h_n} \right) - \left[EK\left(\frac{x - X_1}{h_n} \right) \right]^2 \right\}. \tag{2.2.14}$$

由于 $f(x)$ 为概率密度函数且 $f(x)$ 有界, 所以 $f(x)$ 和 $K(u)$ 满足引理 2.2.1 的条件. 因此, 当 $n \rightarrow \infty$ 时, 有

$$\frac{1}{h_n} EK^2\left(\frac{x - X_1}{h_n} \right) = \frac{1}{h_n} \int_{-\infty}^{\infty} K^2\left(\frac{x - y}{h_n} \right) f(y) dy$$

$$= \frac{1}{h_n} \int_{-\infty}^{\infty} K^2\left(\frac{u}{h_n} \right) f(x - u) du$$

$$\rightarrow f(x) \int_{-\infty}^{\infty} K^2(u) du. \tag{2.2.15}$$

同理

$$\frac{1}{h_n} EK\left(\frac{x - X_1}{h_n} \right) \rightarrow f(x) \int_{-\infty}^{\infty} K(u) du = f(x). \tag{2.2.16}$$

联合 (2.2.14)—(2.2.16) 式, 有

$$\text{Var}(f_n(x)) = \frac{1}{nh_n}\left\{ f(x)\int_{-\infty}^{\infty} K^2(u)du + o(1) \right\} + \frac{1}{n}\left\{ f(x) + o(1) \right\}^2$$

$$= \frac{f(x)}{nh_n}\int_{-\infty}^{\infty} K^2(u)du + o\left(\frac{1}{nh_n}\right). \tag{2.2.17}$$

由 (2.2.11), (2.2.13) 和 (2.2.17) 式, 得 (2.2.10) 式. 证毕.

定理 2.2.2 在定理 2.2.1 的条件下, 当 h_n 取为

$$h_n = n^{-1/5}\left[(k_2 f''(x))^{-2} f(x)\int_{-\infty}^{\infty} K^2(u)du \right]^{1/5} \tag{2.2.18}$$

时, $\text{MSE}(f_n(x))$ 达到最小值, 其最小值为

$$\text{MSE}(f_n(x)) = \frac{5}{4}\left[k_2 f''(x)\left(f(x)\int_{-\infty}^{\infty} K^2(u)du \right)^2 \right]^{2/5} n^{-4/5} + o(n^{-4/5}). \tag{2.2.19}$$

注 2.2.2 (2.2.18) 式对不同点 x 给出相应的最优窗宽, 这类窗宽称为逐点最优窗宽.

注 2.2.3 在定理的条件下, $\text{MSE}(f_n(x))$ 收敛于 0 的最快速度为 $n^{-4/5}$, 而直方图估计的 $\text{MSE}(f_{\text{直}}(x))$ 的最快速度为 $n^{-2/3}$, 所以核估计优于直方图估计.

定理 2.2.2 的证明 记 $a_1 = \frac{1}{4}(k_2 f''(x))^2$, $a_2 = \frac{1}{n}f(x)\int_{-\infty}^{\infty} K^2(u)du$. 则由 (2.2.10) 式知, $\text{MSE}(f_n(x))$ 的主要部分为

$$g(h_n) = a_1 h_n^4 + a_2 h_n^{-1}. \tag{2.2.20}$$

下面求 $g(h_n)$ 在 $(0,\infty)$ 中的最小值点. 求导数

$$g'(h_n) = 4a_1 h_n^3 - a_2 h_n^{-2} = \frac{4a_1 h_n^5 - a_2}{h_n^2}.$$

令 $g'(h_n) = 0$, 得 $h_n = \left(\frac{a_2}{4a_1}\right)^{1/5}$. 由于当 $0 < h_n < \left(\frac{a_2}{4a_1}\right)^{1/5}$ 时, $g'(h_n) < 0$; 而当 $h_n > \left(\frac{a_2}{4a_1}\right)^{1/5}$ 时, $g'(h_n) > 0$. 所以 $g(h_n)$ 在 $h_n = \left(\frac{a_2}{4a_1}\right)^{1/5}$ 处达到最小值. 将 a_1 和 a_2 的表达式代入 $h_n = \left(\frac{a_2}{4a_1}\right)^{1/5}$ 得 (2.2.18) 式. 将 (2.2.18) 式代入 (2.2.20) 式得, $\text{MSE}(f_n(x))$ 的主要部分 $g(h_n)$ 的最小值为

$$g(h_n) = a_1 \left(\frac{a_2}{4a_1} \right)^{4/5} + a_2 \left(\frac{a_2}{4a_1} \right)^{-1/5}$$

$$= \left(\frac{a_2}{4a_1} \right)^{4/5} \left[a_1 + a_2 \left(\frac{a_2}{4a_1} \right)^{-1} \right]$$

$$= 5a_1 \left(\frac{a_2}{4a_1} \right)^{4/5} = \frac{5}{4^{4/5}} a_1^{1/5} a_2^{4/5}$$

$$= \frac{5}{4^{4/5}} \left[\frac{1}{4} \left(k_2 f''(x) \right)^2 \right]^{1/5} \left[\frac{1}{n} f(x) \int_{-\infty}^{\infty} K^2(u) du \right]^{4/5}$$

$$= \frac{5}{4} \left[k_2 f''(x) \left(f(x) \int_{-\infty}^{\infty} K^2(u) du \right)^2 \right]^{2/5} n^{-4/5}. \tag{2.2.21}$$

而当 h_n 取为 (2.2.18) 式时, $h_n = O\left(n^{-1/5}\right), \dfrac{1}{nh_n} = O(n^{-4/5})$, 所以

$$o\left(h_n^4 + \frac{1}{nh_n} \right) = o\left(n^{-4/5} \right). \tag{2.2.22}$$

联合 (2.2.10),(2.2.21) 和 (2.2.22) 式, 得

$$\mathrm{MSE}(f_n(x)) = g(h_n) + o\left(h_n^4 + \frac{1}{nh_n} \right)$$

$$= \frac{5}{4} \left[k_2 f''(x) \left(f(x) \int_{-\infty}^{\infty} K^2(u) du \right)^2 \right]^{2/5} n^{-4/5} + o(n^{-4/5}).$$

证毕.

　　定理 2.2.2 给出了逐点最优窗宽, 注意到 $f''(x)$ 有可能为 0, 此时最优窗宽的表达式无意义, 会出现不合理的估计.

　　例如, 设 $f(x)$ 服从正态分布 $N(\mu, \sigma^2)$, 取标准正态分布 $N(0,1)$ 的密度为核函数 $K(u)$, 则

$$f(x) = \frac{1}{\sqrt{2\pi}\sigma} e^{-\frac{(x-\mu)^2}{2\sigma^2}}, \quad f'(x) = -\frac{x-\mu}{\sigma^2} f(x),$$

$$f''(x) = -\frac{1}{\sigma^2} f(x) + \frac{(x-\mu)^2}{\sigma^4} f(x)$$

$$= \frac{1}{\sigma^2} \left[\frac{(x-\mu)^2}{\sigma^2} - 1 \right] f(x), \tag{2.2.23}$$

$$k_2 = \int_{-\infty}^{\infty} u^2 K(u) du = 1, \tag{2.2.24}$$

$$
\begin{aligned}
\int_{-\infty}^{\infty} (K(u))^2 du &= \int_{-\infty}^{\infty} \frac{1}{2\pi} e^{-u^2} du \\
&= \int_{-\infty}^{\infty} \frac{1}{2\pi} e^{-\frac{t^2}{2}} \frac{1}{\sqrt{2}} dt \\
&= \frac{1}{2\sqrt{\pi}}. \tag{2.2.25}
\end{aligned}
$$

从而逐点最优窗宽为

$$
\begin{aligned}
h_n &= n^{-1/5} \left(\frac{f(x)/(2\sqrt{\pi})}{\frac{1}{\sigma^4} \left[\frac{(x-\mu)^2}{\sigma^2} - 1 \right]^2 f^2(x)} \right)^{1/5} \\
&= \left(\frac{\sigma^8}{2n\sqrt{\pi}[(x-\mu)^2 - \sigma^2]^2 f(x)} \right)^{1/5}.
\end{aligned}
$$

图 2.2.1 是假设总体服从标准正态分布 $N(0,1)$ 的逐点最优窗宽, 展示了在不同点上的最优窗宽不一样. 由于上式中的 $\mu = 0, \sigma = 1$, 所以当 $x = -1$ 或 1 时, 最优窗宽为无穷大, 且在 ± 1 附近的最优窗宽也比较大.

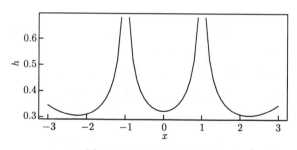

图 2.2.1 逐点最优窗宽

然而, 合理的窗宽应该是: 在总体分布中心位置样本数量多, 其相应的窗宽可以小一些, 而在分布的两个尾部的样本数量少, 其相应的窗宽应该大一些. 这提示我们: 图 2.2.1 展示的最优窗宽显然不合理, 所以在实际应用中很少使用逐点最优窗宽, 而是使用下一段介绍的全局最优窗宽.

2.2.3 积分均方误差与全局最优窗宽

本段我们研究核密度估计的积分均方误差 (integrated mean squared error)

$$\text{IMSE} = \text{IMSE}(f_n) = \int_{-\infty}^{\infty} E[f_n(x) - f(x)]^2 dx. \tag{2.2.26}$$

它反映核密度估计 $f_n(x)$ 与 $f(x)$ 的全部平均偏差程度. 显然

$$\text{IMSE} = \int_{-\infty}^{\infty} E[f_n(x) - f(x)]^2 dx = \int_{-\infty}^{\infty} \text{MSE}(f_n(x)) dx.$$

所以由定理 2.2.1, 有

定理 2.2.3　在定理 2.2.1 的条件下, 有

$$\text{IMSE}(f_n(x)) = \frac{h_n^4}{4} k_2^2 \int_{-\infty}^{\infty} (f''(x))^2 \, dx + \frac{1}{nh_n} \int_{-\infty}^{\infty} K^2(u) du + o\left(h_n^4 + \frac{1}{nh_n}\right). \tag{2.2.27}$$

定理 2.2.4　在定理 2.2.1 的条件下, 当 h_n 取为

$$h_{\text{opt}} = n^{-1/5} \left[\left(k_2^2 \int_{-\infty}^{\infty} (f''(x))^2 \, dx \right)^{-1} \int_{-\infty}^{\infty} K^2(u) du \right]^{1/5} \tag{2.2.28}$$

时, $\text{MISE}(f_n)$ 达到最小值, 其最小值为

$$\text{IMSE}(f_n) = \frac{5}{4} \left[k_2^2 \int_{-\infty}^{\infty} (f''(x))^2 \, dx \left(\int_{-\infty}^{\infty} K^2(u) du \right)^4 \right]^{1/5} n^{-4/5} + o(n^{-4/5}). \tag{2.2.29}$$

定理 2.2.4 的证明与定理 2.2.2 的证明完全类似, 这里不再重述. 由 (2.2.28) 式确定的最优窗宽 h_{opt} 与 x 无关, 称为全局最优窗宽.

由于全局最优窗宽的表达式中有未知密度函数 $f(x)$ 的二阶导数, 所以仍无法计算出全局最优窗宽的精确数值. 因此, 我们只能利用近似方法估计全局最优窗宽的近似值, 如参考标准分布法. 下面介绍一些常用的窗宽选择方法.

1. 参考标准分布法 (reference to a standard distribution)

在实际中, 有许多样本数据都是近似服从正态分布的, 所以我们可以参照正态总体来选择近似的全局最优窗宽, 这种方法称为参考标准分布法. 为此, 假设 $f(x)$ 为正态分布 $N(\mu, \sigma^2)$ 的密度函数, 由 (2.2.23), 有

$$\int_{-\infty}^{\infty} (f''(x))^2 dx = \frac{1}{\sigma^4} \int_{-\infty}^{\infty} \left(\frac{(x-\mu)^2}{\sigma^2} - 1 \right)^2 \frac{1}{2\pi\sigma^2} e^{-\frac{(x-\mu)^2}{\sigma^2}} dx$$

$$= \frac{1}{2\sqrt{\pi}\sigma^5} \int_{-\infty}^{\infty} \left(\frac{t^2}{2} - 1 \right)^2 \frac{1}{\sqrt{2\pi}} e^{-\frac{t^2}{2}} dx \quad (t = \sqrt{2}(x-\mu)/\sigma)$$

$$= \frac{1}{2\sqrt{\pi}\sigma^5} \int_{-\infty}^{\infty} \left(\frac{t^4}{4} - t^2 + 1 \right) \frac{1}{\sqrt{2\pi}} e^{-\frac{t^2}{2}} dx$$

$$= \frac{1}{2\sqrt{\pi}\sigma^5} \left[\frac{3}{4} - 1 + 1 \right]$$

$$= \frac{3}{8\sqrt{\pi}\sigma^5}.$$

如果 $K(u)$ 是 Gaussian 核函数 $N(0,1)$, 则由 (2.2.24) 式和 (2.2.25) 式知

$$k_2 = 1, \quad \int_{-\infty}^{\infty} (K(u))^2 du = \frac{1}{2\sqrt{\pi}}.$$

因此, 全局最优窗宽为

$$h_{\mathrm{opt}} = n^{-1/5} \left\{ \left(\frac{3}{8\sqrt{\pi}\sigma^5} \right)^{-1} \frac{1}{2\sqrt{\pi}} \right\}^{1/5}$$

$$= \left(\frac{4}{3} \right)^{1/5} \sigma n^{-1/5}$$

$$= 1.06\sigma n^{-1/5}. \tag{2.2.30}$$

在 R 软件中, 参考标准分布法的最优窗宽的计算函数为: bw.nrd.

2. *拇指法则* (rule of thumb)

人们从实践知, 标准分布法的最优窗宽对重尾分布而言有偏大的倾向, 导致估计曲线过于光滑, 建议将标准差 σ 改换为更稳健的极差.

设 R 为正态总体 X 的两边各 $1/4$ 的分位数之间的极差, $x_{0.25}$ 为 25% 的分位数, $x_{0.75}$ 为 75% 的分位数. 显然, $R = x_{0.75} - x_{0.25}$, 且由

$$0.25 = P(X < x_{0.25}) = \Phi \left(\frac{x_{0.25} - \mu}{\sigma} \right),$$

$$0.75 = P(X < x_{0.75}) = \Phi \left(\frac{x_{0.75} - \mu}{\sigma} \right),$$

有

$$\frac{x_{0.25} - \mu}{\sigma} = -0.6744898, \quad \frac{x_{0.75} - \mu}{\sigma} = 0.6744898.$$

所以, 两者作差, 得

$$\frac{x_{0.75} - \mu}{\sigma} - \frac{x_{0.25} - \mu}{\sigma} = 2 \times 0.6744898.$$

从而

$$R = x_{0.75} - x_{0.25} = 1.34898\sigma,$$

于是

$$\sigma = R/1.34.$$

将此代入"标准分布法"的最优窗宽有

$$h_{\text{opt}} = 1.06\sigma n^{-1/5} = \frac{1.06}{1.34}Rn^{-1/5} = 0.79Rn^{-1/5}.$$

人们实践发现: 这种窗宽有时也过于光滑, 所以就提出了使用如下折中的窗宽

$$h = 0.9An^{-1/5},$$

其中

$$A = \min\left\{\widehat{\sigma}_n, (X_{[0.75n]} - X_{[0.25n]})/1.34\right\}, \quad \widehat{\sigma}_n = \sqrt{\frac{1}{n-1}\sum_{i=1}^{n}(X_i - \overline{X})^2},$$

而系数 0.9 来源于 $(1.06 + 0.79)/2 \approx 0.9$.

在 R 软件中, 拇指法则的最优窗宽的计算函数为: bw.nrd0.

3. 无偏交叉验证法 (unbiased cross-validation)

考虑积分均方误差

$$\text{IMSE} = E\int_{-\infty}^{\infty}(f_n(x) - f(x))^2 dx$$

$$= E\int_{-\infty}^{\infty}f_n^2(x)dx - 2E\int_{-\infty}^{\infty}f_n(x)f(x)dx + \int_{-\infty}^{\infty}f^2(x)dx.$$

由于最后一项与窗宽无关, 所以我们只需最小化前面两项. 因此, 如果记

$$R(f_n) = E\int_{-\infty}^{\infty}f_n^2(x)dx - 2E\int_{-\infty}^{\infty}f_n(x)f(x)dx,$$

则我们的目标是寻找窗宽 h_n 使 $R(f_n)$ 达到最小.

注意到 $R(f_n)$ 中的第二项仍然含有未知函数 $f(x)$, 所以还不能进行实际计算. 因此我们需要寻找上式中第二项的无偏估计进行替代, 为此令

$$f_{n,-i}(x) = \frac{1}{(n-1)h_n}\sum_{j\neq i}K\left(\frac{x - X_j}{h_n}\right).$$

它是少用第 i 个数据的核密度估计. 现定义

$$M(h_n) = \int_{-\infty}^{\infty} f_n^2(x)dx - \frac{2}{n}\sum_{i=1}^{n} f_{n,-i}(X_i).$$

由于样本是独立同分布的, 所以 $Ef_n(x) = h_n^{-1}EK\left(\frac{x-X_1}{h_n}\right)$, 即 $EK\left(\frac{x-X_1}{h_n}\right) = h_n Ef_n(x)$. 因此

$$E\sum_{i=1}^{n} f_{n,-i}(X_i) = \frac{1}{(n-1)h_n}\sum_{i=1}^{n}\sum_{j\neq i} EK\left(\frac{X_i - X_j}{h_n}\right)$$

$$= \frac{n}{h_n}EK\left(\frac{X_2 - X_1}{h_n}\right)$$

$$= \frac{n}{h_n}\int_{-\infty}^{\infty} EK\left(\frac{x - X_1}{h_n}\right)f(x)dx$$

$$= nE\int_{-\infty}^{\infty} f_n(x)f(x)dx.$$

从而

$$EM(h_n) = R(f_n).$$

这意味着 $M(h_n)$ 是 $R(f_n)$ 的无偏估计, 所以我们的目标转化为寻找 h_n 使 $M(h_n)$ 极小化, 这种选择窗宽的方法称为无偏交叉验证法.

在 R 软件中, 无偏交叉验证法的最优窗宽的计算函数为: bw.ucv.

例如, 获取上证指数从 2018 年 6 月 15 日至 2020 年 3 月 6 日的收盘价格指数, 共 419 个交易日的收盘价格指数, 并将其转换为对数收益率数据, 具体数据展示在图 2.2.2 中. 图形显示对数收益率数据具有较好的平稳性.

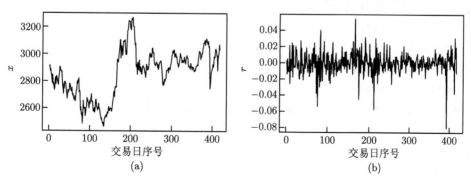

图 2.2.2 (a) 为上证指数的收盘价格指数, (b) 为上证指数的对数收益率

　　对上证指数的对数收益率数据, 分别使用参考标准分布法、拇指法则和无偏交叉验证法这三种方法所确定的最优窗宽计算核密度估计 $f_n(x)$, 得到图 2.2.3 所示的核密度估计曲线 (深色线), 浅色线为正态分布密度曲线 ($\hat{\mu} = 0.0001022693, \hat{\sigma} = 0.01287028$). 图形显示上证指数的对数收益率的核密度估计曲线与正态曲线有明显的偏离, 具有尖峰厚尾的特征. 另外, 三种方法确定的最优窗宽分别如下:

　　参考标准分布法 nrd, $h_{opt} = 0.003055629$;

　　拇指法则 nrd0, $h_{opt} = 0.002594402$;

　　无偏交叉验证法 ucv, $h_{opt} = 0.002979736$.

　　这三种方法确定的最优窗宽有一定的差异, 但差异不大, 所以对应的核密度估计曲线也差异不大. 这表明用哪一种方法确定最优窗宽都是可行的.

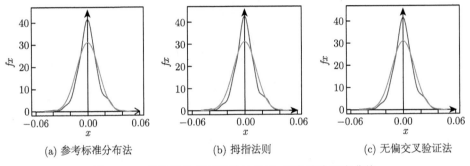

(a) 参考标准分布法　　　　(b) 拇指法则　　　　(c) 无偏交叉验证法

图 2.2.3　深色线为核密度估计曲线, 浅色线为正态曲线

　　附: R 软件计算代码如下.

```
xx=read.csv("F:\\Shan.csv",dec=".")
x=xx[,2];n=length(x)
r=log(x[2:n]/x[1:(n-1)])
par(mfrow=c(1,3))
#plot(x,type="l")
#plot(r,type="l")
mu=mean(r);sigma=sd(r)
DD=density(r,bw="nrd", n=61,from=-0.05,to=0.05)
fx=DD$y
x=DD$x
hnrd=DD$bw
plot(x,fx,type="l",xlim=c(-0.06,0.06),ylim=c(0,45))
arrows(-0.06,0,0.06,0,length=0.05);arrows(0,0,0,45,length=0.05)
```

```
lines(x,dnorm(x,mean=mu,sd=sigma),col="red")
DD=density(r,bw="nrd0", n=61,from=-0.05,to=0.05)
fx=DD$y
x=DD$x
hnrd0=DD$bw
plot(x,fx,type="l",xlim=c(-0.06,0.06),ylim=c(0,45))
arrows(-0.06,0,0.06,0,length=0.05);arrows(0,0,0,45,length=0.05)
lines(x,dnorm(x,mean=mu,sd=sigma),col="red")
DD=density(r,bw="ucv", n=61,from=-0.05,to=0.05)
fx=DD$y
x=DD$x
hucv=DD$bw
plot(x,fx,type="l",xlim=c(-0.06,0.06),ylim=c(0,45))
arrows(-0.06,0,0.06,0,length=0.05);arrows(0,0,0,45,length=0.05)
lines(x,dnorm(x,mean=mu,sd=sigma),col="red")
cbind(hnrd,hnrd0,hucv,mu,sigma)
```

2.3 核函数的选择

在本节我们讨论最优核函数和高阶核函数这两部分内容.

2.3.1 最优核函数

根据定理 2.2.4, 当 h_n 取为最优窗宽 h_{opt} 时, 核密度估计 $f_n(x)$ 的渐近积分均方误差为

$$\text{IMSE}_{\text{opt}} = \frac{5}{4} \left[\left(k_2^{1/2} \int_{-\infty}^{\infty} K^2(u) du \right)^4 \int_{-\infty}^{\infty} (f''(x))^2 dx \right]^{1/5} n^{-4/5}, \quad (2.3.1)$$

其中 $k_2 = \int_{-\infty}^{\infty} u^2 K(u) du$. 在这个渐近积分均方误差中与核函数有关的因子是

$$V(K) = k_2^{1/2} \int_{-\infty}^{\infty} K^2(u) du. \quad (2.3.2)$$

若记 $\widetilde{k}_2 = \int_{-\infty}^{\infty} K^2(u) du$, 则 $V(K) = k_2^{1/2} \widetilde{k}_2$.

显然, 渐近积分均方误差 IMSE_{opt} 关于这个因子 $V(K)$ 是单调递增的, 也就是说, $V(K)$ 的值越小其相应的渐近积分均方误差越小. 所以我们希望选择一个核函数使得 $V(K)$ 达到最小值, 并称使 $V(K)$ 达到最小值的核函数为**最优核函数**.

为了能够容易找到最优核函数, 我们限制在对称核密度函数类中讨论, 即只考虑满足如下条件的核函数 $K(x)$:

$$K(x) \geqslant 0, \quad \int_{-\infty}^{\infty} K(x)dx = 1, \quad K(-x) = K(x). \tag{2.3.3}$$

设 X 是对称核密度函数 $K(x)$ 相应的随机变量, $\delta > 0$ 为任意一个实数, 则随机变量 $Y = \delta X$ 的密度函数为

$$K_\delta(y) = \delta^{-1} K(y/\delta).$$

$K_\delta(y)$ 仍然是一个对称密度函数, 其相应的渐近积分均方误差因子

$$
\begin{aligned}
V(K_\delta) &= \left(\int_{-\infty}^{\infty} u^2 K_\delta(u)du \right)^{1/2} \int_{-\infty}^{\infty} K_\delta^2(u)du \\
&= \left(\int_{-\infty}^{\infty} \delta^{-1} u^2 K(u/\delta)du \right)^{1/2} \int_{-\infty}^{\infty} \delta^{-2} K^2(u/\delta)du \\
&= \left(\int_{-\infty}^{\infty} x^2 K(x)du \right)^{1/2} \int_{-\infty}^{\infty} K^2(x)dx \quad (x = u/\delta) \\
&= V(K).
\end{aligned}
\tag{2.3.4}
$$

这说明核函数 $K_\delta(x)$ 和 $K(x)$ 有相同的渐近积分均方误差因子 $V(K)$, 其因子值与 δ 无关. 所以称 $K_\delta(x)$ 为 $K(x)$ 的等价核函数.

由于在等价核函数类中其渐近积分均方误差因子 $V(K)$ 相同, 所以在影响渐近积分均方误差方面是同效的, 因此在每一个等价核函数类中我们只需选择某个 δ 所对应的等价核函数 $K_\delta(x)$ 作为一个讨论代表即可.

注意到等价核函数 $K_\delta(x)$ 中的 δ 的大小决定着等价核函数的方差大小, 所以我们可以选择适当的 δ 使得 $K_\delta(x)$ 的方差为 1, 也就是说, 我们可以选择方差为 1 的等价核密度函数作为代表讨论.

Epanechnikov(1969) 在方差为 1 的对称有界核密度函数类中找到使 $V(K)$ 达到最小值的最优核函数是

$$K_e(t) = \frac{3}{4\sqrt{5}} (1 - t^2/5) I(|t| \leqslant \sqrt{5}). \tag{2.3.5}$$

人们把它称为 Epanechnikov 核函数, 也简称为 E 核函数.

以 E 核函数为基准, 定义一个有效性 (efficiency) 指标

$$\mathrm{eff}(K) = V(K_e)/V(K),$$

显然, 有效性指标 eff(K) 的值越大, 相应的核函数对减少渐近积分均方误差的效率越大, 有效性越好.

一些常见的方差为 1 且对称有界的核密度函数及其有效性列于表 2.3.1. 这些常见的核函数的有效性都在 92% 以上, 最低的是均匀核函数, 但均匀核函数并不是很常用. 其他常用的核函数的有效性都在 95% 以上, 也就是说在其他常用核函数中选择哪一种核函数对均方误差影响不大, 其影响都在 5% 以内, 所以说在实际应用中核函数的选择不是一个重要问题.

表 2.3.1　方差为 1 且对称有界的核密度函数及其有效性

核函数	$K(t)$	k_2	$V(K)$	eff(K)
Epanechnikov	$\dfrac{3}{4\sqrt{5}}(1-t^2/5)I(\lvert t\rvert \leqslant \sqrt{5})$	1	$\dfrac{3}{5\sqrt{5}}$	1
Biweight	$\dfrac{15}{16\sqrt{7}}(1-t^2/7)^2 I(\lvert t\rvert \leqslant \sqrt{7})$	1	$\dfrac{5}{7\sqrt{7}}$	0.9939
Triangular	$\dfrac{1}{\sqrt{6}}(1-\lvert t\rvert/\sqrt{6})I(\lvert t\rvert \leqslant \sqrt{6})$	1	$\dfrac{2}{3\sqrt{6}}$	0.9859
Gaussian	$\dfrac{1}{\sqrt{2\pi}}e^{-t^2/2}$	1	$\dfrac{1}{2\sqrt{\pi}}$	0.9512
Rectangular	$\dfrac{1}{2\sqrt{3}}I(\lvert t\rvert \leqslant \sqrt{3})$	1	$\dfrac{1}{2\sqrt{3}}$	0.9295

在实际应用中, 当然可以选择方差不一定为 1 的核函数, 这些常见的核函数也具有相同的有效性, 如表 2.3.2 所示. 表中核函数的支撑集 $[-a, a]$ 的参数 a 可以任意选定, 因为它与 $V(K)$ 无关.

表 2.3.2　对称有界的核函数及其有效性

核函数	$K(t)$	k_2	$\widetilde{k}_2$	$V(K)$	eff(K)
Epanechnikov	$\dfrac{3}{4a}(1-t^2/a^2)I(\lvert t\rvert \leqslant a)$	$\dfrac{a^2}{5}$	$\dfrac{3}{5a}$	$\dfrac{3}{5\sqrt{5}}$	1
Biweight	$\dfrac{15}{16a}(1-t^2/a^2)^2 I(\lvert t\rvert \leqslant a)$	$\dfrac{a^2}{7}$	$\dfrac{5}{7a}$	$\dfrac{5}{7\sqrt{7}}$	0.9939
Triangular	$\dfrac{1}{a}(1-\lvert t\rvert/a)I(\lvert t\rvert \leqslant a)$	$\dfrac{a^2}{6}$	$\dfrac{2}{3a}$	$\dfrac{2}{3\sqrt{6}}$	0.9859
Gaussian	$\dfrac{1}{\sqrt{2\pi}\sigma}e^{-t^2/(2\sigma^2)}$	σ^2	$\dfrac{1}{2\sqrt{\pi}\sigma}$	$\dfrac{1}{2\sqrt{\pi}}$	0.9512
Rectangular	$\dfrac{1}{2a}I(\lvert t\rvert \leqslant a)$	$\dfrac{a^2}{3}$	$\dfrac{1}{2a}$	$\dfrac{1}{2\sqrt{3}}$	0.9295

2.3.2　高阶核函数

为了减少核密度估计的均方误差, 人们提出了一类高阶核函数.

定义 2.3.1　设整数 $r \geqslant 2$. 如果 $\mathbb{R}^1$ 上的实值函数 $K(x)$ 满足如下三个条件:

(1) $\displaystyle\int_{-\infty}^{\infty} K(x)dx = 1$;

(2) $\displaystyle\int_{-\infty}^{\infty} x^j K(x)dx = 0, \quad j = 1, 2, \cdots, r-1$;

(3) $\displaystyle\int_{-\infty}^{\infty} x^r K(x)dx$ 存在且不为 0.

则称函数 $K(x)$ 为 r 阶核函数.

在定义中, 没有要求 $K(x) \geqslant 0$, 所以 r 阶核函数不一定是密度函数. 当然, 方差存在且非零的密度函数都是二阶核函数, 所以我们常用的核密度函数都是二阶核函数. 凡是阶数 $r > 2$ 的 r 阶核函数都称为高阶核函数.

高阶核函数是否能减少核密度估计的均方误差? 如何构造高阶核函数? 下面分别讨论这两个问题.

1. 高阶核函数的作用

现在我们来回顾一下核密度估计 $f_n(x)$ 的均方误差的推导过程, 也就是定理 2.2.1 的推导过程. 从那里得知, 估计的偏差项

$$\text{Bias}_n(x) = Ef_n(x) - f(x) = \int_{-\infty}^{\infty} K(u)[f(x-h_n u) - f(x)]du.$$

如果 $K(x)$ 是 $r(r \geqslant 2)$ 阶核函数, $f(x)$ 是 r 阶可导且导数有界, 则利用 Taylor 展开, 有

$$\text{Bias}_n(x) = \int_{-\infty}^{\infty} K(u)\left[\sum_{j=1}^{r-1}\frac{1}{j!}f^{(j)}(x)(-h_n u)^j + \frac{1}{r!}f^{(r)}(x-\theta h_n u)(-h_n u)^r\right]du$$

$$= \frac{(-1)^r h_n^r}{r!}\int_{-\infty}^{\infty} u^r K(u)f^{(r)}(x-\theta h_n u)du.$$

进一步假设 $\displaystyle\int_{-\infty}^{\infty} |x|^r |K(x)|dx$ 存在, 则由控制收敛定理知, 当 $n \to \infty$ 时, 有

$$\text{Bias}_n(x)/h_n^r \to \frac{(-1)^r f^{(r)}(x)}{r!}\int_{-\infty}^{\infty} u^r K(u)du.$$

从而

$$\text{Bias}_n(x) = \frac{(-1)^r f^{(r)}(x)}{r!}k_r h_n^r + o(h_n^r),$$

其中 $k_r = \displaystyle\int_{-\infty}^{\infty} u^r K(u)du.$ 于是

$$\text{Bias}_n^2(x) = \frac{(f^{(r)}(x))^2}{(r!)^2}k_r^2 h_n^{2r} + o(h_n^{2r}).$$

注意到渐近方差 $\text{Var}(f_n(x))$ 已由 (2.2.17) 式得到, 所以核密度估计 $f_n(x)$ 的均方误差为

$$\text{MSE}(f_n(x)) = \frac{(f^{(r)}(x))^2}{(r!)^2}k_r^2 h_n^{2r} + \frac{f(x)}{nh_n}\int_{-\infty}^{\infty} K^2(u)du + o\left(h_n^{2r} + \frac{1}{nh_n}\right).$$
$$(2.3.6)$$

从而得到相应的积分均方误差

$$\text{IMSE}(f_n) = \frac{\displaystyle\int_{-\infty}^{\infty}(f^{(r)}(x))^2 dx}{(r!)^2}k_r^2 h_n^{2r} + \frac{1}{nh_n}\int_{-\infty}^{\infty} K^2(u)du + o\left(h_n^{2r} + \frac{1}{nh_n}\right).$$
$$(2.3.7)$$

最小化积分均方误差得到最优窗宽为

$$h_{\text{opt}} = \left(\frac{(r!)^2\displaystyle\int_{-\infty}^{\infty}K^2(u)du}{2rk_r^2\displaystyle\int_{-\infty}^{\infty}(f^{(r)}(x))^2 dx}\right)^{1/(2r+1)} n^{-1/(2r+1)},$$
$$(2.3.8)$$

且相应的积分均方误差的最小值为

$$\text{IMSE}_{\text{opt}} = \left\{\left(\frac{2r}{(r!)^2}\right)^{1/(2r+1)} + \left(\frac{1}{(r!)^2(2r)^{2r}}\right)^{1/(2r+1)}\right\}$$
$$\times \left\{k_r^2\left(\int_{-\infty}^{\infty}K^2(u)du\right)^{2r}\int_{-\infty}^{\infty}(f^{(r)}(x))^2 dx\right\}^{1/(2r+1)} n^{-2r/(2r+1)}.$$
$$(2.3.9)$$

当 $r=2$ 时, 积分均方误差的最小值 IMSE_{opt} 趋于 0 的速度是 $n^{-4/5}$; 而当 $r>2$ 时, 渐近积分均方误差的最小值 IMSE_{opt} 趋于 0 的速度是 $n^{-2r/(2r+1)}$. 由于当 $r>2$ 时

$$2r/(2r+1) > 4/5,$$

所以高阶核函数能减少渐近积分均方误差.

2. 高阶核函数的构造

二阶矩存在且非零的对称密度函数都是二阶核函数, 然而一阶矩和二阶矩均为零的密度函数是不存在的, 也就是在密度函数类中不存在阶数大于 2 的高阶核函数. 如何寻找高阶核函数? 这里介绍一种待定系数构造法, 可参见专著《非参数与半参数统计》(孙志华等, 2016). 具体方法是:

(1) 设 r 是一个大于 2 的偶整数, $\varphi(x)$ 是一个二阶对称核密度函数. 令 r 阶核函数 $K(x)$ 具有如下形式

$$K(x) = \sum_{i=0}^{r/2-1} \alpha_i x^{2i} \varphi(x),$$

其中 α_i 为待定系数.

(2) 记 $k_j = \int_{-\infty}^{\infty} x^j \varphi(x) dx$, 这是 $\varphi(x)$ 的 k 阶矩. 利用 $K(x)$ 满足定义2.3.1 的条件得到方程组

$$\begin{cases} \alpha_0 + \alpha_1 k_2 + \cdots + \alpha_{r/2-1} k_{r-2} = 1, \\ \alpha_0 k_2 + \alpha_1 k_4 + \cdots + \alpha_{r/2-1} k_r = 0, \\ \qquad\qquad \cdots\cdots \\ \alpha_0 k_{r-2} + \alpha_1 k_r + \cdots + \alpha_{r/2-1} k_{2r-4} = 0. \end{cases} \tag{2.3.10}$$

这个方程组中, 第一个方程由定义 2.3.1 中的条件 (1) 得到, 后面的方程由定义 2.3.1 中的条件 (2) 得到. 这个方程组恰好有 $r/2$ 个方程和 $r/2$ 个待定系数.

(3) 解方程组得到系数 α_i 的值.

例如, 利用标准正态密度函数构造一个 4 阶核函数. 此时

$$\varphi(x) = \frac{1}{\sqrt{2\pi}} \exp\left\{-\frac{x^2}{2}\right\}, \quad k_{2j-1} = 0, \quad k_{2j} = (2j-1)!!, \quad j = 1, 2, \cdots,$$

且方程可以写成

$$\begin{cases} \alpha_0 + \alpha_1 = 1, \\ \alpha_0 + 3\alpha_1 = 0. \end{cases}$$

解之得, $\alpha_0 = 3/2, \alpha_1 = -1/2$. 从而得到 4 阶正态核函数

$$K(x) = \alpha_0 \varphi(x) + \alpha_1 x^2 \varphi(x) = \frac{1}{2}(3 - x^2)\varphi(x).$$

同理可以构造 6 阶正态核函数和 8 阶正态核函数, 它们是

6 阶正态核函数: $K(t) = \dfrac{1}{8}(15 - 10x^2 + x^4)\varphi(x);$

8 阶正态核函数: $K(t) = \dfrac{1}{48}(105 - 105x^2 + 21x^4 - x^6)\varphi(x).$

高阶正态核函数的图形展示在图 2.3.1 中. 峰值越高阶数越高, 从高峰到低峰区分这些曲线, 它们依次是 8 阶、6 阶、4 阶和 2 阶. 从图形容易看出: 高阶正态核函数的数值会出现负值, 在原点达到峰值, 阶数越高峰值越高, 同时存在两个最低值.

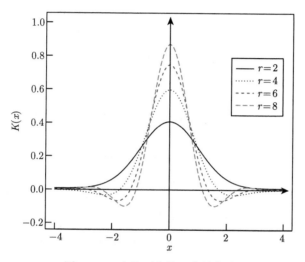

图 2.3.1   高阶正态核函数的曲线

类似地, 从 E 核函数出发可以构造高阶 E 核函数.

2 阶 E 核函数: $\varphi(x) = \dfrac{3}{4\sqrt{5}}(1 - x^2/5)I(|x| \leqslant \sqrt{5});$

4 阶 E 核函数: $K(x) = \dfrac{1}{8}(15 - 7x^2)\varphi(x);$

6 阶 E 核函数: $K(x) = \dfrac{1}{320}(875 - 1050x^2 + 231x^4)\varphi(x);$

8 阶 E 核函数: $K(x) = \dfrac{1}{5120}(18375 - 40425x^2 + 21021x^4 - 3003x^6)\varphi(x).$

高阶 E 核函数的图形如图 2.3.2 所示, 其图形特点与高阶正态核函数类似. 更多的高阶核函数的构造可参考 Gasser 等 (1985), Härdle (1994, P165).

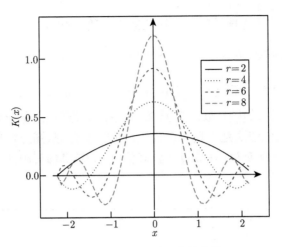

图 2.3.2　高阶 E 核函数的曲线

2.4　核密度估计的渐近正态性

定理 2.4.1　设核函数 $K(u)$ 和密度函数 $f(x)$ 满足:

(1) $K(u)$ 在 $\mathbb{R}^1$ 上有界, $\displaystyle\int_{-\infty}^{\infty} K(u)du = 1$, $\displaystyle\int_{-\infty}^{\infty} |K(u)|du < \infty$;

(2) $\displaystyle\lim_{|u|\to\infty} u|K(u)| = 0$ 或者 $f(x)$ 有界.

如果 $h_n \to 0$ 且 $nh_n \to \infty$, 则对 $f(x) \neq 0$ 的连续点 x, 有

$$\frac{\sqrt{nh_n}(f_n(x) - Ef_n(x))}{\sqrt{f(x)\displaystyle\int_{-\infty}^{\infty} K^2(u)du}} \xrightarrow{d} N(0,1). \tag{2.4.1}$$

证明　回顾 (2.2.17) 式, 知

$$\mathrm{Var}(f_n(x)) = \frac{f(x)}{nh_n}\int_{-\infty}^{\infty} K^2(u)du + o\left(\frac{1}{nh_n}\right). \tag{2.4.2}$$

从而

$$\frac{\sqrt{nh_n}(f_n(x) - Ef_n(x))}{\sqrt{f(x)\displaystyle\int_{-\infty}^{\infty} K^2(u)du}}$$

$$= \frac{f_n(x) - Ef_n(x)}{\sqrt{\mathrm{Var}(f_n(x))}} \times \sqrt{\frac{\mathrm{Var}(f_n(x))}{(nh_n)^{-1}f(x)\displaystyle\int_{-\infty}^{\infty} K^2(u)du}}$$

$$= \frac{f_n(x) - Ef_n(x)}{\sqrt{\text{Var}(f_n(x))}} \times (1 + o(1)). \tag{2.4.3}$$

所以, 我们只需要证明

$$\frac{f_n(x) - Ef_n(x)}{\sqrt{\text{Var}(f_n(x))}} \xrightarrow{d} N(0, 1). \tag{2.4.4}$$

令 $X_{n,i} = \dfrac{1}{nh_n} K\left(\dfrac{x - X_i}{h_n}\right)$, 则 $f_n(x) = \sum_{i=1}^n X_{n,i}$. 为了证明 (2.4.4), 根据定理 1.3.2, 只需要证明: $\forall \gamma > 0$, 有

$$\frac{1}{\text{Var}(f_n(x))} \sum_{i=1}^n E[X_{n,i}^2 I(|X_{n,i}| > \gamma \sqrt{\text{Var}(f_n(x))})] \to 0. \tag{2.4.5}$$

由同分布条件和 (2.4.2) 式知, 上式等价于

$$n^2 h_n E[X_{n,1}^2 I(|X_{n,1}| > \gamma \sqrt{\text{Var}(f_n(x))})] \to 0. \tag{2.4.6}$$

而

$$n^2 h_n E[X_{n,1}^2 I(|X_{n,1}| > \gamma \sqrt{\text{Var}(f_n(x))})]$$

$$= \frac{1}{h_n} \int_{|K(\frac{x-t}{h_n})| > \gamma n h_n \sqrt{\text{Var}(f_n(x))}} K^2\left(\frac{x - t}{h_n}\right) f(t) dt$$

$$= \int_{|K(u)| > \gamma n h_n \sqrt{\text{Var}(f_n(x))}} K^2(u) f(x - uh_n) du \quad (u = (x - t)/h_n)$$

$$\leqslant C \int_{|K(u)| > \gamma n h_n \sqrt{\text{Var}(f_n(x))}} K^2(u) du,$$

上式最后的不等式由 $f(x)$ 有界得到. 由于 $K(u)$ 有界且 $nh_n \to \infty$, 所以当 n 充分大时, 有

$$\left\{ u : |K(u)| > \gamma n h_n \sqrt{\text{Var}(f_n(x))} \right\} = \varnothing.$$

这导致 (2.4.6) 式成立. 证毕.

现在我们来给出核密度估计的渐近正态性定理.

定理 2.4.2 在定理 2.4.1 的条件下, 进一步假设密度函数 $f(x)$ 二阶可导且其二阶导数 $f''(x)$ 在 $\mathbb{R}^1$ 上有界, $\int_{-\infty}^{\infty} uK(u)du = 0$, $\int_{-\infty}^{\infty} u^2 K(u)du$ 存在, $nh_n^5 \to 0$.

则对 $f(x) \neq 0$ 的点 x, 有

$$\frac{\sqrt{nh_n}(f_n(x) - f(x))}{\sqrt{f(x) \int_{-\infty}^{\infty} K^2(u)du}} \xrightarrow{d} N(0,1). \tag{2.4.7}$$

证明　显然

$$\frac{\sqrt{nh_n}(f_n(x) - f(x))}{\sqrt{f(x) \int_{-\infty}^{\infty} K^2(u)du}} = \frac{\sqrt{nh_n}(f_n(x) - Ef_n(x))}{\sqrt{f(x) \int_{-\infty}^{\infty} K^2(u)du}} + \frac{\sqrt{nh_n}(Ef_n(x) - f(x))}{\sqrt{f(x) \int_{-\infty}^{\infty} K^2(u)du}}.$$

利用定理 2.4.1, 我们只需要证明

$$\frac{\sqrt{nh_n}(Ef_n(x) - f(x))}{\sqrt{f(x) \int_{-\infty}^{\infty} K^2(u)du}} \to 0. \tag{2.4.8}$$

为此, 我们回顾 (2.2.12) 式的推导过程, 由二阶导数 $f''(x)$ 在 $\mathbb{R}^1$ 上有界, 有

$$Ef_n(x) - f(x) = \frac{h_n^2}{2} \int_{-\infty}^{\infty} u^2 K(u) f''(x - \theta h_n u)du = O(h_n^2).$$

从而

$$\frac{\sqrt{nh_n}(Ef_n(x) - f(x))}{\sqrt{f(x) \int_{-\infty}^{\infty} K^2(u)du}} = \frac{\sqrt{nh_n}O(h_n^2)}{\sqrt{f(x) \int_{-\infty}^{\infty} K^2(u)du}}$$

$$= O(\sqrt{nh_n^5})$$

$$\to 0.$$

所以 (2.4.8) 式成立. 证毕.

2.5　核密度估计的相合性

本节我们来讨论核密度估计的渐近无偏性、均方相合性、一致弱相合性和强相合性等大样本性质.

2.5.1 核密度估计的渐近无偏性

定理 2.5.1 设核函数 $K(u)$ 和密度函数 $f(x)$ 满足:

(1) $K(u)$ 在 $\mathbb{R}^1$ 上有界, $\int_{-\infty}^{\infty} |K(u)|du < \infty$, $\int_{-\infty}^{\infty} K(u)du = 1$;

(2) $\lim\limits_{|u|\to\infty} u|K(u)| = 0$ 或者 $f(x)$ 在 $\mathbb{R}^1$ 上有界.

如果 $h_n \to 0$, 则对 $f(x)$ 的任一个连续点 x, 有

$$\lim_{n\to\infty} Ef_n(x) = f(x), \tag{2.5.1}$$

这称为逐点渐近无偏. 如果 $f(x)$ 在 $\mathbb{R}^1$ 上一致连续, 则有

$$\lim_{n\to\infty} \sup_{x\in\mathbb{R}^1} |Ef_n(x) - f(x)| = 0, \tag{2.5.2}$$

这称为一致渐近无偏.

证明 由于 $X_1, X_2, \cdots, X_n$ 为独立同分布样本, 且具有共同的密度函数 $f(x)$, 所以

$$
\begin{aligned}
Ef_n(x) &= \frac{1}{nh_n} \sum_{j=1}^{n} EK\left(\frac{x-X_j}{h_n}\right) = \frac{1}{h_n} EK\left(\frac{x-X_1}{h_n}\right) \\
&= \frac{1}{h_n} \int_{-\infty}^{\infty} K\left(\frac{x-y}{h_n}\right) f(y)dy \\
&= \frac{1}{h_n} \int_{-\infty}^{\infty} K\left(\frac{u}{h_n}\right) f(x-u)du \quad (u = x-y).
\end{aligned}
\tag{2.5.3}
$$

由于核函数 $K(u)$ 和密度函数 $f(x)$ 满足引理 2.2.1 的条件, 所以由上式和引理 2.2.1 得结论 (2.5.1).

由于密度函数 $f(x)$ 在 $\mathbb{R}^1$ 上一致连续, 所以必然有界. 事实上, 由 $\int_{-\infty}^{\infty} f(x)dx=1$ 和连续性知, $\lim\limits_{|x|\to\infty} f(x) = 0$, 从而存在常数 $M > 0$ 使

$$0 \leqslant f(x) < 1, \quad \forall |x| > M,$$

而 $f(x)$ 在 $[-M, M]$ 中有界, 因此 $f(x)$ 在 $\mathbb{R}^1$ 上有界. 故由引理 2.2.1 得 (2.5.2) 式. 证毕.

2.5.2 核密度估计的均方相合性

定理 2.5.2 在定理 2.5.1 的条件下, 如果当 $n \to \infty$ 时, 有

$$h_n \to 0, \quad nh_n \to \infty, \tag{2.5.4}$$

则对 $f(x)$ 的任一个连续点 x, 有

$$\lim_{n\to\infty} E\left[f_n(x) - f(x)\right]^2 = 0. \tag{2.5.5}$$

证明 显然,

$$
\begin{aligned}
E\left[f_n(x) - f(x)\right]^2 &= E\left[f_n(x) - Ef_n(x) + Ef_n(x) - f(x)\right]^2 \\
&= E\left[f_n(x) - Ef_n(x)\right]^2 + \left[Ef_n(x) - f(x)\right]^2 \\
&= \operatorname{Var}\left(f_n(x)\right) + \left[Ef_n(x) - f(x)\right]^2.
\end{aligned} \tag{2.5.6}
$$

由定理 2.5.1 知, $Ef_n(x) - f(x) \to 0$. 所以我们只需证明: $\operatorname{Var}\left(f_n(x)\right) \to 0$. 由于 $X_1, X_2, \cdots, X_n$ 为独立同分布样本, 且具有共同的密度函数 $f(x)$, 所以

$$
\begin{aligned}
\operatorname{Var}\left(f_n(x)\right) &= \frac{1}{nh_n^2}\operatorname{Var}\left(K\left(\frac{x-X_1}{h_n}\right)\right) \\
&\leqslant \frac{1}{nh_n^2}EK^2\left(\frac{x-X_1}{h_n}\right) \\
&= \frac{1}{nh_n^2}\int_{-\infty}^{\infty} K^2\left(\frac{x-y}{h_n}\right)f(y)dy \\
&\xlongequal{u=x-y} \frac{1}{nh_n^2}\int_{-\infty}^{\infty} K^2\left(\frac{u}{h_n}\right)f(x-u)du.
\end{aligned} \tag{2.5.7}
$$

记 $K_1(u) = K^2(u)$, 则 $K_1(u)$ 也满足引理 2.2.1 的条件, 所以

$$\frac{1}{h_n}\int_{-\infty}^{\infty} K^2\left(\frac{u}{h_n}\right)f(x-u)du \to f(x)\int_{-\infty}^{\infty} K^2(u)du < \infty. \tag{2.5.8}$$

联合 (2.5.7) 和 (2.5.8) 式, 并注意到 $nh_n \to \infty$, 有 $\operatorname{Var}\left(f_n(x)\right) \to 0$. 证毕.

2.5.3 核密度估计的一致弱相合性

以 $k(y)$ 记核函数 $K(u)$ 的 Fourier 变换, 即

$$k(y) = \int_{-\infty}^{\infty} e^{-iuy}K(u)du. \tag{2.5.9}$$

对核密度估计的一致弱相合性, 我们有如下定理.

定理 2.5.3 设 $f(x)$ 在 $\mathbb{R}^1$ 上一致连续, $\int_{-\infty}^{\infty}|k(y)|dy < \infty$, $K(u)$ 为概率密度函数. 如果当 $n \to \infty$ 时, 有

$$h_n \to 0, \quad nh_n^2 \to \infty, \tag{2.5.10}$$

则

$$\sup_{x \in \mathbb{R}^1}|f_n(x) - f(x)| \xrightarrow{P} 0. \tag{2.5.11}$$

证明 由反演公式, 得

$$K(u) = \frac{1}{2\pi}\int_{-\infty}^{\infty} e^{iuy}k(y)dy. \tag{2.5.12}$$

由此知 $K(u)$ 在 $\mathbb{R}^1$ 上有界. 另由 $f(x)$ 为密度函数知, $f(x)$ 在 $\mathbb{R}^1$ 上也有界. 因此, $f(x)$ 和 $K(u)$ 满足引理 2.2.1. 于是有

$$\lim_{n \to \infty} \sup_{x \in \mathbb{R}^1}|Ef_n(x) - f(x)| = 0. \tag{2.5.13}$$

记

$$\varphi_n(u) = \frac{1}{n}\sum_{j=1}^{n} e^{iuX_j}. \tag{2.5.14}$$

由核估计的定义、(2.5.12) 和 (2.5.14) 式, 有

$$
\begin{aligned}
f_n(x) &= \frac{1}{nh_n}\sum_{j=1}^{n} K\left(\frac{x-X_j}{h_n}\right) \\
&= \frac{1}{2\pi nh_n}\sum_{j=1}^{n}\int_{-\infty}^{\infty} e^{\frac{i(x-X_j)y}{h_n}}k(y)dy \\
&\xlongequal{u=-y/h_n} \frac{1}{2\pi n}\sum_{j=1}^{n}\int_{-\infty}^{\infty} e^{-i(x-X_j)u}k(-h_n u)du \\
&= \frac{1}{2\pi}\int_{-\infty}^{\infty} e^{-ixu}\varphi_n(u)k(-h_n u)du.
\end{aligned}
\tag{2.5.15}
$$

因此

$$\sup_{x \in \mathbb{R}^1}|f_n(x) - Ef_n(x)|$$

$$= \sup_{x \in \mathbb{R}^1} \left| \frac{1}{2\pi} \int_{-\infty}^{\infty} e^{-ixu} \varphi_n(u) k(-h_n u) du - \frac{1}{2\pi} \int_{-\infty}^{\infty} e^{-ixu} E\varphi_n(u) k(-h_n u) du \right|$$

$$= \sup_{x \in \mathbb{R}^1} \left| \frac{1}{2\pi} \int_{-\infty}^{\infty} e^{-ixu} k(-h_n u) [\varphi_n(u) - E\varphi_n(u)] du \right|$$

$$\leqslant \frac{1}{2\pi} \sup_{x \in \mathbb{R}^1} \int_{-\infty}^{\infty} |k(-h_n u)| \cdot |\varphi_n(u) - E\varphi_n(u)| du$$

$$= \frac{1}{2\pi} \int_{-\infty}^{\infty} |k(-h_n u)| \cdot |\varphi_n(u) - E\varphi_n(u)| du. \tag{2.5.16}$$

而由 $\mathrm{Var}(e^{iuX_j}) \leqslant 1$, 有

$$E[\varphi_n(u) - E\varphi_n(u)]^2 = \mathrm{Var}\left(\varphi_n(u)\right) = \frac{1}{n^2} \sum_{j=1}^n \mathrm{Var}(e^{iuX_j}) \leqslant \frac{1}{n}. \tag{2.5.17}$$

由此和 (2.5.16) 式, 有

$$E \sup_{x \in \mathbb{R}^1} |f_n(x) - Ef_n(x)|$$

$$\leqslant \frac{1}{2\pi} \int_{-\infty}^{\infty} |k(-h_n u)| \cdot E|\varphi_n(u) - E\varphi_n(u)| du$$

$$\leqslant \frac{1}{2\pi} \int_{-\infty}^{\infty} |k(-h_n u)| \cdot \sqrt{E|\varphi_n(u) - E\varphi_n(u)|^2} du$$

$$\leqslant \frac{1}{2\pi \sqrt{n}} \int_{-\infty}^{\infty} |k(-h_n u)| du$$

$$\xlongequal{y=-h_n u} \frac{1}{2\pi \sqrt{nh_n^2}} \int_{-\infty}^{\infty} |k(y)| dy \to 0. \tag{2.5.18}$$

所以

$$\sup_{x \in \mathbb{R}^1} |f_n(x) - Ef_n(x)| \xrightarrow{P} 0. \tag{2.5.19}$$

显然

$$\sup_{x \in \mathbb{R}^1} |f_n(x) - f(x)| \leqslant \sup_{x \in \mathbb{R}^1} |f_n(x) - Ef_n(x)| + \sup_{x \in \mathbb{R}^1} |Ef_n(x) - f(x)|. \tag{2.5.20}$$

联合 (2.5.13), (2.5.19) 和 (2.5.20) 式得结论. 证毕.

2.5.4　核密度估计的强相合性

定理 2.5.4　在定理 2.5.1 的条件下, 如果当 $n \to \infty$ 时, 有

$$h_n \to 0, \quad nh_n / \log n \to \infty, \tag{2.5.21}$$

则对 $f(x)$ 的任一个连续点 x, 有

$$\lim_{n\to\infty} f_n(x) = f(x), \quad \text{a.s..} \tag{2.5.22}$$

证明 显然

$$|f_n(x) - f(x)| \leqslant |f_n(x) - Ef_n(x)| + |Ef_n(x) - f(x)|. \tag{2.5.23}$$

由定理 2.5.1 知, $Ef_n(x) - f(x) \to 0$. 所以我们只需证明: $f_n(x) - Ef_n(x) \to 0$, a.s..

记 $Y_j = K\left(\frac{x-X_j}{h_n}\right) - EK\left(\frac{x-X_j}{h_n}\right)$, $M = \sup\limits_{u\in\mathbb{R}^1} |K(u)| < \infty$. 则

$$E(Y_j) = 0, \quad |Y_j| \leqslant 2M. \tag{2.5.24}$$

利用引理 2.2.1, 有

$$\frac{1}{h_n}\text{Var}(Y_1) \leqslant \frac{1}{h_n} EK^2\left(\frac{x-X_1}{h_n}\right) \to f(x)\int_{-\infty}^{\infty} K^2(u)du. \tag{2.5.25}$$

而

$$f(x)\int_{-\infty}^{\infty} K^2(u)du \leqslant Mf(x)\int_{-\infty}^{\infty} |K(u)|du < \infty. \tag{2.5.26}$$

所以 $\text{Var}(Y_1) \leqslant M_x h_n$, 其中 M_x 为与 x 有关的正常数. 由尾部概率不等式 (即定理 1.2.3), 有

$$\begin{aligned}
P\left(|f_n(x) - Ef_n(x)| > \varepsilon\right) &= P\left(\left|\frac{1}{nh_n}\sum_{j=1}^n Y_j\right| > \varepsilon\right) \\
&= P\left(\left|\sum_{j=1}^n Y_j\right| > nh_n\varepsilon\right) \\
&\leqslant 2\exp\left\{-\frac{n^2h_n^2\varepsilon^2}{2(2Mnh_n\varepsilon + 2n\text{Var}(Y_1))}\right\} \\
&\leqslant 2\exp\left\{-\frac{nh_n^2\varepsilon^2}{4(Mh_n\varepsilon + M_xh_n)}\right\} \\
&= 2\exp\left\{-\frac{nh_n\varepsilon^2}{4(M\varepsilon + M_x)}\right\}. \tag{2.5.27}
\end{aligned}$$

由 $nh_n/\log n \to \infty$ 知, 当 n 充分大时, 有

$$nh_n/\log n > \frac{8(M\varepsilon + M_x)}{\varepsilon^2}. \tag{2.5.28}$$

于是, 当 n 充分大时, 有

$$
\begin{aligned}
P\left(|f_n(x) - Ef_n(x)| > \varepsilon\right) &\leqslant 2\exp\left\{-\frac{\varepsilon^2}{4(M\varepsilon + M_x)} \cdot \frac{nh_n}{\log n} \cdot \log n\right\} \\
&\leqslant 2\exp\left\{-2\log n\right\} \\
&= 2n^{-2}.
\end{aligned} \tag{2.5.29}
$$

所以

$$
\sum_{n=1}^{\infty} P\left(|f_n(x) - Ef_n(x)| > \varepsilon\right) < \infty. \tag{2.5.30}
$$

由 Borel-Cantelli 引理, 得

$$
f_n(x) - Ef_n(x) \to 0, \quad \text{a.s..} \tag{2.5.31}
$$

证毕.

如果在定理 2.5.4 的证明过程中, 不使用尾部概率不等式 (定理 1.2.3), 而使用 Rosenthal 型矩不等式 (定理 1.2.1), 则我们只能有如下结论.

定理 2.5.5   在定理 2.5.1 的条件下, 如果 $h_n \to 0$ 且存在 $\rho > 0$ 使 $nh_n/n^\rho \to \infty$, 则对 $f(x)$ 的任一个连续点 x, 有

$$
\lim_{n\to\infty} f_n(x) = f(x), \quad \text{a.s..} \tag{2.5.32}
$$

证明   沿用定理 2.5.4 的证明过程中的记号, 有

$$
P\left(|f_n(x) - Ef_n(x)| > \varepsilon\right) \leqslant P\left(\left|\sum_{j=1}^{n} Y_j\right| > nh_n\varepsilon\right). \tag{2.5.33}
$$

对 $r > 2$, 利用定理 1.2.1, 有

$$
\begin{aligned}
&P\left(|f_n(x) - Ef_n(x)| > \varepsilon\right) \\
&\leqslant \frac{1}{(nh_n\varepsilon)^r} E\left|\sum_{j=1}^{n} Y_j\right|^r \\
&\leqslant \frac{C}{(nh_n\varepsilon)^r}\left\{\sum_{j=1}^{n} E|Y_j|^r + \left(\sum_{j=1}^{n} E(Y_j^2)\right)^{r/2}\right\} \\
&\leqslant \frac{C}{(nh_n\varepsilon)^r}\left\{\sum_{j=1}^{n} E|Y_j|^2 + \left(\sum_{j=1}^{n} E(Y_j^2)\right)^{r/2}\right\}
\end{aligned}
$$

$$\leqslant \frac{C}{(nh_n\varepsilon)^r}\left\{\sum_{j=1}^n M_x h_n + \left(\sum_{j=1}^n M_x h_n\right)^{r/2}\right\}$$

$$\leqslant \frac{C}{(nh_n\varepsilon)^r}\left\{nh_n + (nh_n)^{r/2}\right\}. \tag{2.5.34}$$

注意到 $r > 2$ 和 $nh_n/n^\rho \to \infty$, 有

$$\begin{aligned}
P\left(|f_n(x) - Ef_n(x)| > \varepsilon\right) &\leqslant \frac{C}{(nh_n\varepsilon)^r}(nh_n)^{r/2}\\
&= \frac{C}{\varepsilon^r(nh_n)^{r/2}}\\
&= \frac{C}{\varepsilon^r(nh_n/n^\rho)^{r/2}n^{\rho r/2}}\\
&\leqslant \frac{C}{\varepsilon^r n^{\rho r/2}}. \tag{2.5.35}
\end{aligned}$$

取 r 充分大, 使 $\rho r/2 > 1$, 从而有

$$\sum_{n=1}^\infty P\left(|f_n(x) - Ef_n(x)| > \varepsilon\right) < \infty. \tag{2.5.36}$$

由 Borel-Cantelli 引理, 得

$$f_n(x) - Ef_n(x) \to 0, \quad \text{a.s.}. \tag{2.5.37}$$

证毕.

由于若 $nh_n/n^\rho \to \infty$ 成立, 则必有 $nh_n/\log n \to \infty$. 因此, 定理 2.5.4 强于定理 2.5.5. 由此我们知道尾部概率指数不等式的使用效果高于使用 Rosenthal 型矩不等式的使用效果.

第 3 章 最近邻密度估计

Loftsgaarden 和 Quesenberry (1965) 对 p 维密度函数提出了最近邻密度估计, 并讨论了该估计依概率收敛的性质. 之后, Moore 和 Henrichon (1969) 证明最近邻密度估计的一致依概率收敛性 (即一致弱相合性), Wagner (1973) 则证明最近邻密度估计的强相合性, 而 Devroye 和 Wagner (1977) 则证明最近邻密度估计的一致强相合性. Moor 和 Yacrel (1977) 提出一种最近邻核密度估计, 并证明其一致强相合性.

3.1 最近邻密度估计的定义

3.1.1 定义

设 $\mathbb{R}^p$ 为 p 维实数空间, $x, z \in \mathbb{R}^p$, $d(z, x)$ 表示 p 维空间的欧氏距离, 即

$$d(z, x) = |z - x| = \left\{ (z_1 - x_1)^2 + (z_2 - x_2)^2 + \cdots + (z_p - x_p)^2 \right\}^{1/2}. \qquad (3.1.1)$$

$S_{r,x}$ 表示以 x 为中心, r 为半径的 p 维超球体, 也就是

$$S_{r,x} = \{z \mid d(x, z) \leqslant r\}, \qquad (3.1.2)$$

并以 $V_{r,x}$ 记这个 p 维超球体的测度 (体积).

设 X 为 p 维随机向量, 具有连续的未知分布密度函数 $f(x)$, $X_1, X_2, \cdots, X_n$ 是来自总体 X 的样本. 由概率测度知

$$\lim_{r \to 0} P(X \in S_{r,x})/V_{r,x} = f(x). \qquad (3.1.3)$$

Loftsgaarden 和 Quesenberry (1965) 基于这个结论构造如下的密度函数的估计.

设 k_n 为非降正整数序列, 满足如下两个条件:

$$k_n \to \infty \qquad (3.1.4)$$

和

$$k_n/n \to 0. \qquad (3.1.5)$$

用 $D_i(x)$ 表示样本 X_i 与点 x 的距离, 即 $D_i(x) = d(X_i, x)$, $i = 1, 2, \cdots, n$. 将这些距离按从小到大进行排列, 得到

$$D_{(1)}(x) \leqslant D_{(2)}(x) \leqslant \cdots \leqslant D_{(n)}(x).$$

对于给定的 k_n, 有 $D_{(k_n)}(x)$ 与之对应. 记 $r_{k_n}(x) = D_{(k_n)}(x)$, 为了简化记号, 也经常将 $r_{k_n}(x)$ 写成 r_{k_n}.

显然, 在 p 维超球体 $S_{r_{k_n}, x}$ 中至少有 k_n 个样本落在其中, 所以 k_n/n 是样本落在超球体 $S_{r_{k_n}, x}$ 中的频率的近似值, 也是概率 $P(X \in S_{r,x})$ 的近似估计值, 因此根据 (3.1.3) 式, 可以得到如下定义的密度函数估计.

定义 3.1.1 称

$$f_n^{\mathrm{NN}}(x) = \frac{k_n}{nV_{r_{k_n}, x}} \tag{3.1.6}$$

为 $f(x)$ 的最近邻密度估计 (nearest neighbor density estimate), 简称 NN 密度估计.

注 3.1.1 Loftsgaarden 和 Quesenberry (1965) 提出的最近邻密度估计为

$$\overline{f}_n(x) = \frac{k_n - 1}{nV_{r_{k_n}, x}}. \tag{3.1.7}$$

这与 (3.1.6) 式定义的 $f_n^{\mathrm{NN}}(x)$ 的差异在于分子多减 1. 由于它们的渐近性质没有差异, 所以, 现在更多地还是使用 (3.1.6) 式的定义.

注意 p 维超球体 $V_{r,x}$ 的测度 (体积)

$$V_{r,x} = \frac{2r^p \pi^{p/2}}{p\Gamma(p/2)}.$$

如果是一维, 即 $p = 1$, 则 (3.1.6) 式可以写成

$$f_n^{\mathrm{NN}}(x) = \frac{k_n}{2nr_{k_n}(x)}. \tag{3.1.8}$$

此时, $r_{k_n}(x)$ 表示在 $[x - r, x + r]$ 中至少包含 k_n 个样本的最小区间半径 r, 即

$$r_{k_n}(x) = \inf\{r \mid \text{在} [x - r, x + r] \text{中至少包含} k_n \text{个样本}\}. \tag{3.1.9}$$

最近邻密度估计 $\widehat{f}_n(x)$ 与均匀核密度估计 $\widetilde{f}_n(x)$ (参见 (2.1.4) 式) 相比, 它们有如下区别:

(1) 均匀核密度估计 $\widetilde{f}_n(x)$ 的区间半径是非随机的, 区间内的样本个数是随机的; 而最近邻密度估计 $f_n^{\mathrm{NN}}(x)$ 的区间半径是随机的, 区间内的样本个数是非随机的.

(2) 对均匀核密度估计 $\widetilde{f}_n(x)$ 而言, $2nh_n\widetilde{f}_n(x) \sim B(n, \widetilde{p}_x)$, 其中 $B(n, \widetilde{p}_x)$ 为二项分布, 且 $\widetilde{p}_x = \displaystyle\int_{x-h_n}^{x+h_n} f(t)dt$; 对最近邻密度估计 $f_n^{\mathrm{NN}}(x)$ 而言, $r_{k_n}(x)$ 的分布也与二项分布有关 (见下面的结论).

超球体的半径 $r_{k_n}(x)$ 是一个随机变量, 我们现在来推导它的分布. 为此, 令

$$Z_{i,(r,x)} = \begin{cases} 1, & X_i \in S_{r,x}, \\ 0, & X_i \notin S_{r,x}, \end{cases} \tag{3.1.10}$$

并且记

$$p_{r,x} = P\left(X \in S_{r,x}\right) = \iint_{z \in S_{r,x}} f(t)dz, \tag{3.1.11}$$

$$b(n,p,j) = \mathrm{C}_n^j p^j (1-p)^{n-j}. \tag{3.1.12}$$

显然 $Z_{1,(r,x)}, Z_{2,(r,x)}, \cdots, Z_{n,(r,x)}$ 是独立同分布随机变量, 共同分布为二点分布 $B(1, p_{r,x})$.

当 $r \leqslant 0$ 时, 显然 $P\left(r_{k_n}(x) \leqslant r\right) = 0$. 而当 $r > 0$ 时, 有

$$P\left(r_{k_n}(x) \leqslant r\right) = P\left(至少有 k_n 个样本落在超球体 S_{r,x} 中\right)$$

$$= P\left(\sum_{i=1}^{n} Z_{i,(r,x)} \geqslant k_n\right)$$

$$= \sum_{j=k_n}^{n} \mathrm{C}_n^j p_{r,x}^j (1-p_{r,x})^{n-j}. \tag{3.1.13}$$

这表明 $r_{k_n}(x)$ 与二项分布有关.

3.1.2   最近邻核密度估计

Moore 和 Yacrel (1977) 结合核密度估计的思想和最近邻密度估计的思想, 提出一种最近邻核密度估计.

这里仍然是考虑 X 为 p 维随机向量, 具有连续的未知分布密度函数 $f(x)$, $X_1, X_2, \cdots, X_n$ 是来自总体 X 的样本. 设 k_n 为正整数列, r_{k_n} 为从 x 到样本 $X_1, X_2, \cdots, X_n$ 的第 k_n 个最近邻的距离. 又设 $S_{r,x}$ 表示以 x 为中心, r 为半径的 p 维超球体.

注意到 $V_{r_{k_n},x} = r_{k_n}^p V_{1,0}$, 我们可以将最近邻密度估计改写为

$$
\begin{aligned}
f_n^{\mathrm{NN}}(x) &= \frac{k_n}{nV_{r_{k_n},x}} \\
&= \frac{1}{nV_{r_{k_n},x}} \sum_{i=1}^{n} I\left(X_i \in S_{r_{k_n},x}\right) \\
&= \frac{1}{nV_{r_{k_n},x}} \sum_{i=1}^{n} I\left((x-X_i)/r_{k_n} \in S_{1,0}\right) \\
&= \frac{1}{nr_{k_n}^p V_{1,0}} \sum_{i=1}^{n} I\left((x-X_i)/r_{k_n} \in S_{1,0}\right).
\end{aligned}
\tag{3.1.14}
$$

令 $\widetilde{K}(u) = I(u \in S_{1,0})/V_{1,0}$, 上式为

$$
f_n^{\mathrm{NN}}(x) = \frac{1}{nr_{k_n}^p} \sum_{i=1}^{n} \widetilde{K}\left(\frac{x-X_i}{r_{k_n}}\right).
\tag{3.1.15}
$$

显然 $\widetilde{K}(u)$ 是球体 $S_{1,0}$ 上的均匀密度函数, 所以将 $\widetilde{K}(u)$ 换为一般的核密度函数就得到如下定义.

定义 3.1.2 设 $K(x)$ 为核密度函数, 则称

$$
f_n^{\mathrm{NNK}}(x) = \frac{1}{nr_{k_n}^p} \sum_{i=1}^{n} K\left(\frac{x-X_i}{r_{k_n}}\right)
\tag{3.1.16}
$$

为 $f(x)$ 的最近邻核密度估计.

Moore 和 Yacrel(1977) 证明了该估计的一致强相合性.

3.1.3 数值模拟

下面做一些数值模拟考察最近邻密度估计 $f_n^{\mathrm{NN}}(x)$ 和最近邻核密度估计 $f_n^{\mathrm{NNK}}(x)$ 的表现. 为了方便作图, 这里只对一维正态 $N(0,1)$ 总体进行数值模拟. 样本容量 $n = 2000$, k_n 取 4 种不同值, 分别为 50, 100, 300, 500. 对每种情况都计算最近邻密度估计 $f_n^{\mathrm{NN}}(x)$ 和最近邻核密度估计 $f_n^{\mathrm{NNK}}(x)$, 得到图 3.1.1 所示的结果.

(1) 当 k_n 较小时, 两端的估计线比较光滑, 估计准确度也比较好; 但中部的估计线波动比较大, 很不光滑, 估计准确度也比较差.

(2) 当 k_n 较大时, 两端的估计线过于光滑, 估计准确度下降; 但中部的估计线的波动性减轻, 趋于光滑, 估计准确度也在趋好.

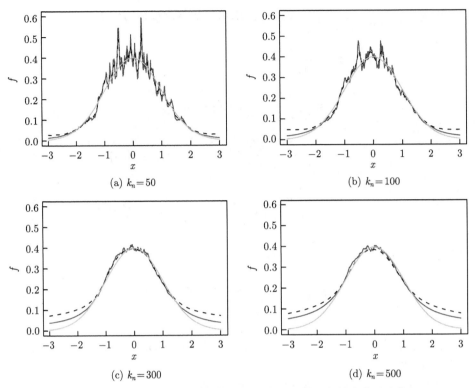

图 3.1.1　深色线为最近邻密度估计线, 虚线为最近邻核密度估计线,
浅色线为正态密度线. 样本容量 $n = 2000$

(3) 最近邻核密度估计与最近邻密度估计相比, 没有优势, 在两端反而比最近邻密度估计表现更差.

(4) 难以存在一个合适的 k_n 使全局的估计都比较好.

从这些模拟结论看, 最近邻密度估计 $f_n^{\mathrm{NN}}(x)$ 和最近邻核密度估计 $f_n^{\mathrm{NNK}}(x)$ 的估计效果很能优于第 1 章所介绍的核密度估计.

3.2　最近邻密度估计的相合性

为方便起见, 本节仅限于一维情况讨论最近邻密度估计的相合性质. 此时, 最近邻密度估计

$$f_n^{\mathrm{NN}}(x) = \frac{k_n}{2nr_{k_n}(x)}, \tag{3.2.1}$$

其中 $r_{k_n}(x)$ 表示在 $[x-r, x+r]$ 中至少包含 k_n 个样本的最小区间半径.

3.2.1　最近邻密度估计的弱相合性

这部分的结论是由 Loftsgaarden 和 Quesenberry (1965) 给出的.

定理 3.2.1　设 $f(x)$ 在 $\mathbb{R}^1$ 上连续且 $f(x) > 0$. 如果 k_n 满足条件: 当 $n \to \infty$ 时,

$$k_n \to \infty, \quad k_n/n \to 0, \tag{3.2.2}$$

则有

$$f_n^{\mathrm{NN}}(x) \xrightarrow{P} f(x). \tag{3.2.3}$$

证明　这里的证明过程与 Loftsgaarden 和 Quesenberry (1965) 原来给出的证明有所不同, 来源于 Wagner (1973) 证明强相合性的方法.

对任意给定的 $\varepsilon > 0$, 当 $f(x) > \varepsilon$ 时, 有

$$
\begin{aligned}
& P\left(\left|f_n^{\mathrm{NN}}(x) - f(x)\right| > \varepsilon\right) \\
= {} & P\left(f_n^{\mathrm{NN}}(x) > f(x) + \varepsilon\right) + P\left(f_n^{\mathrm{NN}}(x) < f(x) - \varepsilon\right) \\
= {} & I_{1n} + I_{2n},
\end{aligned}
\tag{3.2.4}
$$

其中

$$
I_{1n} = P\left(r_{k_n}(x) < \frac{k_n}{2n(f(x) + \varepsilon)}\right), \quad I_{2n} = P\left(r_{k_n}(x) > \frac{k_n}{2n(f(x) - \varepsilon)}\right).
$$

下面只需证明:

$$I_{1n} \to 0, \tag{3.2.5}$$

且对 $0 < \varepsilon < f(x)$,

$$I_{2n} \to 0. \tag{3.2.6}$$

这两个式子的证明是相同的, 这里只给出 (3.2.5) 式的证明过程, 并且只考虑 $f(x) > \varepsilon$ 的情形.

对给定的 $\varepsilon > 0$, 存在 $M > 1$ 使 $\varepsilon > f(x)/(M-1)$. 由于当 $n \to \infty$ 时,

$$\frac{k_n}{2n(f(x) + \varepsilon)} \to 0,$$

且 $f(x)$ 在 x 处连续, 所以当 n 充分大时, 对一切的 $t \in \left(x - \dfrac{k_n}{2n(f(x) + \varepsilon)}, x + \right.$

$$\frac{k_n}{2n(f(x)+\varepsilon)}\Bigg),\ \text{有}\ |f(t)-f(x)| < \frac{(M-1)\varepsilon - f(x)}{M}.\ \text{从而}$$

$$f(t) < f(x) + \frac{(M-1)\varepsilon - f(x)}{M}$$

$$= \frac{M-1}{M}(f(x)+\varepsilon)$$

$$= c(f(x)+\varepsilon),$$

其中 $c = \dfrac{M-1}{M} < 1$. 因此, 当 n 充分大时

$$p_n := P\left(x - \frac{k_n}{2n(f(x)+\varepsilon)} \leqslant X < x + \frac{k_n}{2n(f(x)+\varepsilon)}\right)$$

$$= \int_{x-\frac{k_n}{2n(f(x)+\varepsilon)}}^{x+\frac{k_n}{2n(f(x)+\varepsilon)}} f(t)dt$$

$$\leqslant \int_{x-\frac{k_n}{2n(f(x)+\varepsilon)}}^{x+\frac{k_n}{2n(f(x)+\varepsilon)}} c(f(x)+\varepsilon)dt$$

$$= 2 \cdot \frac{k_n}{2n(f(x)+\varepsilon)} c(f(x)+\varepsilon)$$

$$= \frac{ck_n}{n}.$$

这意味着

$$np_n \leqslant ck_n. \tag{3.2.7}$$

令

$$Z_i = \begin{cases} 1, & x - \dfrac{k_n}{2n(f(x)+\varepsilon)} \leqslant X_i < x + \dfrac{k_n}{2n(f(x)+\varepsilon)}, \\ 0, & \text{其他.} \end{cases} \tag{3.2.8}$$

记 $Y_n = \sum_{i=1}^{n} Z_i$. 显然 Y_n 是服从二项分布 $B(n,p_n)$ 的随机变量, 并且 $EY_n = np_n$ 和 $\mathrm{Var}(Y_n) = np_n(1-p_n)$. 因此, 由 (3.2.7) 式, 有

$$I_{1n} = P(Y_n \geqslant k_n)$$

$$= P(Y_n - np_n \geqslant k_n - np_n)$$

$$= P(Y_n - np_n \geqslant (1-c)k_n)$$

$$\leqslant P(|Y_n - np_n| \geqslant (1-c)k_n). \tag{3.2.9}$$

由切比雪夫不等式, 有

$$
\begin{aligned}
I_{1n} &\leqslant \frac{1}{(1-c)^2 k_n^2} Var(Y_n) \\
&= \frac{1}{(1-c)^2 k_n^2} np_n(1-p_n) \\
&\leqslant \frac{np_n}{(1-c)^2 k_n^2} \\
&\leqslant \frac{c}{(1-c)^2 k_n}.
\end{aligned}
\tag{3.2.10}
$$

联合 (3.2.2) 式和 (3.2.10) 式, 有 $I_{1n} \to 0$. 同理可证 $I_{2n} \to 0$. 证毕.

Moore 和 Henrichon (1969) 进一步给出最近邻密度估计的一致弱相合性, 结论如下.

定理 3.2.2 设 $f(x)$ 在 $\mathbb{R}^1$ 上一致连续且 $f(x) > 0$. 如果 k_n 满足条件: 当 $n \to \infty$ 时,

$$k_n \to \infty, \quad k_n/\log n \to \infty, \quad k_n/n \to 0, \tag{3.2.11}$$

则对于任意给定的 $\varepsilon > 0$, 有

$$P\left(\sup_{x \in \mathbb{R}^1} |f_n^{\mathrm{NN}}(x) - f(x)| > \varepsilon\right) \to 0. \tag{3.2.12}$$

为了得到一致弱相合性的结论, 定理 3.2.2 比定理 3.2.1 多加了如下两个条件:
(1) $f(x)$ 在 $\mathbb{R}^1$ 上一致连续;
(2) $k_n/\log n \to \infty$.

定理 3.2.2 的证明有一定的复杂性, 这里不再给出, 有兴趣读者可以参阅原文献.

3.2.2 最近邻密度估计的强相合性

Wagner 于 1973 年证明如下结论.

定理 3.2.3 设 $f(x)$ 在 $\mathbb{R}^1$ 上连续且 $f(x) > 0$. 如果 k_n 满足条件:
(1) 当 $n \to \infty$ 时, 有 $k_n/n \to 0$;
(2) 对任意给定的常数 $c > 0$, 有 $\sum_{n=1}^{\infty} e^{-ck_n} < \infty$.
则有

$$f_n^{\mathrm{NN}}(x) \overset{\mathrm{a.s.}}{\to} f(x). \tag{3.2.13}$$

证明　沿用定理 3.2.1 证明过程中的记号. 注意 $Y_n = \sum_{i=1}^n Z_i$ 且 $|Z_i - E(Z_i)| \leqslant 2$. 由 (3.2.9) 式和尾部概率不等式 (定理 1.2.3) 知

$$I_{1n} \leqslant P\left(|Y_n - np_n| \geqslant (1-c)k_n\right)$$

$$= P\left(\left|\sum_{i=1}^n (Z_i - E(Z_i))\right| \geqslant (1-c)k_n\right)$$

$$\leqslant 2\exp\left\{-\frac{(1-c)^2 k_n^2}{2\left[2(1-c)k_n + 2np_n(1-p_n)\right]}\right\}$$

$$\overset{np_n \leqslant ck_n}{\leqslant} 2\exp\left\{-\frac{(1-c)^2 k_n^2}{2\left[2(1-c)k_n + 2ck_n\right]}\right\}$$

$$= 2\exp\left\{-\frac{(1-c)^2}{4}k_n\right\}.$$

由此和定理条件得, $\sum_{n=1}^\infty I_{1n} < \infty$. 同理可证 $\sum_{n=1}^\infty I_{2n} < \infty$. 因此

$$\sum_{n=1}^\infty P\left(\left|\widehat{f}_n(x) - f(x)\right| > \varepsilon\right) < \infty.$$

由 Borel-Cantelli 引理, 有 (3.2.13) 式结论. 证毕.

注 3.2.1　对定理 3.2.3 中的条件 (2), 我们有如下结论:

$$\frac{k_n}{\log n} \to \infty \quad \Leftrightarrow \quad \sum_{n=1}^\infty e^{-ck_n} < \infty \ (对任意给定的常数 c > 0).$$

事实上, 如果

$$\frac{k_n}{\log n} \to \infty, \tag{3.2.14}$$

则对任意给定的常数 $c > 0$, 有 $\frac{k_n}{\log n} > \frac{1+c}{c}$. 从而 $-ck_n < -(1+c)\log n = \log\left(n^{-(1+c)}\right)$, 因此 $e^{-ck_n} < n^{-(1+c)}$, 所以

$$\sum_{n=1}^\infty e^{-ck_n} < \infty. \tag{3.2.15}$$

反之, 如果 (3.2.15) 式成立, 则对任意给定的常数 $c > 0$, 有 $e^{-ck_n} = o(n^{-1})$. 从而存在 $N_c > 0$ 使当 $n > N_c$ 时, 有 $ne^{-ck_n} < 1$. 因此, $\log n - ck_n < 0$, 即

$\log n < ck_n$. 所以 $\dfrac{\log n}{k_n} < c$. 故 $\dfrac{\log n}{k_n} \to 0$, 即 (3.2.14) 式成立. 因此, (3.2.14) 式与 (3.2.15) 式等价.

Devroye 和 Wagner 于 1977 年给出如下一致强相合性结论.

定理 3.2.4 在定理 3.2.3 条件下, 如果 $f(x)$ 在 $\mathbb{R}^1$ 上一致连续, 则

$$\sup_{x \in \mathbb{R}^1} \left| f_n^{\mathrm{NN}}(x) - f(x) \right| \xrightarrow{\text{a.s.}} 0. \tag{3.2.16}$$

定理的证明可以参见原文献.

第 4 章 频率插值密度估计

频率插值密度估计的概念可以溯源比较早, 但直到 1985 年 Scott 才从均方误差和最优窗宽方面较全面地研究频率插值密度估计, 之后 Beirlant 等 (1999), Carbon 等 (1997) 等学者做了进一步的理论研究, 这些研究表明频率插值密度估计具有许多优点:

(1) 容易计算. 频率插值密度估计与直方图密度估计的计算量大约相同, 计算简单有效, 非常适合于海量数据和高维数据的分布估计, 方便在线快速信号处理、快速评估和快速更新.

(2) 积分均方误差收敛于 0 的速度快. 在弱相依条件下, 频率插值估计被证明其积分均方误差趋于 0 的收敛速度达到 $n^{-4/5}$, 这比直方图密度估计的收敛速度 $n^{-2/3}$ 快, 而与核密度估计的收敛速度相同.

(3) 强相合的一致收敛速度好. 在适当的平滑条件下, 也被证明频率插值估计的一致收敛速度为 $(n^{-1}\log n)^{1/3}$, 这是最优收敛速度. 因此, 频率插值密度估计在积分均方误差和一致收敛标准下呈现出的是一个很好的密度估计.

由于频率插值密度估计具有计算高效和理论性质好等优点, 近年来人们把这种估计作为空间密度估计的一种重要方法, 并吸引了不少学者进行研究, 如: Jones 等 (1998), Dong 和 Zheng (2001), Carbon (2007), Carbon 等 (2010), Bensaïd 和 Dabo-Niang (2010), Xing 等 (2014), Deng 等 (2014), Yang (2015).

4.1 频率插值密度估计的定义

4.1.1 定义

设总体 X 具有密度函数 $f(x)$, $X_1, X_2, \cdots, X_n$ 是来自该总体 X 的样本. 在实数轴 $\mathbb{R}$ 上等距离分割 $\cdots < x_{-2} < x_{-1} < x_0 < x_1 < x_2 < \cdots$, 记第 k 个区间为

$$I_k = [(k-1)b_n, kb_n],$$

其中 b_n 是窗宽的长度. 对给定的 $x \in \mathbb{R}$, 存在 k_x 使得

$$\left(k_x - \frac{1}{2}\right) b_n \leqslant x < \left(k_x + \frac{1}{2}\right) b_n.$$

考虑两个相邻区间 $I_{k_x} = [(k_x - 1)b_n, k_x b_n)$ 和 $I_{k_x+1} = [k_x b_n, (k_x + 1)b_n)$. 记

$$v_{k_x} = \sum_{i=1}^{n} I((k_x - 1)b_n \leqslant X_i < k_x b_n)$$

和

$$v_{k_x+1} = \sum_{i=1}^{n} I(k_x b_n \leqslant X_i < (k_x + 1)b_n)$$

为落在这两个区间上观察点的个数, 则密度函数 $f(x)$ 在区间 I_{k_x} 和 I_{k_x+1} 上的直方图估计分别为

$$f_{k_x} = v_{k_x} n^{-1} b_n^{-1}, \quad f_{k_x+1} = v_{k_x+1} n^{-1} b_n^{-1}. \tag{4.1.1}$$

从而密度函数 $f(x)$ 的频率插值估计为

$$\widehat{f}_n(x) = \left(\frac{1}{2} + k_x - \frac{x}{b_n} \right) f_{k_x} + \left(\frac{1}{2} - k_x + \frac{x}{b_n} \right) f_{k_x+1}, \tag{4.1.2}$$

其中 $x \in \left[\left(k_x - \frac{1}{2} \right) b_n, \left(k_x + \frac{1}{2} \right) b_n \right)$.

4.1.2 数值计算

设从总体 X 获得样本数据 $x_1, x_2, \cdots, x_n$, 其中 n 为样本容量. 频率插值密度估计的基本算法过程如下.

(1) 将样本数据排序 $x_{(1)} \leqslant x_{(2)} \leqslant \cdots \leqslant x_{(n)}$.

(2) 选择数据范围 $[a_1, a_2]$. 对实际数据, 建议取 $a_1 = x_{(1)} - \epsilon, a_2 = x_{(n)} + \epsilon$, 这里 ϵ 是一个适当的正数. 对模拟数据, 建议根据总体分布的特征选取, 如对正态总体可以取 $a_1, a_2 = \mu \mp 4\sigma$.

(3) 给定窗宽 $b_n > 0$ 和 $x \in [a_1, a_2]$, 并计算出 k_x, 其算法为 $k_x = [(x - a_1)/b_n + 0.5]$, 这里 $[x]$ 表示取整运算.

(4) 利用经验分布函数 $F_n(x)$ 计算直方图估计

$$f_{k_x} = \{F_n(a_1 + k_x b_n) - F_n(a_1 + (k_x - 1)b_n)\}/b_n,$$

$$f_{k_x+1} = \{F_n(a_1 + (k_x + 1)b_n) - F_n(a_1 + k_x b_n)\}/b_n.$$

(5) 计算频率插值估计

$$\widehat{f}_n(x) = \frac{a_1 + (k_x + 1/2)b_n - x}{b_n} f_{k_x} + \frac{x - (a_1 + (k_x - 1/2)b_n)}{b_n} f_{k_x+1}$$

$$= \left(\frac{1}{2} + k_x - \frac{x}{b_n} + \frac{a_1}{b_n}\right) f_{k_x} + \left(\frac{1}{2} - k_x + \frac{x}{b_n} - \frac{a_1}{b_n}\right) f_{k_x+1}. \tag{4.1.3}$$

图 4.1.1 是频率插值估计的模拟图.

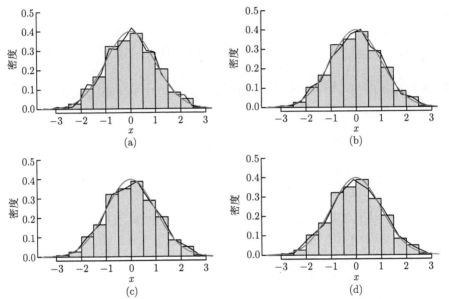

图 4.1.1　深色线为频率插值估计线, 浅色线为正态密度函数线.
$n=1000,\ b_n = 0.3, 0.4, 0.5, 0.6$

附: R 软件计算代码如下:

```
par(mfrow=c(2,2))
n=1000
X_sample=rnorm(n)
#b=0.3
#b=0.4
#b=0.5
b=0.6
X_sample=sort(X_sample)
a1=-4;a2=4
x=seq(a1+0.1,a2,0.01);m=length(x)
fn=rep(0,m)
for(i in 1:m){
```

```
kx=((x[i]-a1)/b+0.5)%/%1
f1=ecdf(X_sample)(a1+(kx-1)*b)
f2=ecdf(X_sample)(a1+kx*b)
f3=ecdf(X_sample)(a1+(kx+1)*b)
fkx=(f2-f1)/b; fkx1=(f3-f2)/b
fn[i]=(0.5+kx-x[i]/b+a1/b)*fkx+(0.5-kx+x[i]/b-a1/b)*fkx1
}
hist(X_sample,freq=FALSE,ylim=c(0,0.5),xlab="x")
lines(x,fn)
lines(x,dnorm(x),col="red")
```

4.2 频率插值密度估计的均方误差

这部分内容主要来源于 Scott (1985) 的文献. 对 $r > 0$, 用 L^r 表示 r 阶可积函数类, 且对 $\varphi \in L^r$, 记 $||\varphi||_r = \left(\int_{-\infty}^{\infty} |\varphi(x)|^r dx\right)^{1/r}$.

引理 4.2.1 假设函数 $\varphi(x)$ 在 $(-\infty, \infty)$ 上绝对连续, 几乎处处有导数 $\varphi'(x)$, 且 $\varphi, \varphi' \in L^1$. 又设 $I_k = [(k-1)b_n, kb_n)$, $c_k \in I_k$. 则下面的级数收敛, 且

$$\sum_{k=-\infty}^{\infty} \varphi(c_k)b_n = \int_{-\infty}^{\infty} \varphi(x)dx + O(b_n||\varphi'||_1). \tag{4.2.1}$$

证明 利用 Taylor 展开式

$$\varphi(x) = \varphi(x_0) + \frac{1}{1!}\varphi(x_0)(x - x_0) + \cdots + \frac{1}{n!}\varphi^{(n)}(x_0)(x - x_0)^n + R_n(x),$$

其中 $R_n(x) = \frac{1}{n!}\int_{x_0}^{x} \varphi^{(n+1)}(t)(x - t)^n dt$, 我们有

$$\int_{-\infty}^{\infty} \varphi(x)dx = \sum_{k=-\infty}^{\infty} \int_{I_k} \varphi(x)dx$$

$$= \sum_{k=-\infty}^{\infty} \int_{I_k} \left[\varphi(c_k) + \frac{1}{0!}\int_{c_k}^{x} \varphi'(t)(x - t)^0 dt\right] dx$$

$$= \sum_{k=-\infty}^{\infty} \varphi(c_k)b_n + \sum_{k=-\infty}^{\infty} \int_{I_k} \left[\int_{c_k}^{x} \varphi'(t)dt\right] dx, \tag{4.2.2}$$

而

$$
\begin{aligned}
\left| \sum_{k=-\infty}^{\infty} \int_{I_k} \left[\int_{c_k}^{x} \varphi'(t) dt \right] dx \right| &\leqslant \sum_{k=-\infty}^{\infty} \int_{I_k} \left[\int_{c_k}^{x} |\varphi'(t)| dt \right] dx \\
&\leqslant \sum_{k=-\infty}^{\infty} \int_{I_k} \left[\int_{I_k} |\varphi'(t)| dt \right] dx \\
&= b_n \sum_{k=-\infty}^{\infty} \int_{I_k} |\varphi'(t)| dt \\
&= b_n \int_{-\infty}^{\infty} |\varphi'(t)| dt \\
&= b_n ||\varphi'||_1,
\end{aligned}
\tag{4.2.3}
$$

因此

$$
\int_{-\infty}^{\infty} \varphi(x) dx = \sum_{k=-\infty}^{\infty} \varphi(c_k) b_n + O(b_n ||\varphi'||_1). \tag{4.2.4}
$$

证毕.

引理 4.2.2　设 $f(x)$ 的导数 $f'(x)$ 几乎处处存在, 且 $f, f' \in L^1$, 则有

$$
\int_{-\infty}^{\infty} \mathrm{Var}(\widehat{f}_n(x)) dx = \frac{2}{3nb_n} + n^{-1} O \left(||f||_2^2 + ||f'||_1 + b_n ||ff'||_1 \right). \tag{4.2.5}
$$

证明　显然

$$
\int_{-\infty}^{\infty} \mathrm{Var}(\widehat{f}_n(x)) dx = \sum_{k=-\infty}^{\infty} \int_{(k-1/2)b_n}^{(k+1/2)b_n} \mathrm{Var}(\widehat{f}_n(x)) dx,
$$

所以, 我们首先考虑当 $x \in [(k-1/2)b_n, (k+1/2)b_n)$ 时计算 $\mathrm{Var}(\widehat{f}_n(x))$. 此时

$$
\widehat{f}_n(x) = \left(\frac{1}{2} + k - \frac{x}{b_n} \right) f_k + \left(\frac{1}{2} - k + \frac{x}{b_n} \right) f_{k+1}, \tag{4.2.6}
$$

并引进一些记号

$$
Y_{i,n;k}(x) = I((k-1)b_n \leqslant X_i < kb_n), \tag{4.2.7}
$$

$$
Y_{i,n;k+1}(x) = I(kb_n \leqslant X_i < (k+1)b_n), \tag{4.2.8}
$$

$$
\eta_{i,n;t}(x) = Y_{i,n;t}(x) - EY_{i,n;t}(x), \quad t = k, k+1. \tag{4.2.9}
$$

由 (4.2.6) 式有

$$\widehat{f}_n(x) = \left(\frac{1}{2} + k - \frac{x}{b_n}\right) \frac{1}{nb_n} \sum_{i=1}^n Y_{i,n;k}(x)$$
$$+ \left(\frac{1}{2} - k + \frac{x}{b_n}\right) \frac{1}{nb_n} \sum_{i=1}^n Y_{i,n;k+1}(x), \qquad (4.2.10)$$

从而

$$\widehat{f}_n(x) - E\widehat{f}_n(x) = \left(\frac{1}{2} + k - \frac{x}{b_n}\right) \frac{1}{nb_n} \sum_{i=1}^n \eta_{i,n;k}(x)$$
$$+ \left(\frac{1}{2} - k + \frac{x}{b_n}\right) \frac{1}{nb_n} \sum_{i=1}^n \eta_{i,n;k+1}(x). \qquad (4.2.11)$$

又记

$$p_s = \int_{[(s-1)b_n, sb_n)} f(t)dt, \quad s = k, k+1, \qquad (4.2.12)$$

$$q_{1,n}(x) = \sum_{i \neq j} \text{Cov}(\eta_{i,n;k}(x), \eta_{j,n;k}(x)), \qquad (4.2.13)$$

$$q_{2,n}(x) = \sum_{i \neq j} \text{Cov}(\eta_{i,n;k+1}(x), \eta_{j,n;k+1}(x)), \qquad (4.2.14)$$

$$q_{3,n}(x) = \sum_{i \neq j} \text{Cov}(\eta_{i,n;k}(x), \eta_{j,n;k+1}(x)). \qquad (4.2.15)$$

由于样本相互独立, 所以 $q_{1,n}(x) = q_{2,n}(x) = q_{3,n}(x) = 0$. 因此

$$\text{Var}(\widehat{f}_n(x))$$
$$= \left(\frac{1}{2} + k - \frac{x}{b_n}\right)^2 \frac{1}{n^2 b_n^2} \sum_{i=1}^n E\eta_{i,n;k}^2(x)$$
$$+ \left(\frac{1}{2} - k + \frac{x}{b_n}\right)^2 \frac{1}{n^2 b_n^2} \sum_{i=1}^n E\eta_{i,n;k+1}^2(x)$$
$$+ 2\left(\frac{1}{2} + k - \frac{x}{b_n}\right)\left(\frac{1}{2} - k + \frac{x}{b_n}\right) \frac{1}{n^2 b_n^2} \sum_{i=1}^n \text{Cov}(\eta_{i,n;k}(x), \eta_{i,n;k+1}(x)).$$
$$(4.2.16)$$

显然

$$E\eta_{i,n;k}^2(x) = p_k(1 - p_k), \quad E\eta_{i,n;k+1}^2(x) = p_{k+1}(1 - p_{k+1}). \tag{4.2.17}$$

由于 $Y_{i,n;k}(x), Y_{i,n;k+1}(x)$ 不能同时发生, 所以

$$\mathrm{Cov}(\eta_{i,n;k}(x), \eta_{i,n;k+1}(x)) = E[Y_{i,n;k}(x)Y_{i,n;k+1}(x)] - p_k p_{k+1}$$
$$= -p_k p_{k+1}. \tag{4.2.18}$$

从而, 我们有

$$\mathrm{Var}(\widehat{f}_n(x)) = \left(\frac{1}{2} + k - \frac{x}{b_n}\right)^2 \frac{p_k(1 - p_k)}{nb_n^2}$$
$$+ \left(\frac{1}{2} - k + \frac{x}{b_n}\right)^2 \frac{p_{k+1}(1 - p_{k+1})}{nb_n^2}$$
$$- 2\left(\frac{1}{2} + k - \frac{x}{b_n}\right)\left(\frac{1}{2} - k + \frac{x}{b_n}\right)\frac{p_k p_{k+1}}{nb_n^2}. \tag{4.2.19}$$

利用积分中值定理, 存在 $\xi_k \in ((k-1)b_n, kb_n)$ 使得

$$p_k = \int_{(k-1)b_n}^{kb_n} f(t)dt = f(\xi_k)b_n. \tag{4.2.20}$$

从而

$$\mathrm{Var}(\widehat{f}_n(x)) = \left(\frac{1}{2} + k - \frac{x}{b_n}\right)^2 \frac{f(\xi_k)(1 - f(\xi_k)b_n)}{nb_n}$$
$$+ \left(\frac{1}{2} - k + \frac{x}{b_n}\right)^2 \frac{f(\xi_{k+1})(1 - f(\xi_{k+1})b_n)}{nb_n}$$
$$- 2\left(\frac{1}{2} + k - \frac{x}{b_n}\right)\left(\frac{1}{2} - k + \frac{x}{b_n}\right)\frac{f(\xi_k)f(\xi_{k+1})}{n}. \tag{4.2.21}$$

所以

$$\int_{-\infty}^{\infty} \mathrm{Var}(\widehat{f}_n(x))dx$$
$$= \sum_{k=-\infty}^{\infty} \int_{(k-1/2)b_n}^{(k+1/2)b_n} \mathrm{Var}(\widehat{f}_n(x))dx$$
$$= \sum_{k=-\infty}^{\infty} \frac{f(\xi_k)(1 - f(\xi_k)b_n)}{nb_n} \int_{(k-1/2)b_n}^{(k+1/2)b_n} \left(\frac{1}{2} + k - \frac{x}{b_n}\right)^2 dx$$

$$+ \sum_{k=-\infty}^{\infty} \frac{f(\xi_{k+1})(1-f(\xi_{k+1})b_n)}{nb_n} \int_{(k-1/2)b_n}^{(k+1/2)b_n} \left(\frac{1}{2} - k + \frac{x}{b_n}\right)^2 dx$$

$$- 2 \sum_{k=-\infty}^{\infty} \frac{f(\xi_k)f(\xi_{k+1})}{n} \int_{(k-1/2)b_n}^{(k+1/2)b_n} \left(\frac{1}{2} + k - \frac{x}{b_n}\right)\left(\frac{1}{2} - k + \frac{x}{b_n}\right) dx. \quad (4.2.22)$$

由于

$$\int_{(k-1/2)b_n}^{(k+1/2)b_n} \left(\frac{1}{2} + k - \frac{x}{b_n}\right)^2 dx = \frac{-b_n}{3} \left(\frac{1}{2} + k - \frac{x}{b_n}\right)^3 \Bigg|_{(k-1/2)b_n}^{(k+1/2)b_n} = \frac{b_n}{3}, \quad (4.2.23)$$

$$\int_{(k-1/2)b_n}^{(k+1/2)b_n} \left(\frac{1}{2} - k + \frac{x}{b_n}\right)^2 dx = \frac{b_n}{3} \left(\frac{1}{2} - k + \frac{x}{b_n}\right)^3 \Bigg|_{(k-1/2)b_n}^{(k+1/2)b_n} = \frac{b_n}{3}, \quad (4.2.24)$$

$$2\int_{(k-1/2)b_n}^{(k+1/2)b_n} \left(\frac{1}{2} + k - \frac{x}{b_n}\right)\left(\frac{1}{2} - k + \frac{x}{b_n}\right) dx = 2\int_{(k-1/2)b_n}^{(k+1/2)b_n} \left[\frac{1}{4} - \left(k - \frac{x}{b_n}\right)^2\right] dx$$

$$= 2\left[\frac{x}{4} + \frac{b_n}{3}\left(k - \frac{x}{b_n}\right)^3\right]\Bigg|_{(k-1/2)b_n}^{(k+1/2)b_n}$$

$$= 2\frac{b_n}{4} - \frac{1}{4} \times \frac{b_n}{3}$$

$$= \frac{b_n}{3}, \quad (4.2.25)$$

所以

$$\int_{-\infty}^{\infty} \mathrm{Var}(\widehat{f}_n(x))dx$$

$$= \frac{1}{3n} \sum_{k=-\infty}^{\infty} f(\xi_k)(1-f(\xi_k)b_n) + \frac{1}{3n} \sum_{k=-\infty}^{\infty} f(\xi_{k+1})(1-f(\xi_{k+1})b_n)$$

$$- \frac{b_n}{3n} \sum_{k=-\infty}^{\infty} f(\xi_k)f(\xi_{k+1})$$

$$= \frac{2}{3n} \sum_{k=-\infty}^{\infty} f(\xi_k)(1-f(\xi_k)b_n) - \frac{b_n}{3n} \sum_{k=-\infty}^{\infty} f(\xi_k)f(\xi_{k+1})$$

$$= \frac{2}{3n} \sum_{k=-\infty}^{\infty} f(\xi_k) - \frac{2b_n}{3n} \sum_{k=-\infty}^{\infty} f^2(\xi_k) - \frac{b_n}{3n} \sum_{k=-\infty}^{\infty} f(\xi_k)f(\xi_{k+1}). \quad (4.2.26)$$

利用引理 4.2.1

$$b_n \sum_{k=-\infty}^{\infty} f(\xi_k) = \int_{-\infty}^{\infty} f(x)dx + O(b_n\|f'\|_1) = 1 + O(b_n\|f'\|_1), \tag{4.2.27}$$

$$b_n \sum_{k=-\infty}^{\infty} f^2(\xi_k) = \int_{-\infty}^{\infty} f^2(x)dx + O(b_n\|ff'\|_1) = \|f\|_2^2 + O(b_n\|ff'\|_1), \tag{4.2.28}$$

$$b_n \sum_{k=-\infty}^{\infty} f(\xi_k)f(\xi_{k+1}) = b_n \sum_{k=-\infty}^{\infty} f^2(\zeta_k) = \|f\|_2^2 + O(b_n\|ff'\|_1). \tag{4.2.29}$$

从而

$$\int_{-\infty}^{\infty} \mathrm{Var}(\widehat{f}_n(x))dx = \frac{2}{3nb_n}[1 + O(b_n\|f'\|_1)] - \left[\frac{2}{3n} + \frac{1}{3n}\right]\left[\|f\|_2^2 + O(b_n\|ff'\|_1)\right]$$

$$= \frac{2}{3nb_n} + O(n^{-1}\|f'\|_1) + O(n^{-1}\|f\|_2^2) + O(n^{-1}b_n\|ff'\|_1)$$

$$= \frac{2}{3nb_n} + n^{-1}O\left(\|f\|_2^2 + \|f'\|_1 + b_n\|ff'\|_1\right). \tag{4.2.30}$$

证毕.

引理 4.2.3　假设密度函数 $f(x)$ 在 $(-\infty, \infty)$ 上有连续的二阶导数, 几乎处处有三阶导数 $f^{(3)}(x)$, 且 $f^{(j)} \in L^2$ $(j = 0, 1, 2, 3)$, 则有

$$\int_{-\infty}^{\infty} \mathrm{Bias}^2(x)dx = \frac{49}{2880}b_n^4\|f''\|_2^2 + O\left(b_n^5\|f''f'''\|_1\right). \tag{4.2.31}$$

证明　当 $x \in ((k - 1/2)b_n, (k + 1/2)b_n)$ 时,

$$E\widehat{f}_n(x) - f(x) = \left(\frac{1}{2} + k - \frac{x}{b_n}\right)\frac{p_k}{b_n} + \left(\frac{1}{2} - k + \frac{x}{b_n}\right)\frac{p_{k+1}}{b_n} - f(x)$$

$$= \left(\frac{1}{2} + k - \frac{x}{b_n}\right)\frac{p_k - b_nf(x)}{b_n} + \left(\frac{1}{2} - k + \frac{x}{b_n}\right)\frac{p_{k+1} - b_nf(x)}{b_n}, \tag{4.2.32}$$

$$p_k - b_nf(x) = \int_{(k-1)b_n}^{kb_n} f(t)dt - b_nf(x)$$

$$= \int_{(k-1)b_n}^{kb_n} \left[f(x) + f'(x)(t - x) + \frac{1}{2}f''(\xi_{x,t})(t - x)^2\right]dt - b_nf(x)$$

$$= \frac{f'(x)}{2}(t - x)^2\Big|_{(k-1)b_n}^{kb_n} + \frac{1}{2}\int_{(k-1)b_n}^{kb_n} f''(\xi_{x,t})(t - x)^2dt$$

$$= [(k - 1/2)b_n - x]b_n f'(x) + \frac{1}{2} \int_{(k-1)b_n}^{kb_n} f''(\xi_{x,t})(t - x)^2 dt. \quad (4.2.33)$$

利用广义积分中值定理 $\int_a^b u(x)v(x)dx = u(\xi) \int_a^b v(x)dx$(其中 $a < \xi < b$), 有

$$\int_{(k-1)b_n}^{kb_n} f''(\xi_{x,t})(t - x)^2 dt = f''(\zeta_{x,k}) \int_{(k-1)b_n}^{kb_n} (t - x)^2 dt$$

$$= \frac{1}{3} f''(\zeta_{x,k})[(kb_n - x)^3 - ((k - 1)b_n - x)^3]$$

$$= \frac{1}{3} f''(\zeta_{x,k})[3(kb_n - x)^2 b_n - 3(kb_n - x)b_n^2 + b_n^3].$$

$$(4.2.34)$$

于是

$$\begin{aligned} p_k - b_n f(x) = & [(k - 1/2)b_n - x]b_n f'(x) \\ & + \frac{1}{6} f''(\zeta_{x,k})b_n[3(kb_n - x)^2 - 3(kb_n - x)b_n + b_n^2]. \quad (4.2.35) \end{aligned}$$

同理

$$\begin{aligned} p_{k+1} - b_n f(x) = & [(k + 1/2)b_n - x]b_n f'(x) \\ & + \frac{1}{6} f''(\zeta_{x,k+1})b_n[3((k + 1)b_n - x)^2 - 3((k + 1)b_n - x)b_n + b_n^2] \\ = & [(k + 1/2)b_n - x]b_n f'(x) \\ & + \frac{1}{6} f''(\zeta_{x,k+1})b_n[3(kb_n - x + b_n)^2 - 3(kb_n - x + b_n)b_n + b_n^2] \\ = & [(k + 1/2)b_n - x]b_n f'(x) \\ & + \frac{1}{6} f''(\zeta_{x,k+1})b_n[3(kb_n - x)^2 + 3(kb_n - x)b_n + b_n^2]. \quad (4.2.36) \end{aligned}$$

注意到

$$\left(\frac{1}{2} + k - \frac{x}{b_n}\right)[(k - 1/2)b_n - x]f'(x) + \left(\frac{1}{2} - k + \frac{x}{b_n}\right)[(k + 1/2)b_n - x]f'(x)$$

$$= f'(x)\left\{(kb_n - x) + \frac{b_n}{2}\left[\left(\frac{1}{2} - k + \frac{x}{b_n}\right) - \left(\frac{1}{2} + k - \frac{x}{b_n}\right)\right]\right\}$$

$$= f'(x)[(kb_n - x) + (x - kb_n)]$$

$$= 0, \tag{4.2.37}$$

我们有

$$\mathrm{Bias}(x) = \frac{1}{6}\left(\frac{1}{2} + k - \frac{x}{b_n}\right)f''(\zeta_{x,k})[3(kb_n - x)^2 - 3(kb_n - x)b_n + b_n^2]$$

$$+ \frac{1}{6}\left(\frac{1}{2} - k + \frac{x}{b_n}\right)f''(\zeta_{x,k+1})[3(kb_n - x)^2 + 3(kb_n - x)b_n + b_n^2]$$

$$= \frac{1}{12b_n}f''(\zeta_{x,k})[b_n + 2(kb_n - x)][3(kb_n - x)^2 - 3(kb_n - x)b_n + b_n^2]$$

$$+ \frac{1}{12b_n}f''(\zeta_{x,k+1})[b_n - 2(kb_n - x)][3(kb_n - x)^2 + 3(kb_n - x)b_n + b_n^2]$$

$$= f''(\zeta_{x,k})A_1(kb_n - x) + f''(\zeta_{x,k+1})A_2(kb_n - x), \tag{4.2.38}$$

其中 $A_1(x) = \frac{1}{12b_n}[b_n+2x][3x^2-3b_nx+b_n^2]$, $A_2(x) = \frac{1}{12b_n}[b_n-2x][3x^2+3b_nx+b_n^2]$.
因此

$$\int_{-\infty}^{\infty} \mathrm{Bias}^2(x)dx = \sum_{k=-\infty}^{\infty}\int_{(k-1/2)b_n}^{(k+1/2)b_n}\mathrm{Bias}^2(x)dx$$

$$= \sum_{k=-\infty}^{\infty}\int_{(k-1/2)b_n}^{(k+1/2)b_n}[f''(\zeta_{x,k})]^2A_1^2(kb_n - x)dx$$

$$+ \sum_{k=-\infty}^{\infty}\int_{(k-1/2)b_n}^{(k+1/2)b_n}[f''(\zeta_{x,k+1})]^2A_2^2(kb_n - x)dx$$

$$+ 2\sum_{k=-\infty}^{\infty}\int_{(k-1/2)b_n}^{(k+1/2)b_n}f''(\zeta_{x,k})f''(\zeta_{x,k+1})A_1(kb_n-x)A_2(kb_n-x)dx, \tag{4.2.39}$$

利用广义积分中值定理, 有

$$\int_{-\infty}^{\infty}\mathrm{Bias}^2(x)dx = \sum_{k=-\infty}^{\infty}[f''(c_{1,k})]^2\int_{(k-1/2)b_n}^{(k+1/2)b_n}A_1^2(kb_n - x)dx$$

$$+ \sum_{k=-\infty}^{\infty} [f''(c_{2,k})]^2 \int_{(k-1/2)b_n}^{(k+1/2)b_n} A_2^2(kb_n - x)dx$$

$$+ 2 \sum_{k=-\infty}^{\infty} [f''(c_{3,k})]^2 \int_{(k-1/2)b_n}^{(k+1/2)b_n} A_1(kb_n - x)A_2(kb_n - x)dx.$$

$$(4.2.40)$$

现在我们分别计算上式中的三项, 首先, 对第一项

$$B_1 := \int_{(k-1/2)b_n}^{(k+1/2)b_n} A_1^2(kb_n - x)dx = \int_{-b_n/2}^{b_n/2} A_1^2(x)dx, \qquad (4.2.41)$$

注意到

$$\begin{aligned}
A_1^2(x) &= [b_n + 2x]^2[3x^2 - 3b_nx + b_n^2]^2 \\
&= [b_n^2 + 4b_nx + 4x^2][9x^4 + 9b_n^2x^2 + b_n^4 - 18b_nx^3 + 6b_n^2x^2 - 6b_n^3x] \\
&= [4x^2 + 4b_nx + b_n^2][9x^4 - 18b_nx^3 + 15b_n^2x^2 - 6b_n^3x + b_n^4] \\
&= 36x^6 - 72b_nx^5 + 60b_n^2x^4 - 24b_n^3x^3 + 4b_n^4x^2 \\
&\quad + 36b_nx^5 - 72b_n^2x^4 + 60b_n^3x^3 - 24b_n^4x^2 + 4b_n^5x \\
&\quad + 9b_n^2x^4 - 18b_n^3x^3 + 15b_n^4x^2 - 6b_n^5x + b_n^6 \\
&= 36x^6 - 36b_nx^5 - 3b_n^2x^4 + 18b_n^3x^3 - 5b_n^4x^2 - 2b_n^5x + b_n^6, \qquad (4.2.42)
\end{aligned}$$

我们有

$$\begin{aligned}
B_1 &= \frac{1}{144b_n^2} \int_{-b_n/2}^{b_n/2} [36x^6 - 36b_nx^5 - 3b_n^2x^4 + 18b_n^3x^3 - 5b_n^4x^2 - 2b_n^5x + b_n^6]dx \\
&= \frac{1}{144b_n^2} \int_{-b_n/2}^{b_n/2} [36x^6 - 3b_n^2x^4 - 5b_n^4x^2 + b_n^6]dx \\
&= \frac{1}{144b_n^2} \left[\frac{36}{7}x^7 - \frac{3}{5}b_n^2x^5 - \frac{5}{3}b_n^4x^3 + b_n^6x \right] \Big|_{-b_n/2}^{b_n/2} \\
&= \frac{b_n^5}{144} \left[\frac{36}{7} \times \frac{1}{2^6} - \frac{3}{5} \times \frac{1}{2^4} - \frac{5}{3} \times \frac{1}{2^2} + 1 \right]. \qquad (4.2.43)
\end{aligned}$$

对第二项,

$$B_2 := \int_{(k-1/2)b_n}^{(k+1/2)b_n} A_2^2(kb_n - x)dx = \int_{-b_n/2}^{b_n/2} A_2^2(x)dx, \qquad (4.2.44)$$

由于

$$A_2^2(x) = [b_n - 2x]^2[3x^2 + 3b_nx + b_n^2]^2$$

$$= [b_n^2 - 4b_nx + 4x^2][9x^4 + 9b_n^2x^2 + b_n^4 + 18b_nx^3 + 6b_n^2x^2 + 6b_n^3x]$$

$$= [4x^2 - 4b_nx + b_n^2][9x^4 + 18b_nx^3 + 15b_n^2x^2 + 6b_n^3x + b_n^4]$$

$$= [36x^6 + 72b_nx^5 + 60b_n^2x^4 + 24b_n^3x^3 + 4b_n^4x^2$$

$$\quad - 36b_nx^5 - 72b_n^2x^4 - 60b_n^3x^3 - 24b_n^4x^2 - 4b_n^5x$$

$$\quad + 9b_n^2x^4 + 18b_n^3x^3 + 15b_n^4x^2 + 6b_n^5x + b_n^6]$$

$$= 36x^6 + 36b_nx^5 - 3b_n^2x^4 - 18b_n^3x^3 - 5b_n^4x^2 + 2b_n^5x + b_n^6, \qquad (4.2.45)$$

所以

$$B_2 = \frac{1}{144b_n^2}\int_{-b_n/2}^{b_n/2}[36x^6 + 36b_nx^5 - 3b_n^2x^4 - 18b_n^3x^3 - 5b_n^4x^2 + 2b_n^5x + b_n^6]dx$$

$$= \frac{1}{144b_n^2}\int_{-b_n/2}^{b_n/2}[36x^6 - 3b_n^2x^4 - 5b_n^4x^2 + b_n^6]dx$$

$$= \frac{1}{144b_n^2}\left[\frac{36}{7}x^7 - \frac{3}{5}b_n^2x^5 - \frac{5}{3}b_n^4x^3 + b_n^6x\right]\Bigg|_{-b_n/2}^{b_n/2}$$

$$= \frac{b_n^5}{144}\left[\frac{36}{7}\times\frac{1}{2^6} - \frac{3}{5}\times\frac{1}{2^4} - \frac{5}{3}\times\frac{1}{2^2} + 1\right]. \qquad (4.2.46)$$

对第三项,

$$B_3 =: \int_{(k-1/2)b_n}^{(k+1/2)b_n} A_1(kb_n - x)A_2(kb_n - x)dx = \int_{-b_n/2}^{b_n/2} A_1(x)A_2(x)dx, \quad (4.2.47)$$

由于

$$A_1(x)A_2(x) = [b_n + 2x][3x^2 - 3b_nx + b_n^2][b_n - 2x][3x^2 + 3b_nx + b_n^2]$$

$$= [b_n^2 - 4x^2][(3x^2 + b_n^2)^2 - 9b_n^2x^2]$$

$$= [b_n^2 - 4x^2][9x^4 - 3b_n^2 x^2 + b_n^4]$$

$$= 9b_n^2 x^4 - 3b_n^4 x^2 + b_n^6 - 36x^6 + 12b_n^2 x^4 - 4b_n^4 x^2$$

$$= -36x^6 + 21b_n^2 x^4 - 7b_n^4 x^2 + b_n^6, \tag{4.2.48}$$

所以

$$B_3 = \frac{1}{144b_n^2} \int_{-b_n/2}^{b_n/2} [-36x^6 + 21b_n^2 x^4 - 7b_n^4 x^2 + b_n^6] dx$$

$$= \frac{1}{144b_n^2} \left[-\frac{36}{7} x^7 + \frac{21}{5} b_n^2 x^5 - \frac{7}{3} b_n^4 x^3 + b_n^6 x \right] \Bigg|_{-b_n/2}^{b_n/2}$$

$$= \frac{b_n^5}{144} \left[-\frac{36}{7} \times \frac{1}{2^6} + \frac{21}{5} \times \frac{1}{2^4} - \frac{7}{3} \times \frac{1}{2^2} + 1 \right]. \tag{4.2.49}$$

于是

$$B_1 + B_2 + 2B_3 = \frac{b_n^5}{144} \left[\frac{36}{7} \times \frac{1}{2^6} - \frac{3}{5} \times \frac{1}{2^4} - \frac{5}{3} \times \frac{1}{2^2} + 1 \right]$$

$$+ \frac{b_n^5}{144} \left[\frac{36}{7} \times \frac{1}{2^6} - \frac{3}{5} \times \frac{1}{2^4} - \frac{5}{3} \times \frac{1}{2^2} + 1 \right]$$

$$+ 2 \times \frac{b_n^5}{144} \left[-\frac{36}{7} \times \frac{1}{2^6} + \frac{21}{5} \times \frac{1}{2^4} - \frac{7}{3} \times \frac{1}{2^2} + 1 \right]$$

$$= \frac{b_n^5}{144} \left[\frac{36}{5 \times 2^4} - \frac{24}{3 \times 2^2} + 4 \right]$$

$$= \frac{b_n^5}{144} \left[\frac{9}{5 \times 2^2} + 2 \right] = \frac{b_n^5}{144} \times \frac{49}{20}$$

$$= \frac{49b_n^5}{2880}. \tag{4.2.50}$$

由 (4.2.20)—(4.2.25) 式, 有

$$\int_{-\infty}^{\infty} \text{Bias}^2(x) dx = B_1 \sum_{k=-\infty}^{\infty} [f''(c_{1,k})]^2 + B_2 \sum_{k=-\infty}^{\infty} [f''(c_{2,k})]^2 + 2B_3 \sum_{k=-\infty}^{\infty} [f''(c_{3,k})]^2$$

$$= (B_1 + B_2 + 2B_3) \frac{1}{b_n} \left(\int_{-\infty}^{\infty} [f''(x)]^2 dx + O\left(b_n \| f'' f''' \|_1\right) \right)$$

$$= (B_1 + B_2 + 2B_3) \frac{1}{b_n} \left(\| f'' \|_2^2 + O\left(b_n \| f'' f''' \|_1\right) \right)$$

$$= \frac{49}{2880} b_n^4 ||f''||_2^2 + O\left(b_n^5 ||f''f'''||_1\right). \tag{4.2.51}$$

证毕.

利用引理 4.2.2 和引理 4.2.3, 频率插值估计的积分均方误差为

$$
\begin{aligned}
\mathrm{IMSE}(\widehat{f}_n) &= \int_{-\infty}^{\infty} \mathrm{Var}(\widehat{f}_n(x)) dx + \int_{-\infty}^{\infty} \mathrm{Bias}^2(x) dx \\
&= \frac{2}{3nb_n} + n^{-1} O\left(||f||_2^2 + ||f'||_1 + b_n ||ff'||_1\right) \\
&\quad + \frac{49}{2880} b_n^4 ||f''||_2^2 + O\left(b_n^5 ||f''f'''||_1\right) \\
&= \frac{2}{3nb_n} + \frac{49}{2880} b_n^4 ||f''||_2^2 + O\left(n^{-1}||f||_2^2 + n^{-1}||f'||_1 + b_n^5 ||f''f'''||_1\right),
\end{aligned}
\tag{4.2.52}
$$

于是我们有如下定理.

定理 4.2.1 在引理 4.2.3 的条件下, 频率插值估计的积分均方误差

$$\mathrm{IMSE}(\widehat{f}_n) = \frac{2}{3nb_n} + \frac{49}{2880} b_n^4 ||f''||_2^2 + O\left(n^{-1}||f||_2^2 + n^{-1}||f'||_1 + b_n^5 ||f''f'''||_1\right). \tag{4.2.53}$$

定理 4.2.2 在引理 4.2.3 的条件下, 最小化渐近积分均方误差的最优窗宽为

$$b_{\mathrm{opt}} = 2\left(\frac{15}{49||f''||_2^2}\right)^{1/5} n^{-1/5}, \tag{4.2.54}$$

其最小渐近积分均方误差为

$$\mathrm{IMSE}(\widehat{f}_n) = \frac{5}{12}\left(\frac{15}{49||f''||_2^2}\right)^{-1/5} n^{-4/5} + O(n^{-1}). \tag{4.2.55}$$

证明 记 $a_1 = \dfrac{49}{2880}||f''||_2^2, a_2 = \dfrac{2}{3n}$, 则由定理 4.2.1 知, 积分均方误差的主项为

$$g(b_n) = a_1 b_n^4 + a_2 b_n^{-1}. \tag{4.2.56}$$

由于当 $b_n = \left(\dfrac{a_2}{4a_1}\right)^{1/5}$ 时, $g(b_n)$ 达到最小值, 所以最小化渐近积分均方误差的最优窗宽为

$$b_{\text{opt}} = \left(\frac{a_2}{4a_1} \right)^{1/5} = \left(\frac{2}{3n} \times \frac{2880}{4 \times 49 \|f''\|_2^2} \right)^{1/5}$$

$$= \left(\frac{480}{49 \|f''\|_2^2} \right)^{1/5} n^{-1/5} = \left(\frac{2^5 \times 15}{49 \|f''\|_2^2} \right)^{1/5} n^{-1/5}$$

$$= 2 \left(\frac{15}{49 \|f''\|_2^2} \right)^{1/5} n^{-1/5}. \tag{4.2.57}$$

此时, 积分均方误差主项的最小值为

$$g(b_{\text{opt}}) = \frac{2}{3n} \times \frac{1}{2} \times \left(\frac{15}{49 \|f''\|_2^2} \right)^{-1/5} n^{1/5} + \frac{49 \times 2^4}{2880} \left(\frac{15}{49 \|f''\|_2^2} \right)^{4/5} n^{-4/5} \|f''\|_2^2$$

$$= \left\{ \frac{1}{3} + \frac{49 \times 2^4}{2880} \times \frac{15}{49 \|f''\|_2^2} \|f''\|_2^2 \right\} \left(\frac{15}{49 \|f''\|_2^2} \right)^{-1/5} n^{-4/5}$$

$$= \left\{ \frac{1}{3} + \frac{1}{12} \right\} \left(\frac{15}{49 \|f''\|_2^2} \right)^{-1/5} n^{-4/5}$$

$$= \frac{5}{12} \left(\frac{15}{49 \|f''\|_2^2} \right)^{-1/5} n^{-4/5}. \tag{4.2.58}$$

证毕.

如果 $f(x)$ 是正态分布 $N(\mu, \sigma^2)$ 的密度函数, 则 $f(x) = \dfrac{1}{\sqrt{2\pi}\sigma} e^{-\frac{(x-\mu)^2}{2\sigma^2}}$, $f'(x) = -\dfrac{x-\mu}{\sigma^2} f(x)$, 且

$$f''(x) = -\frac{1}{\sigma^2} f(x) + \frac{(x-\mu)^2}{\sigma^4} f(x) = \frac{1}{\sigma^2} \left[\frac{(x-\mu)^2}{\sigma^2} - 1 \right] f(x). \tag{4.2.59}$$

从而

$$\int_{-\infty}^{\infty} (f''(x))^2 dx = \frac{1}{\sigma^4} \int_{-\infty}^{\infty} \left[\frac{(x-\mu)^2}{\sigma^2} - 1 \right]^2 \frac{1}{2\pi\sigma^2} e^{-\frac{(x-\mu)^2}{\sigma^2}} dx$$

$$\xlongequal{t=\sqrt{2}(x-\mu)/\sigma} \frac{1}{2\sqrt{\pi}\sigma^5} \int_{-\infty}^{\infty} \left[\frac{t^2}{2} - 1 \right]^2 \frac{1}{\sqrt{2\pi}} e^{-\frac{t^2}{2}} dx$$

$$= \frac{1}{2\sqrt{\pi}\sigma^5} \int_{-\infty}^{\infty} \left[\frac{t^4}{4} - t^2 + 1 \right] \frac{1}{\sqrt{2\pi}} e^{-\frac{t^2}{2}} dx$$

$$= \frac{1}{2\sqrt{\pi}\sigma^5}\left[\frac{3}{4} - 1 + 1\right]$$

$$= \frac{3}{8\sqrt{\pi}\sigma^5}. \tag{4.2.60}$$

因此, 对正态总体的最优窗宽为

$$b_{\mathrm{opt}} = 2\left(\frac{15}{49} \times \frac{8\sqrt{\pi}\sigma^5}{3}\right)^{1/5} n^{-1/5}$$

$$= 2\left(\frac{40}{49} \times \sqrt{\pi}\right)^{1/5} \sigma n^{-1/5}$$

$$= 2.153366\sigma n^{-1/5}. \tag{4.2.61}$$

附: R 软件计算代码如下:

```
par(mfrow=c(2,2))
n=100
X=rnorm(n);X=sort(X)
b=2.153366*sd(X)*n^(-1/5)
a1=-4;a2=4
x=seq(a1+0.1,a2,0.01);m=length(x)
fn=rep(0,m)
for(i in 1:m){
   kx=((x[i]-a1)/b+0.5)%/%1
   f1=ecdf(X)(a1+(kx-1)*b)
   f2=ecdf(X)(a1+kx*b)
   f3=ecdf(X)(a1+(kx+1)*b)
   fkx=(f2-f1)/b; fkx1=(f3-f2)/b
   fn[i]=(0.5+kx-x[i]/b+a1/b)*fkx+(0.5-kx+x[i]/b-a1/b)*fkx1
}
hist(X,freq=FALSE,ylim=c(0,0.45))
lines(x,fn)
lines(x,dnorm(x),col="red")
b
```

输出结果如图 4.2.1 所示.

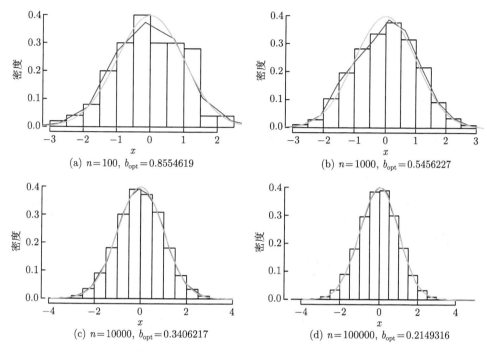

(a) $n=100$, $b_{opt}=0.8554619$

(b) $n=1000$, $b_{opt}=0.5456227$

(c) $n=10000$, $b_{opt}=0.3406217$

(d) $n=100000$, $b_{opt}=0.2149316$

图 4.2.1 深色线为估计线, 浅色线为真值线

第 5 章　随机设计权函数回归估计

回归一词源于高尔顿 (Galton), 他和学生皮尔逊 (Pearson) 在研究父母身高和子女身高的关系时, 假设每对夫妇的平均身高为 x, 取其一个成年儿子的身高为 y, 并用直线 $y = 33.73 + 0.512x$ 来描述 y 与 x 的关系 (计量单位: 英寸, 1 英寸 $=$ 2.54cm). 研究发现: 如果双亲属于高个, 则子女比他们还高的概率较小; 反之, 若双亲较矮, 则子女以较大概率比双亲高. 所以, 个子偏高或偏矮的夫妇, 其子女的身高有 "向中心回归" 的现象, 因此高尔顿称描述子女与双亲身高关系的直线为 "回归直线" (张煜东等, 2010).

然而, 并非所有的 x-y 函数均有回归性, 但历史沿用了这个术语.

5.1　随机设计权函数回归估计的定义

5.1.1　随机设计回归模型

设 X 是一个 d 维随机向量, Y 是一个一维随机变量, $E|Y| < \infty$. 令

$$m(x) = E(Y|X = x). \tag{5.1.1}$$

$m(x)$ 表示给定 $X = x$ 条件下 Y 的平均值, 称它为 Y 关于 X 的回归函数. 如图 5.1.1 所示.

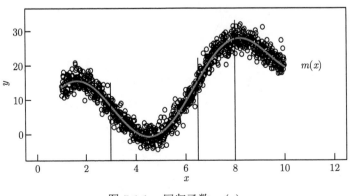

图 5.1.1　回归函数 $m(x)$

　　回归函数 $m(x)$ 反映了 Y 关于 X 的平均关系, 除了这种平均关系外, 还有随机波动项 ε. 因此, 通常假设 Y 与 X 适合如下模型

$$Y = m(X) + \varepsilon, \tag{5.1.2}$$

这一模型称为回归模型. 在这个模型中, 回归函数 $m(x)$ 反映了 Y 关于 X 的平均变化趋势, 即平均内在规律. 为了掌握 Y 关于 X 的变化规律, 我们必须确定回归函数 $m(x)$. 因此在本章中, 我们的任务是: 确定回归函数 $m(x)$.

　　设从总体 (X, Y) 中随机抽取一组样本 $(X_1, Y_1), (X_2, Y_2), \cdots, (X_n, Y_n)$, 它们适合如下样本回归模型

$$Y_j = m(X_j) + \varepsilon_j, \quad j = 1, 2, \cdots, n. \tag{5.1.3}$$

在这模型中, 由于设计点 $X_1, X_2, \cdots, X_n$ 是随机的, 所以称为随机设计回归模型. 我们的问题是: 如何基于这组样本构造回归函数 $m(x)$ 的估计.

　　当回归函数 $m(x)$ 为线性函数时, 即 $m(x) = \beta_0 + \beta_1 x_1 + \beta_2 x_2 + \cdots + \beta_d x_d$, 回归模型为

$$Y = \beta_0 + \beta_1 x_1 + \beta_2 x_2 + \cdots + \beta_d x_d + \varepsilon,$$

称为线性回归模型. 此时我们的任务是确定参数向量 $\beta = (\beta_0, \beta_1, \beta_2, \cdots, \beta_d)'$ 的值, 其估计方法是最小二乘估计方法, 称为参数回归估计.

　　本章我们不假设回归函数 $m(x)$ 是某种函数类型, 而是就比较一般的函数类型进行讨论, 构造回归函数 $m(x)$ 的估计量, 因此称为非参数回归估计.

5.1.2　权函数回归估计的构造

　1. 均值方法

　　对给定的 x, 我们的任务是估计 $m(x)$ 的值. 如果在样本 $(X_1, Y_1), (X_2, Y_2), \cdots, (X_n, Y_n)$ 中, 恰好有 k 个 X 的样本等于 x, 即 $X_{i_1} = X_{i_2} = \cdots = X_{i_k} = x$, 它们相应的 Y 样本为 $Y_{i_1}, Y_{i_2}, \cdots, Y_{i_k}$, 那么

$$\widetilde{m}(x) = \frac{1}{k} \sum_{j=1}^{k} Y_{i_j} \tag{5.1.4}$$

可以作为 $m(x)$ 的估计值.

　　这种均值方法有一个明显的缺点: 对给定的 x, 在样本 $X_1, X_2, \cdots, X_n$ 中可能有很少样本恰好等于 x, 甚至一个也没有. 为了避免这种缺陷, 我们可以借鉴核密度估计的窗宽思想, 将在点上的均值方法改进为在窗内的均值方法.

对给定的 x, 找一个适当小的量 h_n, 考察 X 的样本 $X_1, X_2, \cdots, X_n$ 落在区间 $(x - h_n, x + h_n)$ 内的样本, 不妨设有 $X_{i_1}, X_{i_2}, \cdots, X_{i_k}$, 则以 $m_M(x) = \frac{1}{k} \sum_{j=1}^{k} Y_{i_j}$ 作为 $m(x)$ 的估计值. 显然 $m_M(x)$ 也可以表示为

$$m_M(x) = \sum_{j=1}^{n} I\left(x - h_n < X_j < x + h_n\right) Y_j \bigg/ \sum_{j=1}^{n} I\left(x - h_n < X_j < x + h_n\right). \tag{5.1.5}$$

若记

$$W_{nj}(x) = I\left(x - h_n < X_j < x + h_n\right) \bigg/ \sum_{j=1}^{n} I\left(x - h_n < X_j < x + h_n\right), \tag{5.1.6}$$

则 (5.1.5) 式为

$$m_M(x) = \sum_{j=1}^{n} W_{nj}(x) Y_j. \tag{5.1.7}$$

显然, 由 (5.1.6) 式定义的 $W_{nj}(x)$ 是样本 $X_1, X_2, \cdots, X_n$ 落在区间 $(x - h_n, x + h_n)$ 内的频率, 它具有这些性质: $W_{nj}(x) \geqslant 0, \sum_{j=1}^{n} W_{nj}(x) = 1$. 所以通常称 $W_{nj}(x)$ 为频率权函数.

注意到: 实际上频率权函数 $W_{nj}(x)$ 也与样本 $X_1, X_2, \cdots, X_n$ 有关, 因此比较完整的记号应是 $W_{nj}(x; X_1, X_2, \cdots, X_n)$. 但为了记号上的方便, 通常使用 $W_{nj}(x)$ 或 W_{nj} 等简化记号.

2. 最小加权二乘方法

在回归估计中, 最小二乘方法就是要选择回归函数 $m(x)$ 使平方偏差 $(Y_j - m(x))^2$ 的和达到最小. 由于不同的 X_j 与 x 的偏离不一样, 所以在对平方偏差 $(Y_j - m(x))^2$ 求和时应乘以不同的权重. 因此回归函数 $m(x)$ 应使加权平方偏差和达到最小, 即

$$m_{\mathrm{LW}}(x) = \arg\min_{m(x)} \sum_{j=1}^{n} W_{nj}(x)(Y_j - m(x))^2, \tag{5.1.8}$$

其中 $W_{nj}(x) \geqslant 0, \sum_{j=1}^{n} W_{nj}(x) = 1$.

在实际应用中, 权重 $W_{nj}(x)$ 的选择应具有这种特征: 当 X_j 与 x 偏离较近时, 权重较大; 当 X_j 与 x 偏离较远时, 权重较小.

为了对 (5.1.8) 式求解, 记 $\theta = m(x)$. 对 $\sum_{j=1}^{n} W_{nj}(x)(Y_j - \theta)^2$ 关于 θ 求导, 并令其为 0, 得

$$-2 \sum_{j=1}^{n} W_{nj}(x)(Y_j - \theta) = 0, \qquad (5.1.9)$$

由此解得 $\theta = \sum_{j=1}^{n} W_{nj}(x)Y_j$. 所以 $m(x)$ 的最小加权二乘估计为

$$m_{\text{LW}}(x) = \sum_{j=1}^{n} W_{nj}(x)Y_j. \qquad (5.1.10)$$

3. 权函数回归估计

根据均值方法和最小加权二乘法, 得到一般的权函数回归估计的定义如下.

定义 5.1.1 设 $W_{nj}(x) := W_{nj}(x; X_1, X_2, \cdots, X_n)$ 是依赖于 x 和 X_1, $X_2, \cdots, X_n$ 的函数, 令

$$m_n(x) = \sum_{j=1}^{n} W_{nj}(x)Y_j, \qquad (5.1.11)$$

则称 $m_n(x)$ 为回归函数 $m(x)$ 的权函数回归估计, 其中 $W_{nj}(x)$ 称为权函数, 有时也简记为 W_{nj}.

由于权函数 $W_{nj}(x) = W_{nj}(x; X_1, X_2, \cdots, X_n)$ 是依赖于 x 和 $X_1, X_2, \cdots, X_n$ 的函数, 而样本是随机的, 所以这个权函数是随机的, 因此 $m_n(x)$ 也称为随机权函数回归估计.

在实际应用中, 一般选择权函数 $W_{nj}(x)$ 满足: $W_{nj}(x) \geqslant 0, \sum_{j=1}^{n} W_{nj}(x) = 1$. 此时称 $W_{nj}(x)$ 为概率权函数. 而在理论研究中, 可以考虑权函数 $W_{nj}(x)$ 为非概率权函数.

5.2 权函数回归估计的常见类型

5.2.1 NW 核权函数回归估计

Nadaraya (1964) 和 Watson (1964) 引入一类核权函数回归估计. 设 $f(x)$ 是 X 的密度函数, $f(x, y)$ 是 (X, Y) 的密度函数, 则给定 $X = x$ 条件下 Y 的条件密度函数为 $f(y|x) = f(x, y)/f(x)$. 从而

$$m(x) = E(Y|X = x) = \int_{-\infty}^{\infty} y f(y|x) dy = \frac{1}{f(x)} \int_{-\infty}^{\infty} y f(x, y) dy. \qquad (5.2.1)$$

对密度函数 $f(x)$ 和 $f(x,y)$, 考虑使用如下的核密度估计

$$\widehat{f}(x) = \frac{1}{nh_x} \sum_{i=1}^{n} K_x\left(\frac{x-X_i}{h_x}\right) \tag{5.2.2}$$

和

$$\widehat{f}(x,y) = \frac{1}{nh_xh_y} \sum_{i=1}^{n} K_x\left(\frac{x-X_i}{h_x}\right) K_y\left(\frac{y-Y_i}{h_y}\right), \tag{5.2.3}$$

其中 h_x 和 h_y 为平滑窗宽, $K_x(u)$ 和 $K_y(u)$ 为对称核密度函数, 即满足如下条件

$$\int_{-\infty}^{\infty} K_x(u)du = 1, \quad \int_{-\infty}^{\infty} K_y(u)du = 1, \tag{5.2.4}$$

且

$$\int_{-\infty}^{\infty} uK_x(u)du = 0, \quad \int_{-\infty}^{\infty} uK_y(u)du = 0. \tag{5.2.5}$$

将 (5.2.2) 式和 (5.2.3) 式代入 (5.2.1) 式, 得

$$\begin{aligned}
\widehat{m}(x) &= \frac{1}{\widehat{f}(x)} \int_{-\infty}^{\infty} y\widehat{f}(x,y)dy \\
&= \frac{1}{h_y \sum_{j=1}^{n} K_x\left(\dfrac{x-X_j}{h_x}\right)} \int_{-\infty}^{\infty} y \sum_{i=1}^{n} K_x\left(\frac{x-X_i}{h_x}\right) K_y\left(\frac{y-Y_i}{h_y}\right) dy \\
&= \frac{1}{h_y \sum_{j=1}^{n} K_x\left(\dfrac{x-X_j}{h_x}\right)} \sum_{i=1}^{n} K_x\left(\frac{x-X_i}{h_x}\right) \int_{-\infty}^{\infty} y K_y\left(\frac{y-Y_i}{h_y}\right) dy. \tag{5.2.6}
\end{aligned}$$

作积分变换 $u = (y-Y_i)/h_y$, 并利用 (5.2.4) 式和 (5.2.5) 式, 有

$$\frac{1}{h_y} \int_{-\infty}^{\infty} y K_y\left(\frac{y-Y_i}{h_y}\right) dy = \int_{-\infty}^{\infty} (Y_i + h_yu)K_y(u)du = Y_i. \tag{5.2.7}$$

于是

$$\widehat{m}(x) = \frac{1}{\sum_{j=1}^{n} K_x\left(\dfrac{x-X_j}{h_x}\right)} \sum_{i=1}^{n} K_x\left(\frac{x-X_i}{h_x}\right) Y_i$$

$$= \sum_{i=1}^{n} \frac{K_x \left(\frac{x - X_i}{h_x} \right) Y_i}{\sum\limits_{j=1}^{n} K_x \left(\frac{x - X_j}{h_x} \right)}. \tag{5.2.8}$$

记权函数 $W_{ni}(x)$ 为

$$W_{ni}(x) = K \left(\frac{x - X_i}{h_n} \right) \bigg/ \sum_{j=1}^{n} K \left(\frac{x - X_j}{h_n} \right), \tag{5.2.9}$$

则相应地 $m_n(x) = \sum_{i=1}^{n} W_{ni}(x) Y_i$ 称为 Nadaraya-Watson 核权函数回归估计, 简称为 NW 核权函数回归估计. 这里 $K(u)$ 称为核函数, h_n 称为窗宽.

事实上, NW 核权函数回归估计也可以由最小二乘核权方法得到, 即

$$m_n(x) = \arg\min_{m(x)} \sum_{j=1}^{n} K \left(\frac{x - X_i}{h_n} \right) (Y_j - m(x))^2. \tag{5.2.10}$$

NW 核权函数回归估计的最优窗宽可以用交叉验证 (cross validation) 法获得. 设 $m_{n,-j}(x; h)$ 是剔除第 j 个样本的 NW 核权函数回归估计, 令

$$\mathrm{CV}(h) = \frac{1}{n} \sum_{j=1}^{n} \left[Y_j - m_{n,-j}(X_j; h) \right]^2. \tag{5.2.11}$$

选择使 $\mathrm{CV}(h)$ 达到最小值的 h 作为最优窗宽, 这种方法称为交叉验证窗宽选择方法.

现在给一个模拟实例, 考虑如下回归模型

$$Y = \sin(2\pi X) + \varepsilon, \tag{5.2.12}$$

其中随机误差 $\varepsilon \sim N(0, 0.1^2)$.

利用模型 (5.2.10) 产生 $n = 200$ 个样本, 对 NW 核权函数回归估计用交叉验证法选择最优窗宽, 并最终计算 NW 核权函数回归估计的估计值. 具体结果显示在图 5.2.1 中.

附: R 软件计算代码如下:

```
#产生样本
n=200
x=runif(n)
e=rnorm(n,0,0.1)
```

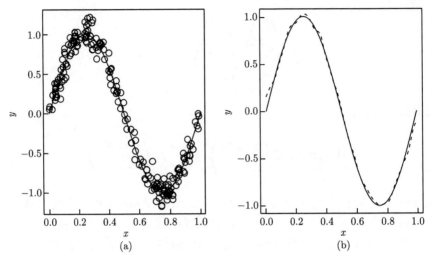

图 5.2.1　(a) 实线为回归模型真值线, 圆圈为样本 $(n = 200)$; (b) 实线为回归模型真值线, 虚线为 NW 回归估计线, 交叉验证法的最优窗宽 $h_{\mathrm{cv}} = 0.02106349$

```
y=sin(2*pi*x)+e
xx=seq(0,1,0.01);yy=sin(2*pi*xx)
par(mfrow=c(1,2))
plot(x,y)
lines(xx,yy)
#交叉验证窗宽选择
mx=rep(0,n)
fun=function(h){
    for(j in 1:n){
        xj=x[-j];yj=y[-j]
        ker=dnorm((x[j]-xj)/h)
        w=ker/sum(ker)
        mx[j]=sum(w*yj)
    }
    mean((y-mx)^2)
}
hnlm=nlm(fun,0.2)
h_cv=hnlm$estimate
h_cv
```

```
#计算估计值
m=length(xx);f=rep(0,m)
for(j in 1:m){
    ker=dnorm((xx[j]-x)/h_cv)
    w=ker/sum(ker)
    f[j]=sum(w*y)
}
plot(xx,yy,type="l",xlab="x",ylab="y")
lines(xx,f,lty="dashed")
```

5.2.2 最近邻权函数回归估计

1. 一般最近邻权函数 (the nearest neighbor weight function) 回归估计

最近邻权函数 $W_{nj}(x)$ 的选择方法如下:

(1) 对给定的 x, 将样本 $X_1, X_2, \cdots, X_n$ 按与 x 的靠近程度进行排序.

设 $||\cdot||$ 为定义在 $\mathbb{R}^d$ 空间中的一种距离 (如欧氏距离、最大距离等), 对给定的 x 和样本 $X_1, X_2, \cdots, X_n$, 必存在 $1, 2, \cdots, n$ 的一个排列 $R_1, R_2, \cdots, R_n$ 使得

$$||X_{R_1} - x|| < ||X_{R_2} - x|| < \cdots < ||X_{R_n} - x||. \tag{5.2.13}$$

(2) 按 X_j 与 x 的靠近程度, 给相应的 Y_j 赋予权重 $W_{nj}(x)$.

选择 n 个常数 $c_{n1}, c_{n2}, \cdots, c_{nn}$, 它们满足 $c_{n1} \geqslant c_{n2} \geqslant \cdots \geqslant c_{nn}, \sum_{j=1}^{n} c_{nj} = 1$. 令

$$W_{nR_j}(x) = c_{nj}, \tag{5.2.14}$$

如果 (5.2.13) 式中出现等号, 则 $W_{nR_j}(x)$ 取连续等号相应的 c_{nj} 的平均值.

显然, 由上式确定的权函数具有这样的特点: X_j 与 x 的距离越近, 给相应的 Y_j 赋予越大的权数; X_j 与 x 的距离越远, 给相应的 Y_j 赋予越小的权数. 因此, 这种权函数 $W_{nj}(x)$ 称为最近邻权函数.

2. k-最近邻权函数 (the k-nearest neighbor weight function)

设 $\{k_n : 1 \leqslant k_n \leqslant n, n \geqslant 1\}$ 是一串给定的自然数列, 在 (5.2.13) 式排序的基础上, 令

$$W_{nR_j}(x) = \begin{cases} W_{nR_j}(x), & j = 1, 2, \cdots, k_n, \\ 0, & j = k_n + 1, k_n + 2, \cdots, n. \end{cases} \tag{5.2.15}$$

此权函数具有这样的特点: 对与 x 距离最近的 k_n 个样本 $X_{R_1}, X_{R_2}, \cdots, X_{R_{k_n}}$, 给相应的 Y_j 赋予适当权重 $W_{nj}(x)$; 而对其他的 Y_j 赋予 0 权数.

一类特殊的 k-最近邻权函数为

$$W_{nR_j}(x) = \begin{cases} \dfrac{1}{k_n}, & j = 1, 2, \cdots, k_n, \\ 0, & j = k_n + 1, k_n + 2, \cdots, n. \end{cases} \tag{5.2.16}$$

3. k-最近邻核权函数 (the k-nearest neighbor kernel weight function)

设 $\{k_n : 1 \leqslant k_n \leqslant n, n \geqslant 1\}$ 是一串给定的自然数列, 在 (5.2.13) 式排序的基础上, 令 $H_n = H_n(x) = ||X_{R_{k_n}} - x||$. Collomb (1980) 定义的一类 k-最近邻核权函数为

$$W_{ni}(x) = K\left(\frac{x - X_i}{H_n}\right) \bigg/ \sum_{j=1}^{n} K\left(\frac{x - X_j}{H_n}\right), \tag{5.2.17}$$

其中 $K(\cdot)$ 为核函数.

5.3　NW 核回归估计的相合性

本节考虑 NW 随机核权函数回归估计

$$m_n(x) = \sum_{i=1}^{n} W_{ni}(x) Y_i, \tag{5.3.1}$$

其中

$$W_{ni}(x) = K\left(\frac{x - X_i}{h_n}\right) \bigg/ \sum_{j=1}^{n} K\left(\frac{x - X_j}{h_n}\right), \tag{5.3.2}$$

$K(u)$ 为核函数, h_n 为窗宽.

本节总是假设 $X \in \mathbb{R}^d, Y \in \mathbb{R}$, 样本 $(X_1, Y_1), (X_2, Y_2), \cdots, (X_n, Y_n)$ 相互独立, 且与 (X, Y) 同分布. 用 μ 表示 X 的概率测度.

关于 NW 随机核权函数回归估计的相合性质的研究, Devroye 和 Wagner (1980) 与 Spiegelman 和 Sacks(1980) 最先讨论了估计的全局矩相合性 (universal consistency), 后来 Devroye(1981) 研究逐点矩相合性 (pointwise consistency), Greblicki 等 (1984) 则是研究逐点依概率收敛性 (即弱相合性) 和逐点完全收敛性 (蕴含强相合性). 他们获得了如下的主要结论.

定理 5.3.1 (Devroye and Wagner, 1980, Theorem 1) 假设 $E|Y|^p < \infty$(其中 $p \geqslant 1$), 且窗宽 h 和核函数 $K(x)$ 满足:

(DWA1) 当 $n \to \infty$ 时, $h_n \to 0, nh_n^d \to \infty$;

(DWA2) $K(x)$ 在 $\mathbb{R}^d$ 中非负、有界、具有紧支撑 A, 且存在正常数 β 和 r 使得

$$K(x) \geqslant \beta I(\|x\| < r).$$

则 $m_n(x)$ 有全局矩相合性, 即

$$E|m_n(X) - m(X)|^p \to 0. \tag{5.3.3}$$

定理 5.3.2 (Devroye, 1981, Theorem 2.1) 假设 $E|Y|^p < \infty$ (其中 $p \geqslant 1$), 且窗宽 h 和核函数 $K(\cdot)$ 满足:

(DA1) 当 $n \to \infty$ 时, $h_n \to 0, nh_n^d \to \infty$;

(DA2) 存在正常数 c_1, c_2 和 r, 使得

$$c_1 I(\|u\| \leqslant r) \leqslant K(u) \leqslant c_2 I(\|u\| \leqslant r). \tag{5.3.4}$$

则 $m_n(x)$ 有逐点矩相合性, 即当 $n \to \infty$ 时对几乎所有的 $x(\mu) \in \mathbb{R}^d$, 有

$$E|m_n(x) - m(x)|^p \to 0. \tag{5.3.5}$$

定理 5.3.3 (Greblicki et al, 1984, Theorem 1) 假设 $E|Y| < \infty$, 且窗宽 h 和核函数 $K(\cdot)$ 满足:

(GA1) 当 $n \to \infty$ 时, $h_n \to 0, nh_n^d \to \infty$;

(GA2) 设 $K(x)$ 为非负 Borel 核函数, 存在正实数 c_1, c_2, c, r 使得

$$c_1 H(\|x\|) \leqslant K(x) \leqslant c_2 H(\|x\|), \tag{5.3.6}$$

$$H(\|x\|) \geqslant cI(\|x\| \leqslant r), \tag{5.3.7}$$

其中 $H(t)$ 在 $[0,\infty)$ 上递减, 以及当 $t \to \infty$ 时

$$t^d H(t) \to 0. \tag{5.3.8}$$

则对几乎处处的 $x(\mu) \in \mathbb{R}^d$, $m_n(x)$ 依概率收敛于 $m(x)$, 即

$$m_n(x) \xrightarrow{P} m(x). \tag{5.3.9}$$

定理 5.3.4 (Greblicki et al, 1984, Theorem 2) 在定理 5.3.3 的条件下, 如果 $|Y| \leqslant C < \infty$ 且对任意正实数 c,

$$\sum_{n=1}^{\infty} \exp(-cnh_n^d) < \infty, \tag{5.3.10}$$

则对几乎处处的 $x(\mu) \in \mathbb{R}^d$, $m_n(x)$ 完全收敛于 $m(x)$, 即

$$m_n(x) \xrightarrow{C} m(x).$$ (5.3.11)

注 5.3.1　如果

$$nh_n^d / \log n \to \infty \quad (n \to \infty),$$

则 (5.3.10) 式成立.

这些定理的证明过程都有一定的复杂性, 这里仅给出定理 5.3.3 和定理 5.3.4 的证明, 对定理 5.3.1 和定理 5.3.2 的证明有兴趣的读者可以参阅原相关文献. 为了证明定理 5.3.3 和定理 5.3.4, 需要先引入几个引理.

引理 5.3.1 (Devroye, 1981, Lemma 1.1)　设 S_r 表示在 $\mathbb{R}^d$ 中以 x 为中心 r 为半径的闭球. 如果 $f(x) \in L^1(\mu)$, 即 $\int |f(x)| \mu(dx) < \infty$, 则当 $r \to 0$ 时对几乎处处的 $x(\mu) \in \mathbb{R}^d$ 都有

$$\int_{S_r} f(y)\mu(dy) \bigg/ \int_{S_r} \mu(dy) \to f(x).$$ (5.3.12)

引理 5.3.2 (Devroye, 1981, Lemma 2.2)　设 S_r 表示在 $\mathbb{R}^d$ 中以 x 为中心 r 为半径的闭球, 则存在关于 $x(\mu)$ 几乎处处有限的非负函数 $g(x)$, 使得当 $r \to 0$ 时对几乎处处的 $x(\mu) \in \mathbb{R}^d$ 都有

$$r^d / \mu(S_r) \to g(x).$$ (5.3.13)

从而, 如果当 $n \to \infty$ 时 $h_n \to 0$ 且 $nh_n^d \to \infty$, 则对几乎处处的 $x(\mu) \in \mathbb{R}^d$ 都有

$$n\mu(S_{ch_n}) \to \infty.$$ (5.3.14)

注意: 利用 (5.3.13) 式和下面关系式得到 (5.3.14) 式

$$n\mu(S_{ch_n}) = \frac{nh_n^d}{h_n^d / \mu(S_{ch_n})} \to \infty.$$

引理 5.3.3 (Greblicki et al, 1984, Lemma 1)　设核函数 $K(x)$ 满足条件 (GA2), $f(x)$ 关于测度 μ 可积, 则当 $h \to 0$ 时, 对几乎处处的 $x(\mu) \in \mathbb{R}^d$ 都有

$$\int K\left(\frac{x-y}{h}\right) f(y)\mu(dy) \bigg/ \int K\left(\frac{x-y}{h}\right) \mu(dy) \to f(x).$$ (5.3.15)

证明 显然

$$\left| \frac{\int K\left(\frac{x-y}{h}\right) f(y)\mu(dy)}{\int K\left(\frac{x-y}{h}\right) \mu(dy)} - f(x) \right| = \left| \frac{\int K\left(\frac{x-y}{h}\right) [f(y)-f(x)]\mu(dy)}{\int K\left(\frac{x-y}{h}\right) \mu(dy)} \right|$$

$$\leqslant \frac{\int K\left(\frac{x-y}{h}\right) |f(y)-f(x)|\mu(dy)}{\int K\left(\frac{x-y}{h}\right) \mu(dy)}$$

$$\leqslant \frac{c_2}{c_1} \frac{\int H\left(\frac{||x-y||}{h}\right) |f(y)-f(x)|\mu(dy)}{\int H\left(\frac{||x-y||}{h}\right) \mu(dy)}.$$

$$(5.3.16)$$

令 $A_{t,h_n} = \{y : H(||x-y||/h_n) > t\}$. 注意到

$$H(t) = \int_0^\infty I(H(t) > s)ds,$$

我们有

$$\int H\left(\frac{||x-y||}{h_n}\right) \mu(dy) = \iint_0^\infty I(H(||x-y||/h_n) > t)dt\mu(dy)$$

$$= \int_0^\infty \left[\int I(H(||x-y||/h_n) > t)\mu(dy) \right] dt$$

$$= \int_0^\infty \mu(A_{t,h_n})dt \qquad (5.3.17)$$

和

$$\int H\left(\frac{||x-y||}{h_n}\right) |f(y)-f(x)|\mu(dy)$$

$$= \int \left(\int_0^\infty I(H(||x-y||/h_n) > t)dt \right) |f(y)-f(x)|\mu(dy)$$

$$= \int_0^\infty \left[\int I(H(||x-y||/h_n) > t)|f(y)-f(x)|\mu(dy) \right] dt$$

$$= \int_0^\infty \left[\int_{A_{t,h_n}} |f(y)-f(x)|\mu(dy) \right] dt. \qquad (5.3.18)$$

令 $\delta = \varepsilon h_n^d$, $\varepsilon > 0$. 显然

$$\frac{\displaystyle\int_\delta^\infty \left[\int_{A_{t,h_n}} |f(y) - f(x)| \mu(dy) \right] dt}{\displaystyle\int_0^\infty \mu(A_{t,h_n}) dt}$$

$$= \frac{\displaystyle\int_\delta^\infty \left[\int_{A_{t,h_n}} |f(y) - f(x)| \mu(dy) / \mu(A_{t,h_n}) \right] \mu(A_{t,h_n}) dt}{\displaystyle\int_0^\infty \mu(A_{t,h_n}) dt}$$

$$\leqslant \sup_{t \geqslant \delta} \left[\int_{A_{t,h_n}} |f(y) - f(x)| \mu(dy) / \mu(A_{t,h_n}) \right] \frac{\displaystyle\int_\delta^\infty \mu(A_{t,h_n}) dt}{\displaystyle\int_0^\infty \mu(A_{t,h_n}) dt}$$

$$\leqslant \sup_{t \geqslant \delta} \left[\int_{A_{t,h_n}} |f(y) - f(x)| \mu(dy) / \mu(A_{t,h_n}) \right]. \tag{5.3.19}$$

由于 $H(x)$ 在 $[0, \infty)$ 上是单调递减函数, 所以

$$A_{t,h_n} = \{ y : \|x - y\| \leqslant H^{-1}(t) h_n \}. \tag{5.3.20}$$

这里 $H^{-1}(\cdot)$ 表示函数 $H(\cdot)$ 的反函数. 因此 A_{t,h_n} 是 $\mathbb{R}^d$ 中以 x 为中心 $H^{-1}(t) h_n$ 为半径的闭球. 当 $t \geqslant \delta$ 时, $H^{-1}(t) h_n \leqslant H^{-1}(\delta) h_n$, 即 A_{t,h_n} 的半径小于等于 A_{δ,h_n} 的半径.

我们注意到

$$h_n H^{-1}(\varepsilon h_n^d) \to 0 \quad (\forall \varepsilon > 0). \tag{5.3.21}$$

事实上, 由于 $H(x)$ 在 $[0, \infty)$ 上递减, 所以其反函数 $H^{-1}(x)$ 也是递减函数. $\forall \rho > 0$, 由条件 (GA2) 有

$$(1/h_n)^d H(\rho/h_n) \to 0 \Rightarrow (1/h_n)^d H(\rho/h_n) \leqslant \varepsilon$$

$$\Rightarrow H(\rho/h_n) \leqslant \varepsilon h_n^d$$

$$\Rightarrow \rho/h_n \geqslant H^{-1}(\varepsilon h_n^d)$$

$$\Rightarrow h_n H^{-1}(\varepsilon h_n^d) \leqslant \rho,$$

所以 (5.3.21) 式成立. 因此, $H^{-1}(\delta) h_n = H^{-1}(\varepsilon h_n^d) h_n \to 0$. 由引理 5.3.1 (或者 Wheeden 和 Zygmund (1977) 的定理 10.49) 知, (5.3.19) 式的右边趋于 0.

由于测度有限, 所以 $\mu(A_{t,h_n}) \leqslant C < \infty$. 另外, $f(x)$ 可积, 即 $\int |f(y)|\mu(dy) < \infty$. 从而有

$$
\int_0^\delta \left[\int_{A_{t,h_n}} |f(y) - f(x)|\mu(dy) \right] dt
$$

$$
\leqslant \int_0^\delta \left[\int_{A_{t,h_n}} [|f(y)| + |f(x)|]\mu(dy) \right] dt
$$

$$
= \int_0^\delta \left[\int_{A_{t,h_n}} |f(y)|\mu(dy) + |f(x)|\mu(A_{t,h_n}) \right] dt
$$

$$
\leqslant \int_0^\delta \left[\int |f(y)|\mu(dy) + C|f(x)| \right] dt
$$

$$
\leqslant C\delta = C\varepsilon h_n^d. \tag{5.3.22}
$$

由于 $c_2 H(\|x\|) \geqslant K(x) \geqslant c_1 H(\|x\|) \geqslant c_1 c I(\|x\| \leqslant r)$, 所以

$$
\int H\left(\frac{\|x - y\|}{h_n}\right)\mu(dy) \geqslant C \int I(\|x - y\| \leqslant rh_n)\mu(dy) = C\mu(S_{rh_n}). \tag{5.3.23}
$$

从而

$$
\int_0^\delta \left[\int_{A_{t,h_n}} |f(y) - f(x)|\mu(dy) \right] dt \Big/ \int H\left(\frac{\|x - y\|}{h_n}\right)\mu(dy)
$$

$$
= C\varepsilon h_n^d / \mu(S_{rh_n})
$$

$$
= C\varepsilon r^{-d}(rh_n)^d / \mu(S_{rh_n}). \tag{5.3.24}
$$

由引理 5.3.2, $(rh_n)^d/\mu(S_{rh_n}) \to g(x)$, 其中 $g(x)$ 是几乎处处有限的非负可测函数. 所以, 可以取 ε 充分小使上式右边充分小, 从而趋于 0. 证毕.

定理 5.3.3 的证明 记

$$
a_n = E\left[YK\left(\frac{x - X}{h_n}\right) \right], \quad b_n = EK\left(\frac{x - X}{h_n}\right), \tag{5.3.25}
$$

$$
V_{n,i} = Y_i K\left(\frac{x - X_i}{h_n}\right) \Big/ b_n, \quad Z_{n,i} = K\left(\frac{x - X_i}{h_n}\right) \Big/ b_n, \tag{5.3.26}
$$

$$
\xi_n = n^{-1}\sum_{i=1}^n (V_{n,i} - EV_{n,i}), \quad \eta_n = n^{-1}\sum_{i=1}^n (Z_{n,i} - EZ_{n,i}). \tag{5.3.27}
$$

则

$$m_n(x) = \frac{\displaystyle\sum_{i=1}^{n} Y_i K\left(\frac{x-X_i}{h_n}\right)}{\displaystyle\sum_{i=1}^{n} K\left(\frac{x-X_i}{h_n}\right)} = \frac{\displaystyle\sum_{i=1}^{n} V_{n,i}}{\displaystyle\sum_{i=1}^{n} Z_{n,i}}$$

$$= \frac{\xi_n + n^{-1} \displaystyle\sum_{i=1}^{n} EV_{n,i}}{\eta_n + n^{-1} \displaystyle\sum_{i=1}^{n} EZ_{n,i}} = \frac{\xi_n + a_n/b_n}{\eta_n + 1},$$

即

$$m_n(x) = \frac{\xi_n + a_n/b_n}{\eta_n + 1}. \tag{5.3.28}$$

注意

$$a_n = E\left[YK\left(\frac{x-X}{h_n}\right)\right] = E\left\{E\left[YK\left(\frac{x-X}{h_n}\right)\Big|X\right]\right\}$$

$$= E\left\{E(Y|X)K\left(\frac{x-X}{h_n}\right)\right\} = E\left\{m(X)K\left(\frac{x-X}{h_n}\right)\right\}, \tag{5.3.29}$$

利用引理 5.3.3, 有

$$\frac{a_n}{b_n} \to m(x) \quad (n \to \infty). \tag{5.3.30}$$

因此, 我们只需证明

$$\xi_n \xrightarrow{P} 0, \quad \eta_n \xrightarrow{P} 0. \tag{5.3.31}$$

首先证明 $\eta_n \xrightarrow{P} 0$. 对任意给定的 $\varepsilon > 0$,

$$P(|\eta_n| > \varepsilon) \leqslant \frac{1}{n^2\varepsilon^2} E\left|\sum_{i=1}^{n}(Z_{n,i} - EZ_{n,i})\right|^2 \leqslant \frac{2}{n\varepsilon^2} E|Z_{n,1}|^2 \leqslant \frac{C}{nb_n}. \tag{5.3.32}$$

由于 $K(x) \geqslant c_1 H(\|x\|) \geqslant c_1 c I(\|x\| \leqslant r)$, 所以

$$nb_n = nEK\left(\frac{x-X}{h_n}\right)$$

$$\geqslant CnEI\left(\frac{||x-X||}{h_n}\leqslant r\right)$$

$$=CnEI(||x-X||\leqslant rh_n)$$

$$=Cn\mu(S_{rh_n}).$$

由上两式和引理 5.3.2, 有 $P(|\eta_n|>\varepsilon)\to 0$, 即 η_n 依概率趋于 0.

现在证明 $\xi_n\xrightarrow{P}0$. 记 $Y'=YI(|Y|\leqslant N)$ 且 $Y''=Y-Y'$, $Y_i'=Y_iI(|Y_i|\leqslant N)$ 且 $Y_i''=Y_i-Y_i'$, 其中 $N>0$ 为待定常数. 则

$$V_{n,i}=Y_i'K\left(\frac{x-X_i}{h_n}\right)\bigg/b_n+Y_i''K\left(\frac{x-X_i}{h_n}\right)\bigg/b_n$$

$$:=V_{n,i}'+V_{n,i}'' \tag{5.3.33}$$

和

$$\xi_n=n^{-1}\sum_{i=1}^n(V_{n,i}'-EV_{n,i}')+n^{-1}\sum_{i=1}^n(V_{n,i}''-EV_{n,i}'')$$

$$:=\xi_n'+\xi_n''. \tag{5.3.34}$$

对任意给定的 $\varepsilon>0$,

$$P(|\xi_n''|>\varepsilon)\leqslant\frac{1}{n\varepsilon}E\left|\sum_{i=1}^n(V_{n,i}''-EV_{n,i}'')\right|\leqslant\frac{1}{\varepsilon}E|V_{n,1}''|$$

$$=\frac{1}{\varepsilon}\frac{E\left\{|Y''|K\left(\frac{x-X}{h_n}\right)\right\}}{b_n}$$

$$=\frac{1}{\varepsilon}\frac{E\left\{E[|Y''||X]K\left(\frac{x-X}{h_n}\right)\right\}}{b_n}. \tag{5.3.35}$$

由引理 5.3.3 知, 当 $n\to\infty$ 时有

$$\frac{E\left\{E[|Y''||X]K\left(\frac{x-X}{h_n}\right)\right\}}{b_n}\to E[|Y''||X=x].$$

另外, 由 $E|Y|<\infty$ 知, 当 $N\to\infty$ 时有 $E[|Y''||X=x]\to 0$. 所以, 对任意给定的 $\epsilon>0$, 可以取足够大的 $N>0$ 使得 $E[|Y''||X=x]<\varepsilon\epsilon/4$, 从而当 n 充分大

时, 有

$$P(|\xi_n''| > \varepsilon) < \epsilon/2. \tag{5.3.36}$$

对前面取定的 N, 有

$$P(|\xi_n'| > \varepsilon) \leqslant \frac{1}{n^2\varepsilon^2} E\left[\sum_{i=1}^n (V_{n,i}' - EV_{n,i}')\right]^2 \leqslant \frac{C}{n\varepsilon^2} E(V_{n,1}')^2$$

$$= \frac{1}{n\varepsilon^2} \frac{E\left\{(Y')^2 K^2\left(\dfrac{x-X}{h_n}\right)\right\}}{b_n^2}$$

$$\leqslant \frac{N \sup\limits_y |K(y)|}{nb_n\varepsilon^2} \frac{E\left\{E[|Y'||X]K\left(\dfrac{x-X}{h_n}\right)\right\}}{b_n}, \tag{5.3.37}$$

且

$$b_n = EK\left(\frac{x-X}{h_n}\right) \geqslant cP\left(\frac{||x-X||}{h_n} \leqslant r\right) = c\mu(S_{rh_n}) \geqslant c(rh_n)^d. \tag{5.3.38}$$

于是

$$P(|\xi_n'| > \varepsilon) \leqslant \frac{C}{nh_n^d} < \epsilon/2. \tag{5.3.39}$$

联合 (5.3.36) 式和 (5.3.39) 式, 得 ξ_n 依概率收敛于 0. 证毕.

　　定理 5.3.4 的证明　由 (5.3.25)—(5.3.30) 式知, 我们仅需要证明 ξ_n 和 η_n 完全收敛于 0. 注意到 $0 \leqslant \sup\limits_y K(y) \leqslant C < \infty$, $|Y| \leqslant C < \infty$ 且 $b_n \geqslant Ch_n^d$, 有

$$|V_{n,i}| = |Y_i|K\left(\frac{x-X_i}{h_n}\right) \Big/ b_n \leqslant C/b_n \leqslant C/h_n^d. \tag{5.3.40}$$

利用引理 5.3.3, 有

$$\mathrm{Var}(V_{n,i}) \leqslant E\left[Y^2 K^2\left(\frac{x-X}{h_n}\right)\right] \Big/ b_n^2$$

$$\leqslant \frac{C}{b_n} \frac{E\left[E(Y|X)K\left(\dfrac{x-X}{h_n}\right)\right]}{b_n}$$

$$\leqslant C/b_n \leqslant C/h_n^d. \tag{5.3.41}$$

因此, 由 Bernstein 不等式 (定理 1.2.3), 对任意给定的 $\varepsilon > 0$, 有

$$P(|\xi_n| > \varepsilon) = P\left(\frac{1}{n}\left|\sum_{i=1}^{n}(V_{n,i} - EV_{n,i})\right| > \varepsilon\right)$$

$$\leqslant 2\exp\left\{-\frac{n\varepsilon^2}{2(C_1/h_n^d + C_2\varepsilon/h_n^d)}\right\}$$

$$= 2\exp\{-Cnh_n^d\}. \tag{5.3.42}$$

由条件 (5.3.10), 有 $\sum_{n=1}^{\infty}P(|\xi_n| > \varepsilon) < \infty$, 所以 ξ_n 完全收敛于 0.

由于

$$|Z_{n,i}| = K\left(\frac{x-X_i}{h_n}\right)\Big/b_n \leqslant C/b_n \leqslant C/h_n^d, \tag{5.3.43}$$

且

$$\mathrm{Var}(Z_{n,i}) \leqslant E\left[K^2\left(\frac{x-X}{h_n}\right)\right]\Big/b_n^2$$

$$\leqslant \frac{C}{b_n}\frac{E\left[K\left(\dfrac{x-X}{h_n}\right)\right]}{b_n}$$

$$\leqslant C/b_n \leqslant C/h_n^d, \tag{5.3.44}$$

所以对 η_n 同样有 (5.3.42) 式, 因此 η_n 也完全收敛于 0. 证毕.

第 6 章　固定设计权函数回归估计

6.1　固定设计回归模型与估计

6.1.1　固定设计回归模型

在实际中, 有许多情况是研究一个随机变量 Y 与 d 维非随机向量 x 之间的关系的, 其回归模型为

$$Y = m(x) + \varepsilon. \tag{6.1.1}$$

此时试验者可以事先给定 x 的一组数值 $x_1, x_2, \cdots, x_n$, 然后对每个 x_j 进行试验, 并观测 Y 的值 Y_j, 得到 (x, Y) 的样本 $(x_1, Y_1), (x_2, Y_2), \cdots, (x_n, Y_n)$. 样本回归模型为

$$Y_j = m(x_j) + \varepsilon_j, \quad j = 1, 2, \cdots, n. \tag{6.1.2}$$

此模型称为固定设计回归模型, 也称为非随机设计回归模型, 其中 $x_1, x_2, \cdots, x_n$ 是非随机的设计点, 称为固定设计点.

我们的任务仍为估计回归函数 $m(x)$, 沿用第 5 章的方法, 采用如下估计

$$\widehat{m}_n(x) = \sum_{j=1}^{n} w_{nj}(x) Y_j, \tag{6.1.3}$$

其中权函数 $w_{nj}(x) = w_{nj}(x; x_1, x_2, \cdots, x_n)$ 是依赖于 x 和固定设计点 $x_1, x_2, \cdots, x_n$ 的函数, 它是非随机的, 所以称为非随机权函数, 或称为固定设计权函数. 而由 (6.1.3) 式确定的 $\widehat{m}_n(x)$ 称为非随机权函数回归估计, 或称为固定设计权函数回归估计.

6.1.2　固定设计核回归估计的常见类型

在本段中我们只考虑 x 是一维变量, 对 d 维情形也有类似的内容. 在实际中一般只考虑 x 限于某一个有限区间 $[a, b]$ 内讨论, 即只关心 Y 关于 x 在区间 $[a, b]$ 内的变化规律 (即回归模型). 此时我们对 x 作变换

$$u = \frac{x - a}{b - a},$$

则当 $a \leqslant x \leqslant b$ 时, $0 \leqslant u \leqslant 1$. 因此问题转换为: 研究 Y 关于 u 在区间 $[0,1]$ 内的回归模型. 为了记号方便, 我们直接考虑 Y 关于 x 在区间 $[0,1]$ 内的回归模型.

固定设计权函数 $w_{nj}(x)$ 有如下常见的类型.

1. Nadaraya-Watson 型核回归估计

设 $0 = x_0 \leqslant x_1 \leqslant x_2 \leqslant \cdots \leqslant x_n = 1$, h_n 为窗宽, $K(u)$ 为核函数. Nadaraya(1964) 和 Watson(1964) 引入如下核权函数

$$w_{nj}^{\mathrm{NW}}(x) = K\left(\frac{x - x_j}{h_n}\right) \bigg/ \sum_{j=1}^{n} K\left(\frac{x - x_j}{h_n}\right), \tag{6.1.4}$$

即 NW 型固定设计核回归估计为

$$\widehat{m}_n^{\mathrm{NW}}(x) = \sum_{j=1}^{n} Y_j K\left(\frac{x - x_j}{h_n}\right) \bigg/ \sum_{j=1}^{n} K\left(\frac{x - x_j}{h_n}\right). \tag{6.1.5}$$

2. Priestley-Chao 型核回归估计

设 $0 = x_0 \leqslant x_1 \leqslant x_2 \leqslant \cdots \leqslant x_n = 1$, h_n 为窗宽, $K(u)$ 为核函数. Priestley 和 Chao(1972) 利用线性插值方法引入如下核权函数

$$w_{nj}^{\mathrm{PC}}(x) = \frac{x_j - x_{j-1}}{h_n} K\left(\frac{x - x_j}{h_n}\right), \tag{6.1.6}$$

即 P-C 型固定设计核回归估计为

$$\widehat{m}_n^{\mathrm{PC}}(x) = \sum_{j=1}^{n} Y_j \frac{x_j - x_{j-1}}{h_n} K\left(\frac{x - x_j}{h_n}\right). \tag{6.1.7}$$

3. Gasser-Müller 型核回归估计

设 $0 = x_0 \leqslant x_1 \leqslant x_2 \leqslant \cdots \leqslant x_n = 1$, h_n 为窗宽, $K(u)$ 为核函数. Gasser 和 Müller(1979) 引入如下核权函数

$$w_{nj}^{\mathrm{GM}}(x) = h_n^{-1} \int_{x_{j-1}}^{x_j} K\left(\frac{x - s}{h_n}\right) ds, \tag{6.1.8}$$

即 G-M 型固定设计核回归估计为

$$\widehat{m}_n^{\mathrm{GM}}(x) = h_n^{-1} \sum_{j=1}^{n} Y_j \int_{x_{j-1}}^{x_j} K\left(\frac{x - s}{h_n}\right) ds. \tag{6.1.9}$$

Gasser-Müller 权函数 (6.1.8) 的构造思想是: 以 x 为中心, 根据 x_j 偏离 x 的远近程度赋予相应的概率权重. 当 x_j 偏离 x 越近赋予权重越大, 而当 x_j 偏离 x 越远赋予权重越小. 此外, Gasser-Müller 权函数满足如下性质:

(i) $w_{nj}^{\mathrm{GM}}(x) \geqslant 0$;

(ii) 当 $n \to \infty$ 时, $\sum_{j=1}^{n} w_{nj}^{\mathrm{GM}}(x) \to 1 \ (x \in (0,1))$. 事实上,

$$\sum_{j=1}^{n} w_{nj}^{\mathrm{GM}}(x) = h_n^{-1} \int_0^1 K\left(\frac{x-s}{h_n}\right) ds = \int_{(x-1)/h_n}^{x/h_n} K(u) du \to \int_{-\infty}^{\infty} K(u) du = 1.$$

注意到当 $\max\limits_{1 \leqslant j \leqslant n}(x_j - x_{j-1}) \to 0$ 时,

$$h_n^{-1} \int_{x_{j-1}}^{x_j} K\left(\frac{x-s}{h_n}\right) ds \approx \frac{x_j - x_{j-1}}{h_n} K\left(\frac{x-x_j}{h_n}\right). \tag{6.1.10}$$

所以, Gasser-Müller 权函数 $w_{nj}^{\mathrm{GM}}(x)$ 与 Priestley-Chao 权函数 $w_{nj}^{\mathrm{PC}}(x)$ 近似相同.

6.1.3　数值模拟

例如, 考虑模型

$$Y = \sin(2\pi x) + \varepsilon.$$

利用该模型产生样本数据, 并估计回归函数 $m(x) = \sin(2\pi x)$. 具体做法如下:

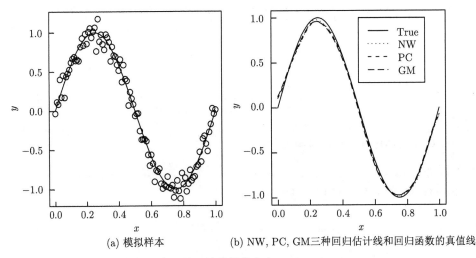

(a) 模拟样本　　　　　　　(b) NW, PC, GM三种回归估计线和回归函数的真值线

图 6.1.1　交叉验证法的最优窗宽 $h_{\mathrm{NW}} = 0.02240999$,
$h_{\mathrm{PC}} = 0.03369496, h_{\mathrm{GM}} = 0.03482256$

(1) 令

$$x_i = i/n, \quad Y_i = \sin(2\pi x_i) + \varepsilon_i,$$

其中 $\varepsilon_i \sim N(0, 0.1)$, $i = 0, 1, \cdots, n$. 产生容量为 $n+1$ 的样本数据 $(x_0, y_0), (x_1, y_1), \cdots, (x_n, y_n)$.

(2) 用交叉验证法确定最优窗宽.

(3) 计算估计值 $\widehat{m}_n(x)$.

模拟结果显示在图 6.1.1 中. 结果显示三种估计方法的估计值差异不大, 都能有效地估计回归函数。

附: R 软件计算代码如下:

```
#产生样本
n=100
x=seq(0,1,1/n)
n=n+1
e=rnorm(n,0,0.1)
y=sin(2*pi*x)+e
x0=seq(0,1,0.01)
y0=sin(2*pi*x0)
par(mfrow=c(1,2))
plot(x,y)
lines(x0,y0)
#交叉验证窗宽选择
mx=rep(0,n)
fun_NW=function(h){
    for(j in 1:n){
        xj=x[-j];yj=y[-j]
        ker=dnorm((x[j]-xj)/h)
        w=ker/sum(ker)
        mx[j]=sum(w*yj)
    }
    mean((y-mx)^2)
}
hnlm=nlm(fun_NW,0.2);h_NW=hnlm$estimate;h_NW

fun_PC=function(h){
    for(j in 1:n){
        xj=x[-j];yj=y[-j];nn=n-1
        w0=(xj[2:nn]-xj[1:(nn-1)])/h
        w=w0*dnorm((x[j]-xj[2:nn])/h)
        mx[j]=sum(w*yj[2:nn])
    }
    mean((y-mx)^2)
```

```
}
hnlm=nlm(fun_PC,0.2);h_PC=hnlm$estimate;h_PC

fun_GM=function(h){
    fun=function(s,a){dnorm((a-s)/h)}
    for(j in 1:n){
        xj=x[-j];yj=y[-j];nn=n-1
        a=(x[j]-xj)/h
        w0=pnorm(a);w=w0[1:(nn-1)]-w0[2:nn]
        mx[j]=sum(w*yj[2:nn])
    }
    mean((y-mx)^2)
}
hnlm=nlm(fun_GM,0.2);h_GM=hnlm$estimate;h_GM

#计算估计值
m=length(x0)
f_NW=f_PC=f_GM=rep(0,m)
for(j in 1:m){
    ker=dnorm((x0[j]-x)/h_NW);w_NW=ker/sum(ker)
    f_NW[j]=sum(w_NW*y)
        w0=(x[2:n]-x[1:(n-1)])/h_PC
        w_PC=w0*dnorm((x0[j]-x[2:n])/h_PC)
        f_PC[j]=sum(w_PC*y[2:n])
    a=(x0[j]-x)/h_GM
    w0=pnorm(a);w=w0[1:(n-1)]-w0[2:n]
    f_GM[j]=sum(w*y[2:n])

}
plot(x0,y0,type="l",xlab="x",ylab="y",lty="solid",col="black")
lines(x0,f_NW,lty="dashed",col="black")
lines(x0,f_PC,lty="dashed",col="red")
lines(x0,f_GM,lty="dashed",col="blue")
legend(0.6, 0.8, c("True", "NW","PC","GM"),
        col=c("black","black","red", "blue"),
        lty = c("solid", "dashed","dashed","dashed"))
h_NW;h_PC;h_GM
mean(abs(f_NW-y0));mean(abs(f_PC-y0));mean(abs(f_GM-y0))
```

6.2 固定设计核回归估计的均方误差

Gasser 和 Müller (1979) 对 GM 型、PC 型、NW 型这三种核回归估计讨论均方误差.

6.2.1 GM 型核回归估计的均方误差

首先回顾一下偏差 (Bias)、方差 (Var) 和均方误差 (MSE) 的定义.

$$\text{MSE}\left(\widehat{m}_n^{\text{GM}}(x)\right) = E[\widehat{m}_n^{\text{GM}}(x) - m(x)]^2, \tag{6.2.1}$$

且

$$\begin{aligned}
\text{MSE}\left(\widehat{m}_n^{\text{GM}}(x)\right) &= E[\widehat{m}_n^{\text{GM}}(x) - E(\widehat{m}_n^{\text{GM}}(x))]^2 + [E(\widehat{m}_n^{\text{GM}}(x)) - m(x)]^2 \\
&= \text{Var}\left(\widehat{m}_n^{\text{GM}}(x)\right) + \text{Bias}^2\left(\widehat{m}_n^{\text{GM}}(x)\right).
\end{aligned} \tag{6.2.2}$$

定理 6.2.1 假设如下条件成立:

(1) 随机误差 $\{\varepsilon_j, j \geqslant 1\}$ 相互独立, $E\varepsilon_j = 0, \text{Var}(\varepsilon_j) = \sigma^2$.

(2) 回归函数 $m(x)$ 在 $\mathbb{R}$ 上存在二阶连续有界导数, 且在 $[0,1]$ 上满足 Lipschitz 条件.

(3) 核函数 $K(x)$ 为有界密度核, 有支撑 $[-c, c]$,

$$\int_{-c}^c xK(x)dx = 0, \quad \int_{-c}^c x^2K(x)dx < \infty, \tag{6.2.3}$$

且 $K(x)$ 满足 Lipschitz 条件.

(4) 设计点 $0 = x_0 \leqslant x_1 \leqslant x_2 \leqslant \cdots \leqslant x_n = 1$ 满足

$$\max_{1 \leqslant j \leqslant n} |x_j - x_{j-1}| = O(n^{-1}) \tag{6.2.4}$$

和

$$\max_{1 \leqslant j \leqslant n} |x_j - x_{j-1} - n^{-1}| = o(n^{-\delta}). \tag{6.2.5}$$

其中 $\delta \geqslant 1$.

(5) 当 $n \to \infty$ 时, 窗宽 $h_n \to 0$ 且 $nh_n^2 \to \infty$.

则 GM 型核回归估计的渐近偏差为

$$\text{Bias}\left(\widehat{m}_n^{\text{GM}}(x)\right) = \frac{1}{2}h_n^2 m''(x) \int_{-c}^c u^2 K(u)du + o(h_n^2), \tag{6.2.6}$$

渐近方差为

$$\mathrm{Var}\left(\widehat{m}_n^{\mathrm{GM}}(x)\right) = \frac{\sigma^2}{nh_n} \int_{-c}^{c} K^2(u)du + o((nh_n)^{-1}), \tag{6.2.7}$$

渐近均方误差为

$$\mathrm{MSE}\left(\widehat{m}_n^{\mathrm{GM}}(x)\right) = \frac{\sigma^2}{nh_n} \int_{-c}^{c} K^2(u)du + \frac{1}{4}h_n^4(m''(x))^2 \left(\int_{-c}^{c} u^2 K(u)du\right)^2$$
$$+ o\left((nh_n)^{-1} + h_n^4\right). \tag{6.2.8}$$

注意: 当设计点为等距时, $x_j - x_{j-1} - n^{-1} = 0$, 此时 (6.2.5) 式中的 δ 可以是任意非负实数. 对非等距情形, 只要设计点满足

$$x_j = j/n \pm \tau_j, \quad |\tau_j| = o\left(n^{-\delta}\right),$$

则条件 (6.2.5) 成立.

在证明定理 6.2.1 之前先给出如下引理.

引理 6.2.1　在定理 6.2.1 中的条件 (3)—(5) 下, 有

$$\sum_{j=1}^{n} \frac{x_j - x_{j-1}}{h_n} K\left(\frac{x-x_j}{h_n}\right) = \int_{-c}^{c} K(u)du + O\left(\frac{1}{nh_n^2}\right) \tag{6.2.9}$$

和

$$\frac{1}{nh_n} \sum_{j=1}^{n} K\left(\frac{x-x_j}{h_n}\right) = \int_{-c}^{c} K(u)du + o\left(n^{-(\delta-1)}\right) + O\left(\frac{1}{nh_n^2}\right). \tag{6.2.10}$$

证明　利用积分中值定理, 存在 $\xi_j \in [x_{j-1}, x_j]$ 使得

$$\int_{-c}^{c} K(u)du = \frac{1}{h_n} \int_{0}^{1} K\left(\frac{x-u}{h_n}\right) du$$

$$= \frac{1}{h_n} \sum_{j=1}^{n} \int_{x_{j-1}}^{x_j} K\left(\frac{x-u}{h_n}\right) du$$

$$= \frac{1}{h_n} \sum_{j=1}^{n} (x_j - x_{j-1}) K\left(\frac{x-\xi_j}{h_n}\right), \tag{6.2.11}$$

由此和 Lipschitz 条件, 有

$$\sum_{j=1}^{n} \frac{x_j - x_{j-1}}{h_n} K\left(\frac{x-x_j}{h_n}\right) - \int_{-c}^{c} K(u)du$$

$$= \sum_{j=1}^{n} \frac{x_j - x_{j-1}}{h_n} \left[K\left(\frac{x - x_j}{h_n} \right) - K\left(\frac{x - \xi_j}{h_n} \right) \right]$$

$$= O\left(\frac{1}{nh_n^2} \right), \tag{6.2.12}$$

即 (6.2.9) 式成立.

由 (6.2.5) 式, 得

$$\frac{1}{nh_n} \sum_{j=1}^{n} K\left(\frac{x - x_j}{h_n} \right) - \int_{-c}^{c} K(u)du$$

$$= \frac{1}{nh_n} \sum_{j=1}^{n} K\left(\frac{x - x_j}{h_n} \right) - \frac{1}{h_n} \sum_{j=1}^{n} (x_j - x_{j-1}) K\left(\frac{x - \xi_j}{h_n} \right)$$

$$= \frac{1}{h_n} \sum_{j=1}^{n} [n^{-1} - (x_j - x_{j-1})] K\left(\frac{x - x_j}{h_n} \right)$$

$$+ \frac{1}{h_n} \sum_{j=1}^{n} (x_j - x_{j-1}) \left[K\left(\frac{x - x_j}{h_n} \right) - K\left(\frac{x - \xi_j}{h_n} \right) \right]$$

$$= o\left(n^{-(\delta - 1)} \right) \frac{1}{nh_n} \sum_{j=1}^{n} K\left(\frac{x - x_j}{h_n} \right) + O\left(\frac{1}{nh_n^2} \right). \tag{6.2.13}$$

由此有

$$\left(1 + o\left(n^{-(\delta - 1)} \right) \right) \frac{1}{nh_n} \sum_{j=1}^{n} K\left(\frac{x - x_j}{h_n} \right) = \int_{-c}^{c} K(u)du + O\left(\frac{1}{nh_n^2} \right), \quad (6.2.14)$$

因此 (6.2.10) 式成立. 证毕.

定理 6.2.1 的证明 由回归模型知

$$\widehat{m}_n^{\mathrm{GM}}(x) = \sum_{j=1}^{n} w_{nj}^{\mathrm{GM}}(x) m(x_j) + \sum_{j=1}^{n} w_{nj}^{\mathrm{GM}}(x) \varepsilon_j. \tag{6.2.15}$$

由条件 (1) 得

$$\mathrm{Bias}(\widehat{m}_n^{\mathrm{GM}}(x)) = E\widehat{m}_n^{\mathrm{GM}}(x) - m(x)$$

$$= h_n^{-1} \sum_{j=1}^{n} m(x_j) \int_{x_{j-1}}^{x_j} K\left(\frac{x - s}{h_n} \right) ds - m(x)$$

$$= h_n^{-1} \sum_{j=1}^{n} m(x_j) \int_{x_{j-1}}^{x_j} K\left(\frac{x-s}{h_n}\right) ds - m(x) \int_{-c}^{c} K(s) ds$$

$$= h_n^{-1} \sum_{j=1}^{n} m(x_j) \int_{x_{j-1}}^{x_j} K\left(\frac{x-s}{h_n}\right) ds - h_n^{-1} \int_{0}^{1} m(s) K\left(\frac{x-s}{h_n}\right) ds$$

$$+ h_n^{-1} \int_{0}^{1} m(s) K\left(\frac{x-s}{h_n}\right) ds - h_n^{-1} m(x) \int_{0}^{1} K\left(\frac{x-s}{h_n}\right) ds$$

$$= h_n^{-1} \sum_{j=1}^{n} \int_{x_{j-1}}^{x_j} [m(x_j) - m(s)] K\left(\frac{x-s}{h_n}\right) ds$$

$$+ h_n^{-1} \int_{0}^{1} [m(s) - m(x)] K\left(\frac{x-s}{h_n}\right) ds$$

$$=: I_{1n} + I_{2n}. \tag{6.2.16}$$

由 $m(x)$ 满足 Lipschitz 条件, 有

$$|I_{1n}| \leqslant Cn^{-1} h_n^{-1} \sum_{j=1}^{n} \int_{x_{j-1}}^{x_j} K\left(\frac{x-s}{h_n}\right) ds$$

$$= Cn^{-1} h_n^{-1} \int_{0}^{1} K\left(\frac{x-s}{h_n}\right) ds$$

$$\leqslant Cn^{-1}$$

$$= o(h_n^2), \tag{6.2.17}$$

上面最后一个等号利用了条件 $nh_n^2 \to \infty$. 现利用 Taylor 展开, 有

$$I_{2n} = \int_{(x-1)/h_n}^{x/h_n} [m(x+h_n u) - m(x)] K(u) du$$

$$= \int_{-c}^{c} [m(x+h_n u) - m(x)] K(u) du$$

$$= \int_{-c}^{c} [m'(x) h_n u + \frac{1}{2} m''(x+\theta h_n u)(h_n u)^2] K(u) du$$

$$= \frac{1}{2} h_n^2 \int_{-c}^{c} m''(x+\theta h_n u) u^2 K(u) du, \tag{6.2.18}$$

其中 $|\theta| \leqslant 1$. 由控制收敛定理知, $I_{2n}/h_n^2 \to \frac{1}{2} m''(x) \int_{-c}^{c} u^2 K(u) du$. 所以

$$I_{2n} = \frac{1}{2} h_n^2 m''(x) \int_{-c}^{c} u^2 K(u) du + o(h_n^2). \tag{6.2.19}$$

联合上面 (6.2.16), (6.2.17) 和 (6.2.19) 式, 得到渐近偏差的结论 (6.2.6).

下面证明渐近方差.

$$
\begin{aligned}
\operatorname{Var}\left(\widehat{m}_n^{\mathrm{GM}}(x)\right) &= h_n^{-2}\sigma^2 \sum_{j=1}^n \left[\int_{x_{j-1}}^{x_j} K\left(\frac{x-s}{h_n}\right) ds\right]^2 \\
&= h_n^{-2}\sigma^2 \left\{\sum_{j=1}^n \left[\int_{x_{j-1}}^{x_j} K\left(\frac{x-s}{h_n}\right) ds\right]^2 - n^{-1}\int_0^1 K^2\left(\frac{x-s}{h_n}\right) ds\right\} \\
&\quad + \frac{\sigma^2}{nh_n^2}\int_0^1 K^2\left(\frac{x-s}{h_n}\right) ds.
\end{aligned}
\tag{6.2.20}
$$

利用积分中值定理, 存在 $\xi_j, \theta_j \in [x_{j-1}, x_j]$ 使得

$$
\begin{aligned}
&\sum_{j=1}^n \left[\int_{x_{j-1}}^{x_j} K\left(\frac{x-s}{h_n}\right) ds\right]^2 - n^{-1}\int_0^1 K^2\left(\frac{x-s}{h_n}\right) ds \\
&= \sum_{j=1}^n \left[\int_{x_{j-1}}^{x_j} K\left(\frac{x-s}{h_n}\right) ds\right]^2 - n^{-1}\sum_{j=1}^n \int_{x_{j-1}}^{x_j} K^2\left(\frac{x-s}{h_n}\right) ds \\
&= \sum_{j=1}^n (x_j - x_{j-1})^2 K^2\left(\frac{x-\xi_j}{h_n}\right) - n^{-1}\sum_{j=1}^n (x_j - x_{j-1})K^2\left(\frac{x-\theta_j}{h_n}\right) \\
&= n^{-1}\sum_{j=1}^n (x_j - x_{j-1})\left[K^2\left(\frac{x-\xi_j}{h_n}\right) - K^2\left(\frac{x-\theta_j}{h_n}\right)\right] \\
&\quad + \sum_{j=1}^n [(x_j - x_{j-1})^2 - n^{-1}(x_j - x_{j-1})]K^2\left(\frac{x-\xi_j}{h_n}\right).
\end{aligned}
\tag{6.2.21}
$$

而由 Lipschitz 条件, 有

$$
\begin{aligned}
&\left| n^{-1}\sum_{j=1}^n (x_j - x_{j-1})\left[K^2\left(\frac{x-\xi_j}{h_n}\right) - K^2\left(\frac{x-\theta_j}{h_n}\right)\right]\right| \\
&\leqslant n^{-1}\sum_{j=1}^n (x_j - x_{j-1})\left|K^2\left(\frac{x-\xi_j}{h_n}\right) - K^2\left(\frac{x-\theta_j}{h_n}\right)\right| \\
&\leqslant Cn^{-1}\sum_{j=1}^n (x_j - x_{j-1})\left|K\left(\frac{x-\xi_j}{h_n}\right) - K\left(\frac{x-\theta_j}{h_n}\right)\right| \\
&\leqslant C(n^2 h_n)^{-1},
\end{aligned}
\tag{6.2.22}
$$

且由条件 (4) 和引理 6.2.1, 有

$$\left| \sum_{j=1}^{n} [(x_j - x_{j-1})^2 - n^{-1}(x_j - x_{j-1})] K^2 \left(\frac{x - \xi_j}{h_n} \right) \right|$$

$$\leqslant \sum_{j=1}^{n} (x_j - x_{j-1}) |(x_j - x_{j-1}) - n^{-1}| K^2 \left(\frac{x - \xi_j}{h_n} \right)$$

$$= o(n^{-\delta}) \sum_{j=1}^{n} (x_j - x_{j-1}) K \left(\frac{x - \xi_j}{h_n} \right)$$

$$= o(n^{-\delta}) h_n \sum_{j=1}^{n} \frac{x_j - x_{j-1}}{h_n} K \left(\frac{x - \xi_j}{h_n} \right)$$

$$= o(n^{-\delta} h_n). \tag{6.2.23}$$

因此由 (6.2.21)—(6.2.23) 式, 有

$$\sum_{j=1}^{n} \left[\int_{x_{j-1}}^{x_j} K \left(\frac{x - s}{h_n} \right) ds \right]^2 - n^{-1} \int_0^1 K^2 \left(\frac{x - s}{h_n} \right) ds$$

$$= O\left((n^2 h_n)^{-1} \right) + o(n^{-\delta} h_n). \tag{6.2.24}$$

另外

$$\frac{\sigma^2}{n h_n^2} \int_0^1 K^2 \left(\frac{x - s}{h_n} \right) ds = \frac{\sigma^2}{n h_n} \int_{-c}^{c} K^2(u) du. \tag{6.2.25}$$

联合 (6.2.20), (6.2.24) 和 (6.2.25), 得

$$\mathrm{Var} \left(\widehat{m}_n^{\mathrm{GM}}(x) \right) = \frac{\sigma^2}{n h_n} \int_{-c}^{c} K^2(u) du + O\left((n^2 h_n^3)^{-1} \right) + o((n^{\delta} h_n)^{-1})$$

$$= \frac{\sigma^2}{n h_n} \int_{-c}^{c} K^2(u) du + o((n h_n)^{-1}). \tag{6.2.26}$$

因此, 结论 (6.2.7) 成立. 由 (6.2.2), (6.2.6) 和 (6.2.7) 三式, 容易得到 (6.2.8) 式. 证毕.

6.2.2   PC 型核回归估计的均方误差

定理 6.2.2   在定理 6.2.1 的条件下, 如果回归函数 $m(x)$ 有界且 $n h_n^4 \to \infty$, 则 PC 型核回归估计的渐近偏差为

$$\mathrm{Bias} \left(\widehat{m}_n^{\mathrm{PC}}(x) \right) = \frac{1}{2} h_n^2 m''(x) \int_{-c}^{c} u^2 K(u) du + o(h_n^2), \tag{6.2.27}$$

渐近方差为

$$\mathrm{Var}\left(\widehat{m}_n^{\mathrm{PC}}(x)\right) = \frac{\sigma^2}{nh_n}\int_{-c}^c K^2(u)du + o((nh_n)^{-1}), \tag{6.2.28}$$

渐近均方误差为

$$\mathrm{MSE}\left(\widehat{m}_n^{\mathrm{PC}}(x)\right) = \frac{\sigma^2}{nh_n}\int_{-c}^c K^2(u)du + \frac{1}{4}h_n^4(m''(x))^2\left(\int_{-c}^c u^2 K(u)du\right)^2$$
$$+ o\left((nh_n)^{-1} + h_n^4\right). \tag{6.2.29}$$

证明

$$\mathrm{Bias}(\widehat{m}_n^{\mathrm{PC}}(x)) = E\widehat{m}_n^{\mathrm{PC}}(x) - m(x)$$
$$= \sum_{j=1}^n m(x_j)\frac{x_j - x_{j-1}}{h_n}K\left(\frac{x-x_j}{h_n}\right) - m(x)$$
$$= \sum_{j=1}^n m(x_j)\frac{x_j - x_{j-1}}{h_n}K\left(\frac{x-x_j}{h_n}\right) - m(x)h_n^{-1}\int_0^1 K\left(\frac{x-s}{h_n}\right)ds$$
$$= \sum_{j=1}^n m(x_j)\frac{x_j - x_{j-1}}{h_n}K\left(\frac{x-x_j}{h_n}\right) - h_n^{-1}\int_0^1 m(s)K\left(\frac{x-s}{h_n}\right)ds$$
$$+ h_n^{-1}\int_0^1 m(s)K\left(\frac{x-s}{h_n}\right)ds - h_n^{-1}m(x)\int_0^1 K\left(\frac{x-s}{h_n}\right)ds$$
$$=: J_{1n} + J_{2n}. \tag{6.2.30}$$

由积分中值定理, 存在 $\xi_j \in [x_{j-1}, x_j]$ 使得

$$J_{1n} = \sum_{j=1}^n m(x_j)\frac{x_j - x_{j-1}}{h_n}K\left(\frac{x-x_j}{h_n}\right) - h_n^{-1}\sum_{j=1}^n\int_{x_{j-1}}^{x_j} m(s)K\left(\frac{x-s}{h_n}\right)ds$$
$$= \sum_{j=1}^n m(x_j)\frac{x_j - x_{j-1}}{h_n}K\left(\frac{x-x_j}{h_n}\right) - \sum_{j=1}^n m(\xi_j)\frac{x_j - x_{j-1}}{h_n}K\left(\frac{x-\xi_j}{h_n}\right)$$
$$= \sum_{j=1}^n [m(x_j) - m(\xi_j)]\frac{x_j - x_{j-1}}{h_n}K\left(\frac{x-x_j}{h_n}\right)$$
$$+ \sum_{j=1}^n m(\xi_j)\frac{x_j - x_{j-1}}{h_n}\left[K\left(\frac{x-x_j}{h_n}\right) - K\left(\frac{x-\xi_j}{h_n}\right)\right]$$
$$=: J_{11n} + J_{12n}. \tag{6.2.31}$$

而由 Lipschitz 条件和引理 6.2.1, 有

$$|J_{11n}| \leqslant Cn^{-1} \sum_{j=1}^{n} \frac{x_j - x_{j-1}}{h_n} K\left(\frac{x - x_j}{h_n}\right) \leqslant Cn^{-1}, \tag{6.2.32}$$

$$|J_{12n}| \leqslant C(nh_n)^{-1} \sum_{j=1}^{n} \frac{x_j - x_{j-1}}{h_n} \leqslant C(nh_n^2)^{-1}. \tag{6.2.33}$$

所以

$$J_{1n} = O\left(n^{-1} + (nh_n^2)^{-1}\right) = o(h_n^2), \tag{6.2.34}$$

最后一个等号利用了条件 $nh_n^4 \to \infty$.

$$\begin{aligned}
J_{2n} &= h_n^{-1} \int_0^1 m(s) K\left(\frac{x - s}{h_n}\right) ds - h_n^{-1} m(x) \int_0^1 K\left(\frac{x - s}{h_n}\right) ds \\
&= h_n^{-1} \int_0^1 [m(s) - m(x)] K\left(\frac{x - s}{h_n}\right) ds \quad (= I_{2n}) \\
&= \frac{1}{2} h_n^2 m''(x) \int_{-c}^{c} u^2 K(u) du + o(h_n^2).
\end{aligned} \tag{6.2.35}$$

因此, 由 (6.2.30), (6.2.34) 和 (6.2.35), 得

$$\text{Bias}(\widehat{m}_n^{\text{PC}}(x)) = \frac{1}{2} h_n^2 m''(x) \int_{-c}^{c} u^2 K(u) du + o(h_n^2), \tag{6.2.36}$$

即 (6.2.27) 式成立.

下面证明渐近方差.

$$\begin{aligned}
\text{Var}\left(\widehat{m}_n^{\text{GM}}(x)\right) &= \sigma^2 \sum_{j=1}^{n} \left[\frac{x_j - x_{j-1}}{h_n} K\left(\frac{x - x_j}{h_n}\right)\right]^2 \\
&= \sigma^2 \left\{\sum_{j=1}^{n} \left[\frac{x_j - x_{j-1}}{h_n} K\left(\frac{x - x_j}{h_n}\right)\right]^2 - \frac{1}{nh_n^2} \int_0^1 K^2\left(\frac{x - s}{h_n}\right) ds\right\} \\
&\quad + \frac{\sigma^2}{nh_n^2} \int_0^1 K^2\left(\frac{x - s}{h_n}\right) ds.
\end{aligned} \tag{6.2.37}$$

利用积分中值定理, 存在 $\xi_j \in [x_{j-1}, x_j]$ 使得

$$\begin{aligned}
&\sum_{j=1}^{n} \left[\frac{x_j - x_{j-1}}{h_n} K\left(\frac{x - x_j}{h_n}\right)\right]^2 - \frac{1}{nh_n^2} \int_0^1 K^2\left(\frac{x - s}{h_n}\right) ds \\
&= \sum_{j=1}^{n} \left[\frac{x_j - x_{j-1}}{h_n} K\left(\frac{x - x_j}{h_n}\right)\right]^2 - \frac{1}{nh_n^2} \sum_{j=1}^{n} \int_{x_{j-1}}^{x_j} K^2\left(\frac{x - s}{h_n}\right) ds
\end{aligned}$$

$$= \sum_{j=1}^{n} \frac{(x_j - x_{j-1})^2}{h_n^2} K^2 \left(\frac{x - x_j}{h_n} \right) - \frac{1}{nh_n^2} \sum_{j=1}^{n} (x_j - x_{j-1}) K^2 \left(\frac{x - \xi_j}{h_n} \right)$$

$$= \frac{1}{nh_n^2} \sum_{j=1}^{n} (x_j - x_{j-1}) \left[K^2 \left(\frac{x - x_j}{h_n} \right) - K^2 \left(\frac{x - \xi_j}{h_n} \right) \right]$$

$$+ \sum_{j=1}^{n} \left[\frac{(x_j - x_{j-1})^2}{h_n^2} - \frac{x_j - x_{j-1}}{nh_n^2} \right] K^2 \left(\frac{x - x_j}{h_n} \right). \tag{6.2.38}$$

而由 Lipschitz 条件, 有

$$\left| \frac{1}{nh_n^2} \sum_{j=1}^{n} (x_j - x_{j-1}) \left[K^2 \left(\frac{x - x_j}{h_n} \right) - K^2 \left(\frac{x - \xi_j}{h_n} \right) \right] \right|$$

$$\leqslant \frac{1}{nh_n^2} \sum_{j=1}^{n} (x_j - x_{j-1}) \left| K^2 \left(\frac{x - x_j}{h_n} \right) - K^2 \left(\frac{x - \xi_j}{h_n} \right) \right|$$

$$\leqslant C \frac{1}{nh_n^2} \sum_{j=1}^{n} (x_j - x_{j-1}) \left| K \left(\frac{x - x_j}{h_n} \right) - K \left(\frac{x - \xi_j}{h_n} \right) \right|$$

$$\leqslant C(n^2 h_n^3)^{-1}, \tag{6.2.39}$$

再由条件 (4) 和引理 6.2.1

$$\left| \sum_{j=1}^{n} \left[\frac{(x_j - x_{j-1})^2}{h_n^2} - \frac{x_j - x_{j-1}}{nh_n^2} \right] K^2 \left(\frac{x - x_j}{h_n} \right) \right|$$

$$\leqslant C \frac{1}{h_n^2} \sum_{j=1}^{n} (x_j - x_{j-1}) \left| (x_j - x_{j-1}) - n^{-1} \right| K \left(\frac{x - x_j}{h_n} \right)$$

$$= o \left(\frac{1}{n^{1+\delta} h_n^2} \right) \sum_{j=1}^{n} K \left(\frac{x - x_j}{h_n} \right)$$

$$= o \left(\frac{1}{nh_n} \right). \tag{6.2.40}$$

联合 (6.2.37)—(6.2.40) 式, 得

$$\mathrm{Var} \left(\widehat{m}_n^{\mathrm{GM}}(x) \right) = \frac{\sigma^2}{nh_n^2} \int_0^1 K^2 \left(\frac{x - s}{h_n} \right) ds + O \left(\frac{1}{n^2 h_n^3} \right) + o \left(\frac{1}{nh_n} \right)$$

$$= \frac{\sigma^2}{nh_n} \int_{-c}^{c} K^2(x) dx + o \left(\frac{1}{nh_n} \right). \tag{6.2.41}$$

即 (6.2.28) 式成立. 证毕.

6.2.3　NW 型核回归估计的均方误差

定理 6.2.3　在定理 6.2.2 条件下, 如果条件 (4) 中的 $\delta \geqslant 2$, 则 NW 型核回归估计的渐近偏差为

$$\mathrm{Bias}\left(\widehat{m}_n^{\mathrm{NW}}(x)\right) = \frac{1}{2}h_n^2 m''(x)\int_{-c}^{c} u^2 K(u)du + o(h_n^2), \tag{6.2.42}$$

渐近方差为

$$\mathrm{Var}\left(\widehat{m}_n^{\mathrm{NW}}(x)\right) = \frac{\sigma^2}{nh_n}\int_{-c}^{c} K^2(u)du + o((nh_n)^{-1}), \tag{6.2.43}$$

渐近均方误差为

$$\mathrm{MSE}\left(\widehat{m}_n^{\mathrm{NW}}(x)\right) = \frac{\sigma^2}{nh_n}\int_{-c}^{c} K^2(u)du + \frac{1}{4}h_n^4(m''(x))^2\left(\int_{-c}^{c} u^2 K(u)du\right)^2$$
$$+ o\left((nh_n)^{-1} + h_n^4\right). \tag{6.2.44}$$

证明　由引理 6.2.1 知,

$$E\left(\widehat{m}_n^{\mathrm{NW}}(x)\right) = \sum_{j=1}^{n} m(x_j)K\left(\frac{x-x_j}{h_n}\right)\Big/\sum_{j=1}^{n} K\left(\frac{x-x_j}{h_n}\right)$$
$$= \frac{1}{1+o(1)}\frac{1}{nh_n}\sum_{j=1}^{n} K\left(\frac{x-x_j}{h_n}\right)m(x_j), \tag{6.2.45}$$

而

$$\frac{1}{nh_n}\sum_{j=1}^{n} K\left(\frac{x-x_j}{h_n}\right)m(x_j) - E\left(\widehat{m}_n^{\mathrm{PC}}(x)\right)$$
$$= \frac{1}{nh_n}\sum_{j=1}^{n} K\left(\frac{x-x_j}{h_n}\right)m(x_j) - \sum_{j=1}^{n}\frac{x_j-x_{j-1}}{h_n}K\left(\frac{x-x_j}{h_n}\right)m(x_j)$$
$$= \frac{1}{h_n}\sum_{j=1}^{n}[n^{-1}-(x_j-x_{j-1})]K\left(\frac{x-x_j}{h_n}\right)m(x_j)$$
$$= \frac{o(1)}{n^{\delta}h_n}\sum_{j=1}^{n} K\left(\frac{x-x_j}{h_n}\right)m(x_j)$$
$$= \frac{o(1)}{n^{\delta-1}}, \tag{6.2.46}$$

所以由 (6.2.45), (6.2.46), $\delta \geqslant 2$ 以及 $nh_n^2 \to \infty$, 有

$$E\left(\widehat{m}_n^{\mathrm{NW}}(x)\right) = E\left(\widehat{m}_n^{\mathrm{PC}}(x)\right) + o(h_n^2). \tag{6.2.47}$$

由此及定理 6.2.2 得 (6.2.42) 式.

又由引理 6.2.1 知

$$
\begin{aligned}
\operatorname{Var}\left(\widehat{m}_n^{\mathrm{NW}}(x)\right) &= \sigma^2 \sum_{j=1}^{n}\left[K\left(\frac{x-x_j}{h_n}\right) \Big/ \sum_{j=1}^{n} K\left(\frac{x-x_j}{h_n}\right)\right]^2 \\
&= \frac{1}{1+o(1)} \frac{\sigma^2}{(nh_n)^2} \sum_{j=1}^{n} K^2\left(\frac{x-x_j}{h_n}\right),
\end{aligned}
\tag{6.2.48}
$$

而

$$
\frac{\sigma^2}{(nh_n)^2} \sum_{j=1}^{n} K^2\left(\frac{x-x_j}{h_n}\right) - \operatorname{Var}\left(\widehat{m}_n^{\mathrm{PC}}(x)\right)
$$

$$
= \frac{\sigma^2}{(nh_n)^2} \sum_{j=1}^{n} K^2\left(\frac{x-x_j}{h_n}\right) - \sigma^2 \sum_{j=1}^{n} \frac{(x_j-x_{j-1})^2}{h_n^2} K^2\left(\frac{x-x_j}{h_n}\right)
$$

$$
= \frac{\sigma^2}{h_n^2} \sum_{j=1}^{n} [n^{-2} - (x_j-x_{j-1})^2] K^2\left(\frac{x-x_j}{h_n}\right)
$$

$$
= \frac{\sigma^2}{h_n^2} \sum_{j=1}^{n} [n^{-1} - (x_j-x_{j-1})][n^{-1} + (x_j-x_{j-1})] K^2\left(\frac{x-x_j}{h_n}\right)
$$

$$
= \frac{o(1)}{n^{1+\delta} h_n^2} \sum_{j=1}^{n} K^2\left(\frac{x-x_j}{h_n}\right)
$$

$$
= o\left(\frac{1}{n^\delta h_n}\right),
\tag{6.2.49}
$$

所以由 (6.2.48), (6.2.49) 以及 $\delta \geqslant 2$, 有

$$
\operatorname{Var}\left(\widehat{m}_n^{\mathrm{NW}}(x)\right) = \operatorname{Var}\left(\widehat{m}_n^{\mathrm{PC}}(x)\right) + o\left(\frac{1}{nh_n}\right).
\tag{6.2.50}
$$

由此及定理 6.2.2 得 (6.2.43) 式. 证毕.

6.2.4 积分均方误差

由前面定理的结论我们得到如下积分均方误差和最优窗宽.

定理 6.2.4 假设定理 6.2.1 的条件成立, 对 PC 型核回归估计进一步假设回归函数 $m(x)$ 有界且 $nh_n^4 \to \infty$, 而对 NW 型核回归估计进一步假设条件 (4) 中的 $\delta \geqslant 2$. 则 GM 型、PC 型、NW 型这三种核回归估计的渐近积分均方误差为

$$
\mathrm{IMSE} = \frac{\sigma^2}{nh_n} \int_{-c}^{c} K^2(u)du + \frac{1}{4}h_n^4 \int_0^1 (m''(x))^2 dx \left(\int_{-c}^{c} u^2 K(u)du\right)^2
$$

$$+ o\left((nh_n)^{-1} + h_n^4\right). \tag{6.2.51}$$

最优窗宽为

$$h_{\text{opt}} = n^{-1/5}\left[\left(\left(\int_{-c}^{c} u^2 K(u)du\right)^2 \int_0^1 (m''(x))^2 dx\right)^{-1} \sigma^2 \int_{-c}^{c} K^2(u)du\right]^{1/5}.$$
$$\tag{6.2.52}$$

6.3   固定设计核回归估计的渐近正态性

回顾一下 GM 型、PC 型、NW 型这三种回归核权函数分别为

$$w_{nj}^{\text{GM}}(x) = h_n^{-1} \int_{x_{j-1}}^{x_j} K\left(\frac{x-s}{h_n}\right) ds, \tag{6.3.1}$$

$$w_{nj}^{\text{PC}}(x) = \frac{x_j - x_{j-1}}{h_n} K\left(\frac{x - x_j}{h_n}\right), \tag{6.3.2}$$

$$w_{nj}^{\text{NW}}(x) = K\left(\frac{x - x_j}{h_n}\right) \bigg/ \sum_{j=1}^{n} K\left(\frac{x - x_j}{h_n}\right). \tag{6.3.3}$$

为了方便统一叙述, 用 $w_{nj}^i(x), i = \text{GM}, \text{PC}, \text{NW}$ 分别表示这三种回归核权函数 $w_{nj}^{\text{GM}}(x), w_{nj}^{\text{PC}}(x), w_{nj}^{\text{NW}}(x)$. 同样地, 用 $\widehat{m}_n^i(x), i = \text{GM}, \text{PC}, \text{NW}$ 分别表示这三种核回归估计 $\widehat{m}_n^{\text{GM}}(x), \widehat{m}_n^{\text{PC}}(x), \widehat{m}_n^{\text{NW}}(x)$. 另外, 引进记号 $w_n^{\text{GM}}, w_n^{\text{PC}}, w_n^{\text{NW}}$ 分别表示

$$(w_n^i)^2 = \sum_{j=1}^{n} (w_{nj}^i)^2, \quad i = \text{GM}, \text{PC}, \text{NW}. \tag{6.3.4}$$

定理 6.3.1   假设定理 6.2.1 的条件成立, 对 PC 型核回归估计进一步假设回归函数 $m(x)$ 有界且 $nh_n^4 \to \infty$, 而对 NW 型核回归估计进一步假设条件 (4) 中的 $\delta \geqslant 2$. 则

$$\frac{\widehat{m}_n^i(x) - E(\widehat{m}_n^i(x))}{\sigma w_n^i} \to N(0,1), \quad i = \text{GM}, \text{PC}, \text{NW}. \tag{6.3.5}$$

若进一步假设 $nh_n^5 \to 0$, 则有

$$\frac{\widehat{m}_n^i(x) - m(x)}{\sigma w_n^i} \to N(0,1), \quad i = \text{GM}, \text{PC}, \text{NW}. \tag{6.3.6}$$

证明 由于对三种估计的证明过程都是类似的, 所以我们只就 GM 型核回归估计给出证明. 注意到

$$\widehat{m}_n^{\mathrm{GM}}(x) = \sum_{j=1}^n w_{nj}^{\mathrm{GM}} Y_j = \sum_{j=1}^n w_{nj}^{\mathrm{GM}} m(x_j) + \sum_{j=1}^n w_{nj}^{\mathrm{GM}} \varepsilon_j. \tag{6.3.7}$$

我们有

$$\frac{\widehat{m}_n^{\mathrm{GM}}(x) - E(\widehat{m}_n^{\mathrm{GM}}(x))}{\sigma w_n^{\mathrm{GM}}} = \frac{\sum\limits_{j=1}^n w_{nj}^{\mathrm{GM}} \varepsilon_j}{\sigma w_n^{\mathrm{GM}}}, \tag{6.3.8}$$

$$\left(w_n^{\mathrm{GM}} \right)^2 = \sum_{j=1}^n (w_{nj}^{\mathrm{GM}})^2 = \mathrm{Var}\left(m_n^{\mathrm{GM}}(x) \right) / \sigma^2$$
$$= \frac{1}{nh_n} \int_{-c}^c K^2(u) du + o((nh_n)^{-1}), \tag{6.3.9}$$

而

$$\max_{1 \leqslant j \leqslant n} \left(w_{nj}^{\mathrm{GM}} \right)^2 = \max_{1 \leqslant j \leqslant n} \left[h_n^{-1} \int_{x_{j-1}}^{x_j} K\left(\frac{x-s}{h_n} \right) ds \right]^2$$

$$= \max_{1 \leqslant j \leqslant n} \left[\int_{(x-x_{j-1})/h_n}^{(x-x_j)/h_n} K(u) du \right]^2$$

$$\leqslant \sup_u |K(u)| \max_{1 \leqslant j \leqslant n} \left| \frac{x - x_{j-1}}{h_n} - \frac{x - x_j}{h_n} \right|^2$$

$$= O((nh_n)^{-2}). \tag{6.3.10}$$

因此

$$\left(w_n^{\mathrm{GM}} \right)^{-2} \max_{1 \leqslant j \leqslant n} \left(w_{nj}^{\mathrm{GM}} \right)^2 = O((nh_n)^{-1}) \to 0. \tag{6.3.11}$$

由加权和的中心极限定理 (定理 1.3.3) 得结论 (6.3.5). 另外,

$$\frac{\widehat{m}_n^{\mathrm{GM}}(x) - m(x)}{\sigma w_n^{\mathrm{GM}}} = \frac{\widehat{m}_n^{\mathrm{GM}}(x) - E(\widehat{m}_n^{\mathrm{GM}}(x))}{\sigma w_n^{\mathrm{GM}}} + \frac{E(\widehat{m}_n^{\mathrm{GM}}(x)) - m(x)}{\sigma w_n^{\mathrm{GM}}}, \tag{6.3.12}$$

由定理 6.2.1, 知

$$E(\widehat{m}_n^{\mathrm{GM}}(x)) - m(x) = \frac{1}{2} h_n^2 m''(x) \int_{-c}^c u^2 K(u) du + o(h_n^2) + O(n^{-1}). \tag{6.3.13}$$

由此和 (6.3.9), 有

$$\frac{E(\widehat{m}_n^{\mathrm{GM}}(x)) - m(x)}{\sigma w_n^{\mathrm{GM}}} = O\left(\sqrt{nh_n^5}\right) \to 0. \tag{6.3.14}$$

于是, 结论 (6.3.6) 成立. 证毕.

利用定理的结论我们得到回归函数的置信区间. 对给定概率水平 $0 < \alpha < 1$, 置信水平为 $(1-\alpha)100\%$ 的回归函数 $m(x)$ 的置信区间为

$$\widehat{m}_n^i(x) \pm u_{1-\alpha/2} s_n w_n^i, \quad i = \mathrm{GM}, \mathrm{PC}, \mathrm{NW}, \tag{6.3.15}$$

其中

$$\overline{X} = \frac{1}{n}\sum_{j=1}^n X_j, \quad s_n = \sqrt{\frac{1}{n}\sum_{j=1}^n (X_j - \overline{X})^2}, \tag{6.3.16}$$

$u_{1-\alpha/2}$ 为标准正态分布函数 $\Phi(x)$ 的分位数, 即 $\Phi(u_{1-\alpha/2}) = 1 - \alpha/2$.

6.4　固定设计核回归估计的相合性

Cheng 和 Lin (1981) 讨论了 GM 型核回归估计的弱相合性和一致强相合性. Priestley 和 Chao (1972) 提出 PC 型核回归估计并给出一估计的弱相合性, 后来 Benedetti (1977) 进一步研究了 PC 型核回归估计的渐近正态性、强相合性以及均方误差. Eubank (1999, Chapter 4) 对 GM 型核回归估计的相合性做了讨论.

本节主要讨论 GM 型核回归估计的相合性及 PC 型核回归估计的弱相合性和一致强相合性, 这些结果不完全从文献中来, 而是经过了提炼.

6.4.1　GM 型核回归估计的相合性

定理 6.4.1　假设如下条件成立:

(1) 随机误差 $\{\varepsilon_j, j \geqslant 1\}$ 相互独立, $E\varepsilon_j = 0, E|\varepsilon_j|^r \leqslant C < \infty$, 其中 $r > 1$.

(2) 回归函数 $m(x)$ 在 $\mathbb{R}$ 上存在二阶有界导数, 且在 $[0,1]$ 上满足 Lipschitz 条件.

(3) 核函数 $K(x)$ 为有界密度核, 且

$$\int_{-\infty}^{\infty} xK(x)dx = 0, \quad \int_{-\infty}^{\infty} x^2 K(x)dx < \infty. \tag{6.4.1}$$

(4) 设计点 $0 = x_0 \leqslant x_1 \leqslant x_2 \leqslant \cdots \leqslant x_n = 1$ 满足

$$\delta_n = \max_{1 \leqslant j \leqslant n} |x_j - x_{j-1}| \to 0 \quad (n \to \infty). \tag{6.4.2}$$

(5) 当 $n \to \infty$ 时, 窗宽 $h_n \to 0$ 且

$$\delta_n/h_n \to 0. \tag{6.4.3}$$

则有

$$\widehat{m}_n^{\mathrm{GM}}(x) \xrightarrow{P} m(x). \tag{6.4.4}$$

证明　由 (6.2.16)—(6.2.18) 式知

$$\mathrm{Bias}(\widehat{m}_n^{\mathrm{GM}}(x)) = E\widehat{m}_n^{\mathrm{GM}}(x) - m(x)$$

$$= h_n^{-1} \sum_{j=1}^n \int_{x_{j-1}}^{x_j} [m(x_j) - m(s)] K\left(\frac{x-s}{h_n}\right) ds$$

$$+ h_n^{-1} \int_0^1 [m(s) - m(x)] K\left(\frac{x-s}{h_n}\right) ds$$

$$=: I_{1n} + I_{2n}, \tag{6.4.5}$$

$$|I_{1n}| \leqslant h_n^{-1} \sum_{j=1}^n \int_{x_{j-1}}^{x_j} |m(x_j) - m(s)| K\left(\frac{x-s}{h_n}\right) ds$$

$$\leqslant C\delta_n h_n^{-1} \int_0^1 K\left(\frac{x-s}{h_n}\right) ds$$

$$\leqslant C\delta_n \tag{6.4.6}$$

和

$$I_{2n} = \int_{(x-1)/h_n}^{x/h_n} [m(x + h_n u) - m(x)] K(u) du$$

$$= \int_{(x-1)/h_n}^{x/h_n} \left[m'(x) h_n u + \frac{1}{2} m''(x + \theta h_n u)(h_n u)^2 \right] K(u) du$$

$$= m'(x) h_n \int_{(x-1)/h_n}^{x/h_n} u K(u) du + \frac{1}{2} h_n^2 \int_{(x-1)/h_n}^{x/h_n} m''(x + \theta h_n u) u^2 K(u) du. \tag{6.4.7}$$

由 $\int_{-\infty}^{\infty} u K(u) du = 0$, 有

$$\int_{(x-1)/h_n}^{x/h_n} u K(u) du = \int_{-\infty}^{(x-1)/h_n} u K(u) du + \int_{x/h_n}^{\infty} u K(u) du. \tag{6.4.8}$$

而

$$\left| \int_{-\infty}^{(x-1)/h_n} uK(u)du \right| \leqslant \int_{-\infty}^{(x-1)/h_n} |u|K(u)du$$

$$\leqslant \frac{h_n}{x-1} \int_{-\infty}^{(x-1)/h_n} |u|^2 K(u)du$$

$$\leqslant Ch_n, \tag{6.4.9}$$

同理

$$\left| \int_{x/h_n}^{\infty} uK(u)du \right| \leqslant Ch_n, \tag{6.4.10}$$

我们得

$$\int_{(x-1)/h_n}^{x/h_n} uK(u)du = O(h_n). \tag{6.4.11}$$

另外

$$\left| \int_{(x-1)/h_n}^{x/h_n} m''(x+\theta h_n u)u^2 K(u)du \right| \leqslant C \int_{(x-1)/h_n}^{x/h_n} u^2 K(u)du$$

$$\leqslant C \int_{-\infty}^{\infty} u^2 K(u)du$$

$$\leqslant C. \tag{6.4.12}$$

联合 (6.4.8), (6.4.11) 和 (6.4.12), 得

$$I_{2n} = O(h_n^2). \tag{6.4.13}$$

因此, 由 (6.4.5), (6.4.6) 和 (6.4.13), 有

$$\text{Bias}(\widehat{m}_n^{\text{GM}}(x)) = O(\delta_n + h_n^2) \to 0. \tag{6.4.14}$$

另外

$$\widehat{m}_n^{\text{GM}}(x) - E\left(\widehat{m}_n^{\text{GM}}(x)\right) = h_n^{-1} \sum_{j=1}^{n} \varepsilon_j \int_{x_{j-1}}^{x_j} K\left(\frac{x-s}{h_n}\right) ds. \tag{6.4.15}$$

取 $p = \min\{r, 2\}$, 显然 $1 < p \leqslant 2$. 利用矩不等式 (定理 1.2.1), 有

$$E\left|\widehat{m}_n^{\text{GM}}(x) - E\left(\widehat{m}_n^{\text{GM}}(x)\right)\right|^p \leqslant Ch_n^{-p} \sum_{j=1}^{n} E|\varepsilon_j|^p \left| \int_{x_{j-1}}^{x_j} K\left(\frac{x-s}{h_n}\right) ds \right|^p$$

$$\leqslant Ch_n^{-p}\delta_n^{p-1}\sum_{j=1}^{n}\int_{x_{j-1}}^{x_j}K\left(\frac{x-s}{h_n}\right)ds$$

$$\leqslant Ch_n^{-p}\delta_n^{p-1}\int_{0}^{1}K\left(\frac{x-s}{h_n}\right)ds$$

$$\leqslant Ch_n^{-(p-1)}\delta_n^{p-1}$$

$$\leqslant C(\delta_n/h_n)^{p-1}\to 0. \tag{6.4.16}$$

所以

$$\widehat{m}_n^{\mathrm{GM}}(x) - E\left(\widehat{m}_n^{\mathrm{GM}}(x)\right) \xrightarrow{P} m(x). \tag{6.4.17}$$

联合 (6.4.14) 式和 (6.4.17) 式得结论 (6.4.4). 证毕.

定理 6.4.2 在定理 6.4.1 的假设条件下, 进一步假设: 当 $n\to\infty$ 时, 窗宽 $h_n\to 0$ 且存在 $\rho>0$ 使得

$$\delta_n/h_n = O\left(n^{-1/r}(\log n)^{-(2+\rho)}\right). \tag{6.4.18}$$

则有

$$\widehat{m}_n^{\mathrm{GM}}(x) \xrightarrow{\mathrm{a.s.}} m(x). \tag{6.4.19}$$

证明 令

$$\varepsilon_{n,j}(1) = \varepsilon_j I(|\varepsilon_j|\leqslant n^{1/r}) - E[\varepsilon_j I(|\varepsilon_j|\leqslant n^{1/r})], \tag{6.4.20}$$

$$\varepsilon_{n,j}(2) = \varepsilon_j I(|\varepsilon_j|> n^{1/r}) - E[\varepsilon_j I(|\varepsilon_j|> n^{1/r})]. \tag{6.4.21}$$

由于 $E\varepsilon_j = 0$, 所以 $\varepsilon_j = \varepsilon_{n,j}(1) + \varepsilon_{n,j}(2)$. 记

$$a_{n,j} = h_n^{-1}\int_{x_{j-1}}^{x_j}K\left(\frac{x-s}{h_n}\right)ds, \tag{6.4.22}$$

$$S_n(1) = \sum_{j=1}^{n}a_{n,j}\varepsilon_{n,j}(1), \quad S_n(2) = \sum_{j=1}^{n}a_{n,j}\varepsilon_{n,j}(2), \tag{6.4.23}$$

有

$$\widehat{m}_n^{\mathrm{GM}}(x) - E\left(\widehat{m}_n^{\mathrm{GM}}(x)\right) = S_n(1) + S_n(2). \tag{6.4.24}$$

(1) 先证 $S_n(1)\xrightarrow{\mathrm{a.s.}} 0$.

注意到 $E[a_{n,j}\varepsilon_{n,j}(1)] = 0$, $|a_{n,j}\varepsilon_{n,j}(1)| \leqslant C(\delta_n/h_n)n^{1/r}$ 以及

$$
\begin{aligned}
\sigma_n^2 &:= \frac{1}{n}\sum_{i=1}^n E[(a_{n,j}\varepsilon_{n,j}(1))^2] \\
&= \frac{1}{n}\sum_{i=1}^n a_{n,j}^2 E[\varepsilon_{n,1}^2(1)] \\
&\leqslant \frac{CE[\varepsilon_{n,1}^2(1)]\delta_n}{nh_n^2}\sum_{i=1}^n \int_{x_{j-1}}^{x_j} K\left(\frac{x-s}{h_n}\right)ds \\
&= \frac{CE[\varepsilon_{n,1}^2(1)]\delta_n}{nh_n^2}\int_0^1 K\left(\frac{x-s}{h_n}\right)ds \\
&= \frac{CE[\varepsilon_{n,1}^2(1)]\delta_n}{nh_n}\int_{(x-1)/h_n}^{x/h_n} K(u)du \\
&\leqslant \frac{CE[\varepsilon_{n,1}^2(1)]\delta_n}{nh_n},
\end{aligned}
\tag{6.4.25}
$$

所以由尾部概率不等式 (定理 1.2.3), $\forall \varepsilon > 0$, 有

$$
\begin{aligned}
P\left(|S_n(1)| > \varepsilon\right) &\leqslant 2\exp\left\{-\frac{C}{(\delta_n/h_n)n^{1/r} + nE[\varepsilon_{n,1}^2(1)]\delta_n/(nh_n)}\right\} \\
&\leqslant 2\exp\left\{-\frac{Ch_n}{\delta_n n^{1/r} + E[\varepsilon_{n,1}^2(1)]\delta_n}\right\}.
\end{aligned}
\tag{6.4.26}
$$

如果 $r \geqslant 2$, 则 $E[\varepsilon_{n,1}^2(1)] \leqslant E[\varepsilon_1^2] \leqslant C < \infty$, 从而

$$
P\left(|S_n(1)| > \varepsilon\right) \leqslant 2\exp\left\{-\frac{Ch_n}{\delta_n n^{1/r} + \delta_n}\right\} \leqslant 2\exp\left\{-\frac{Ch_n}{\delta_n n^{1/r}}\right\}.
\tag{6.4.27}
$$

如果 $1 < r < 2$, 则

$$
\begin{aligned}
E[\varepsilon_{n,1}^2(1)] &\leqslant E[\varepsilon_1^2 I(|\varepsilon_1| \leqslant n^{1/r})] \\
&\leqslant n^{(2-r)/r} E[|\varepsilon_1|^r I(|\varepsilon_1| \leqslant n^{1/r})] \\
&\leqslant Cn^{(2-r)/r}.
\end{aligned}
\tag{6.4.28}
$$

由于 $1/r > (2-r)/r$, 所以

$$
P\left(|S_n(1)| > \varepsilon\right) \leqslant 2\exp\left\{-\frac{Ch_n}{\delta_n n^{1/r} + \delta_n n^{(2-r)/r}}\right\} \leqslant 2\exp\left\{-\frac{Ch_n}{\delta_n n^{1/r}}\right\}.
\tag{6.4.29}
$$

另外, 由条件 $\delta_n/h_n = O\left(n^{-1/r}(\log n)^{-(2+\rho)}\right)$ 知, $\delta_n n^{1/r}/h_n \leqslant C(\log n)^{-(2+\rho)}$.
联合 (6.4.27) 式和 (6.4.29) 式, 对所有的 $r > 1$, 当 n 充分大时, 都有

$$
P\left(|S_n(1)| > \varepsilon\right) \leqslant 2\exp\left\{-\frac{Ch_n}{\delta_n n^{1/r}}\right\}
$$

$$= 2\exp\left\{-C(\log n)^{2+\rho}\right\}$$
$$\leqslant 2\exp\left\{-2\log n\right\}$$
$$= 2n^{-2}. \tag{6.4.30}$$

因此

$$\sum_{n=1}^{\infty} P\left(|S_n(1)| > \varepsilon\right) < \infty, \tag{6.4.31}$$

所以由 Borel-Cantelli 引理, 有 $S_n(1) \overset{\text{a.s.}}{\to} 0$.

(2) 现证 $S_n(2) \overset{\text{a.s.}}{\to} 0$.

记 $S_n'(2) = \sum_{j=1}^{n} a_{n,j}\varepsilon_j I(|\varepsilon_j| > n^{1/r})$, 则 $S_n(2) = S_n'(2) - ES_n'(2)$. 显然

$$|ES_n'(2)| \leqslant \sum_{j=1}^{n} a_{n,j}E|\varepsilon_j|I(|\varepsilon_j| > n^{1/r})$$
$$\leqslant \sum_{j=1}^{n} a_{n,j}n^{-(r-1)/r}E|\varepsilon_j|^r I(|\varepsilon_j| > n^{1/r})$$
$$\leqslant Cn^{-(r-1)/r}\sum_{j=1}^{n} a_{n,j}$$
$$\leqslant Cn^{-(r-1)/r} \to 0. \tag{6.4.32}$$

由条件 $\dfrac{\delta_n}{h_n} \leqslant Cn^{-1/r}(\log n)^{-(2+\rho)}$, 有

$$|S_n'(2)| \leqslant \sum_{j=1}^{n} a_{n,j}|\varepsilon_j|I(|\varepsilon_j| > n^{1/r})$$
$$\leqslant \frac{C\delta_n}{h_n}\sum_{j=1}^{n} |\varepsilon_j|I(|\varepsilon_j| > j^{1/r})$$
$$\leqslant Cn^{-1/r}(\log n)^{-(2+\rho)}\sum_{j=1}^{n} |\varepsilon_j|I(|\varepsilon_j| > j^{1/r}), \tag{6.4.33}$$

所以为证 $S_n(2) \overset{\text{a.s.}}{\to} 0$, 下面我们只需要证明

$$n^{-1/r}(\log n)^{-(2+\rho)}\sum_{j=1}^{n} |\varepsilon_j|I(|\varepsilon_j| > j^{1/r}) \overset{\text{a.s.}}{\to} 0. \tag{6.4.34}$$

由 Kronecker 引理, 我们只需要证明随机级数

$$\sum_{j=1}^{\infty} \xi_j = \sum_{j=1}^{\infty} j^{-1/r}(\log j)^{-(2+\rho)}|\varepsilon_j|I(|\varepsilon_j| > j^{1/r}) \tag{6.4.35}$$

a.s. 收敛.

记 $\xi_j = j^{-1/r}(\log j)^{-(2+\rho)}|\varepsilon_j|I(|\varepsilon_j| > j^{1/r})$ 和 $T_n = \sum_{j=1}^{n}\xi_j$. $\forall m \geqslant n \geqslant 1$,

$$E|T_m - T_n| = E\left|\sum_{j=n+1}^{m}\xi_j\right| \leqslant \sum_{j=n+1}^{m}E|\xi_j|$$

$$\leqslant \sum_{j=n+1}^{m} j^{-1/r}(\log j)^{-(2+\rho)}j^{-(r-1)/r}E|\varepsilon_j|^r I(|\varepsilon_j| > j^{1/r})$$

$$\leqslant C\sum_{j=n+1}^{m} j^{-1}(\log j)^{-(2+\rho)}. \tag{6.4.36}$$

由此有: 当 $m \geqslant n \to \infty$ 时, $E|T_m - T_n| \to 0$. 因此, $\{T_n, n \geqslant 1\}$ 是 L_1 中的 Cauchy 序列, 从而存在随机变量 T 使得 $E|T_n - T| \to 0$ (当 $n \to \infty$ 时).

对整数 $k \geqslant 2$ 和 $\forall \varepsilon > 0$, 有

$$P(|T_{2^k} - T| > \varepsilon) \leqslant \varepsilon^{-1}E|T_{2^k} - T|$$

$$\leqslant \varepsilon^{-1}\limsup_{n\to\infty}E|T_{2^k} - T_n| + \varepsilon^{-1}\limsup_{n\to\infty}E|T_n - T|$$

$$\leqslant \varepsilon^{-1}\sum_{j=2^k+1}^{\infty}E|\xi_j|$$

$$\leqslant C\sum_{j=2^k+1}^{\infty}j^{-1}(\log j)^{-(2+\rho)}$$

$$\leqslant C(\log 2^k)^{-(1+\rho/2)}\sum_{j=2^k+1}^{\infty}j^{-1}(\log j)^{-(1+\rho/2)}$$

$$\leqslant Ck^{-(1+\rho/2)} \tag{6.4.37}$$

和

$$P\left(\max_{2^{k-1}<n\leqslant 2^k}|T_n - T_{2^{k-1}}| > \varepsilon\right) \leqslant \varepsilon^{-1}E\max_{2^{k-1}<n\leqslant 2^k}|T_n - T_{2^{k-1}}|$$

$$\leqslant \varepsilon^{-1}\sum_{j=2^{k-1}+1}^{2^k}E|\xi_j|$$

$$\leqslant \varepsilon^{-1}\sum_{j=2^{k-1}+1}^{\infty}E|\xi_j|$$

$$\leqslant C\sum_{j=2^{k-1}+1}^{\infty}j^{-1}(\log j)^{-(2+\rho)}$$

$$\leqslant C(\log 2^{k-1})^{-(1+\rho/2)} \sum_{j=2^k+1}^{\infty} j^{-1}(\log j)^{-(1+\rho/2)}$$

$$\leqslant C(k-1)^{-(1+\rho/2)}. \tag{6.4.38}$$

这两式意味着

$$\sum_{k=2}^{\infty} P(|T_{2^k} - T| > \varepsilon) < \infty, \quad \sum_{k=2}^{\infty} P\left(\max_{2^{k-1} < n \leqslant 2^k} |T_n - T_{2^{k-1}}| > \varepsilon\right) < \infty. \tag{6.4.39}$$

由 Borel-Cantelli 引理知, 当 $k \to \infty$ 时, 有

$$T_{2^k} - T \overset{\text{a.s.}}{\to} 0, \quad \max_{2^{k-1} < n \leqslant 2^k} |T_n - T_{2^{k-1}}| \overset{\text{a.s.}}{\to} 0. \tag{6.4.40}$$

由子序列法知, $T_n \overset{\text{a.s.}}{\to} T$, 从而得到 (6.4.35) 式. 证毕.

6.4.2 PC 型核回归估计的相合性

定理 6.4.3 在定理 6.4.1 的条件下, 有

$$\widehat{m}_n^{\text{PC}}(x) \overset{P}{\to} m(x). \tag{6.4.41}$$

而在定理 6.4.2 的条件下, 有

$$\widehat{m}_n^{\text{PC}}(x) \overset{\text{a.s.}}{\to} m(x). \tag{6.4.42}$$

这个定理的证明完全类似于定理 6.4.1 和定理 6.4.2 的证明过程, 所以这里不再重述.

第 7 章　经验似然方法

经验似然方法是 Owen (1988) 首次提出的, 它是一种新型的非参数统计推断方法, 与其他统计方法相比, 它具有很多突出的优点, 如用经验似然方法构造置信区间具有域保持性、变换不变性以及置信域的形状完全由数据决定, 此外还有 Bartlett 纠偏性, 以及无需构造轴统计量等优点. 正因为如此, 这一方法引起了许多统计学家的兴趣, 他们做了许多深入研究和扩展性研究, 如：Owen (1988, 1990, 1991), Qin (1993), Qin 和 Lawless (1994), Kolaczyk (1994), Qin (1999), Chen 和 Qin (2000), Chen 等 (2002), Wang 和 Rao (2002a,2002b), Chen 等 (2003), Chen 等 (2008), Qin 和 Li (2011), 等等.

本章主要介绍经验似然方法的基本原理, 主要内容参考 Owen (2001) 的专著 *Empirical Likelihood*.

7.1　经验似然比函数的定义

7.1.1　普通极大似然方法的回顾

设总体 X 服从某种类型的分布, 其概率分布函数为 $F(x; \theta_1, \theta_2, \cdots, \theta_m)$, 其中 $(\theta_1, \theta_2, \cdots, \theta_m) \in \Theta$ 为 m 个未知参数, Θ 为参数空间. 为了估计总体的分布, 我们只需对未知参数 $\theta_1, \theta_2, \cdots, \theta_m$ 给出估计即可.

因此, 我们的任务是: 根据该总体的一组样本 $X_1, X_2, \cdots, X_n$, 寻找未知参数 $\theta_1, \theta_2, \cdots, \theta_m$ 的估计: $\widehat{\theta}_1, \widehat{\theta}_2, \cdots, \widehat{\theta}_m$.

极大似然估计就是根据样本发生可能性极大化原理对总体未知量所确定的估计. 为此定义样本的似然函数为

$$L(\theta_1, \theta_2, \cdots, \theta_m) = \prod_{j=1}^{n} F(X_j; \theta_1, \theta_2, \cdots, \theta_m). \tag{7.1.1}$$

所谓似然函数, 就是指: 似然函数的数值大小能够间接反映样本 $(X_1, X_2, \cdots, X_n)$ 发生概率的大小. 这里的 "间接反映" 是指: 似然函数的数值大小不一定就等于样本发生概率的大小. 但是, 似然函数的数值越大则其相应的样本发生概率就越大, 而似然函数的数值越小则其相应的样本发生概率就越小. 因此, 当总体是离散型随机变量时, 似然函数为概率分布列乘积; 当总体是连续型随机变量时, 似然函数为分布密度函数乘积. 根据极大似然估计法, 估计量 $\widehat{\theta}_1, \widehat{\theta}_2, \cdots, \widehat{\theta}_m$ 为如下极值问题的解

$$(\widehat{\theta}_1, \widehat{\theta}_2, \cdots, \widehat{\theta}_m) = \arg \sup_{(\theta_1, \theta_2, \cdots, \theta_m) \in \Theta} L(\theta_1, \theta_2, \cdots, \theta_m). \tag{7.1.2}$$

普通极大似然估计法要求总体 X 的分布类型是已知的, 如 X 服从正态分布 $N(\mu, \sigma^2)$, 指数分布 $E(\lambda)$, 等等, 只有某些参数是未知的. 然而在实际中, 总体 X 的分布类型是很难已知的, 可能只知道某些矩的信息, 此时我们就无法利用普通的极大似然估计法对总体进行统计推断. 为此, 我们引入经验似然方法.

7.1.2 一元非参数似然函数

设 $X_1, X_2, \cdots, X_n$ 是来自总体分布 $F_0(x)$ 的独立同分布的随机样本, $F(x)$ 为任意一个分布函数, 这里的分布函数定义为 $F(x) = P(X \leqslant x)$. 则分布函数 $F(x)$ 的非参数似然函数定义为

$$L(F) = \prod_{i=1}^n [F(X_i) - F(X_i - 0)] = \prod_{i=1}^n p_i, \tag{7.1.3}$$

其中 $F(x - 0) = P(X < x)$, $p_i = F(X_i) - F(X_i - 0)$. 如果 $F(x)$ 为总体分布, 则这个似然函数 $L(F)$ 反映样本 $X_1, X_2, \cdots, X_n$ 发生的概率.

7.1.3 一元经验似然比函数

样本 $X_1, X_2, \cdots, X_n$ 的经验分布函数为

$$F_n(x) = \frac{1}{n} \sum_{i=1}^n I(X_i \leqslant x), \tag{7.1.4}$$

这里 $I(A)$ 表示事件 A 示性函数.

如果 $X_i = X_j$ 且 $i \neq j$, 则称 X_i 和 X_j 是一个结. 如果样本 $X_1, X_2, \cdots, X_n$ 中没有结, 即样本 $X_1, X_2, \cdots, X_n$ 互不相同, 则经验分布的似然函数为

$$L(F_n) = \prod_{i=1}^n [F_n(X_i) - F_n(X_i - 0)] = \left(\frac{1}{n}\right)^n. \tag{7.1.5}$$

如果样本 $X_1, X_2, \cdots, X_n$ 中有结, 即样本 $X_1, X_2, \cdots, X_n$ 中有一些样本是相同的, 不妨假设样本 $X_1, X_2, \cdots, X_n$ 中有 m $(m < n)$ 个不同值 $z_1, z_2, \cdots, z_m$, 且 n_j 表示取值为 z_j 的样本个数. 显然 $n_j \geqslant 1$, $\sum_{j=1}^m n_j = n$. 此时经验分布的似然函数为

$$L(F_n) = \prod_{i=1}^n [F_n(X_i) - F_n(X_i - 0)] = \prod_{j=1}^m \left(\frac{n_j}{n}\right)^{n_j}. \tag{7.1.6}$$

定理 7.1.1 (Owen, 2001, Theorem 2.1)　　如果 $F \neq F_n$, 则 $L(F) < L(F_n)$.

证明　设样本 $X_1, X_2, \cdots, X_n$ 中有 m 个不同值 $z_1, z_2, \cdots, z_m$, 且 n_j 表示取值为 z_j 的样本个数. 令

$$\widehat{p}_j = F_n(X_j) - F_n(X_j - 0) = n_j/n, \quad j = 1, 2, \cdots, m. \tag{7.1.7}$$

如果存在某个 $p_j = 0$, 则 $L(F) = 0$, 此时有 $L(F) < L(F_n)$. 现假设所有的 p_j 都不为零, 即 $p_j > 0$ $(j = 1, 2, \cdots, m)$.

$$\begin{aligned}
\log\left(\frac{L(F)}{L(F_n)}\right) &= \log\left(\frac{\displaystyle\prod_{j=1}^{m} p_j^{n_j}}{\displaystyle\prod_{j=1}^{m} \widehat{p}_j^{n_j}}\right) \\
&= \log\left(\prod_{j=1}^{m} \left(p_j/\widehat{p}_j\right)^{n_j}\right) \\
&= \sum_{j=1}^{m} n_j \log\left(p_j/\widehat{p}_j\right).
\end{aligned}$$

注意到: 对任意的 $x > 0$, 有 $\log(x) \leqslant x - 1$, 且等号成立的充要条件为 $x = 1$. 另外, 由条件 $F \neq F_n$ 知, 至少存在一个 $p_j \neq \widehat{p}_j$. 因此

$$\begin{aligned}
\log\left(\frac{L(F)}{L(F_n)}\right) &< \sum_{j=1}^{m} n_j \left(p_j/\widehat{p}_j - 1\right) \\
&= n \sum_{j=1}^{m} \left(p_j - \widehat{p}_j\right) \\
&= n \left(\sum_{j=1}^{m} p_j - 1\right) \\
&\leqslant 0,
\end{aligned}$$

从而有 $L(F) < L(F_n)$. 证毕.

定理 7.1.1 表明: 经验分布 F_n 使非参数似然函数达到最大值, 也就是说经验分布 F_n 是非参数极大似然估计. 因此, 非参数似然比函数可以定义为

$$R(F) = \frac{L(F)}{L(F_n)}, \tag{7.1.8}$$

并称 $R(F)$ 为经验似然比函数.

如果样本 $X_1, X_2, \cdots, X_n$ 中没有结, 即样本 $X_1, X_2, \cdots, X_n$ 互不相同, 则 $L(F_n) = \left(\dfrac{1}{n}\right)^n$, 从而经验似然比函数可以表示为

$$R(F) = \prod_{i=1}^{n} np_i. \tag{7.1.9}$$

如果样本 $X_1, X_2, \cdots, X_n$ 中有结, 则由 (7.1.6) 式有

$$R(F) = \prod_{j=1}^{m} \left(\frac{p_j}{\widehat{p}_j}\right)^{n_j} = \prod_{j=1}^{m} \left(\frac{np_j}{n_j}\right)^{n_j}, \tag{7.1.10}$$

这里 $\widehat{p}_j$ 定义见 (7.1.7) 式.

对样本是否有结这两种情形, 它们相应的经验似然比函数不一样, 这会给后面的讨论带来困难. 当然, 我们希望可以转化为统一的表示.

针对样本有结情形, 把 $p_1, p_2, \cdots, p_m$ 分解成非负分布权 $w_1, w_2, \cdots, w_n$ 使得 $p_i = \sum_{j: X_j = X_i} w_j$, $i = 1, 2, \cdots, m$. 这种分解也可以表示成

$$p_i = \sum_{j = n_1 + n_2 + \cdots + n_{i-1} + 1}^{n_1 + n_2 + \cdots + n_i} w_j, \quad i = 1, 2, \cdots, m, \quad n_0 = 0.$$

用这种分解权定义 $F(x)$ 的似然函数为 $\prod_{i=1}^{n} w_i$. 当样本存在结时, 由于权的分解方法不唯一, 所以这种似然函数值也不唯一. 但是, 我们确定估计的方法是根据似然函数 $\prod_{i=1}^{n} w_i$ 极大化原理进行的, 所以我们只需要在 $p_1, p_2, \cdots, p_m$ 的所有分解分布权 $w_1, w_2, \cdots, w_n$ 中选择似然函数 $\prod_{i=1}^{n} w_i$ 达到极大值的一种分解权和相应的似然函数. 由于

$$\max_{p_1, p_2, \cdots, p_m \text{的所有分解权}} \prod_{i=1}^{n} w_i = \max_{p_1, p_2, \cdots, p_m \text{的所有分解权}} \prod_{i=1}^{m} \prod_{j = n_1 + n_2 + \cdots + n_{i-1} + 1}^{n_1 + n_2 + \cdots + n_i} w_j$$

$$= \prod_{i=1}^{m} \prod_{j = n_1 + n_2 + \cdots + n_{i-1} + 1}^{n_1 + n_2 + \cdots + n_i} \frac{p_i}{n_i}$$

$$= \prod_{i=1}^{m} \left(\frac{p_i}{n_i}\right)^{n_i}$$

$$= L(F) \left(\prod_{j=1}^{m} n_j^{-n_j}\right),$$

所以我们只需要考虑这种似然函数

$$\prod_{i=1}^{n} w_i = L(F) \left(\prod_{j=1}^{m} n_j^{-n_j}\right).$$

这意味着 $L(F) = \left(\prod_{i=1}^n w_i\right)\left(\prod_{j=1}^m n_j^{n_j}\right)$. 另外, $L(F_n) = \prod_{j=1}^m \left(\dfrac{n_j}{n}\right)^{n_j}$. 所以经验似然比函数为

$$R(F) = \frac{L(F)}{L(F_n)} = \prod_{i=1}^n nw_i.$$

这与 (7.1.9) 式有相同形式, 所以无论样本是否存在结都可以使用上式作为似然函数. 注意这里的分布权 $\{w_i\}$ 满足

$$w_i \geqslant 0, \quad \sum_{i=1}^n w_i \leqslant 1.$$

如果 $\sum_{i=1}^n w_i < 1$, Owen (2001) 阐述了可以将 $1 - \sum_{i=1}^n w_i > 0$ 这部分概率重新分配到各个样本点, 从而使 $\sum_{i=1}^n w_i = 1$. 因此, 对分布权 $\{w_i\}$ 可以附加条件 $\sum_{i=1}^n w_i = 1$. 于是, 我们最终将经验似然比函数 $R(F)$ 写成

$$R(F) = \prod_{j=1}^n nw_j, \quad \text{其中 } w_j \geqslant 0, \sum_{j=1}^n w_j = 1. \tag{7.1.11}$$

7.1.4 多元情形的经验似然比函数

设 $X_1, X_2, \cdots, X_n$ 是来自多元总体 $X \in \mathbb{R}^d$ 的独立同分布的随机样本, $F(x)$ 为任意一个 d 维分布函数, 非参数似然函数定义为

$$L(F) = \prod_{i=1}^n F(\{X_i\}) = \prod_{i=1}^n p_i, \tag{7.1.12}$$

其中 $p_i = F(\{X_i\}) = P(X = X_i)$. 类似一元情形的讨论, 多元情形的经验似然比函数 $R(F)$ 同样可以写成 (7.1.11) 式.

7.2 均值参数的经验似然

7.2.1 一元均值参数的经验似然

1. 一元均值参数的经验似然估计

设一元总体 X 的分布函数为 $F(x)$, $\mu = E(X) = \displaystyle\int_{-\infty}^{\infty} x\,dF(x)$, 本节我们考虑均值参数 μ 的经验似然比估计和检验问题.

设 $X_1, X_2, \cdots, X_n$ 是来自总体 X 的独立同分布样本. 由于权重 w_j 具有 $w_j \geqslant 0$ 和 $\sum_{j=1}^n w_j = 1$, 所以 $\mu = E(X)$ 对应的合理条件是

$$\sum_{i=1}^n w_i X_i = \mu.$$

将此条件引入到经验似然比函数中, 得到均值参数 μ 的截面经验似然比函数 (profile empirical likelihood ratio function) 为

$$\mathcal{R}(\mu) = \sup \left\{ \prod_{i=1}^{n} n w_i : w_i \geqslant 0, \sum_{i=1}^{n} w_i = 1, \sum_{i=1}^{n} w_i X_i = \mu \right\}. \qquad (7.2.1)$$

因此, μ 的经验似然估计定义为

$$\widehat{\mu} = \arg \sup_{\mu} \mathcal{R}(\mu). \qquad (7.2.2)$$

为了给出 $\mathcal{R}(\mu)$ 的表达式, 我们需要找出

$$(\widehat{w}_1, \cdots, \widehat{w}_n) = \arg \sup \left\{ \prod_{i=1}^{n} n w_i : w_i \geqslant 0, \sum_{i=1}^{n} w_i = 1, \sum_{i=1}^{n} w_i X_i = \mu \right\}.$$

也就是我们需要如下定理.

定理 7.2.1

$$\widehat{w}_i = \frac{1}{n} \frac{1}{1 + \lambda(X_i - \mu)}, \quad i = 1, 2, \cdots, n, \qquad (7.2.3)$$

其中 λ 是如下方程的解

$$\sum_{i=1}^{n} \frac{X_i - \mu}{1 + \lambda(X_i - \mu)} = 0. \qquad (7.2.4)$$

证明 利用拉格朗日乘数法求极值点 $(\widehat{w}_1, \cdots, \widehat{w}_n)$. 令

$$\varphi = \sum_{i=1}^{n} \log(n w_i) - n\lambda \sum_{i=1}^{n} w_i(X_i - \mu) - \rho \left(\sum_{i=1}^{n} w_i - 1 \right).$$

求偏导数并令其为零, 得

$$\frac{\partial \varphi}{\partial w_k} = \frac{1}{w_k} - n\lambda(X_k - \mu) - \rho = 0, \quad k = 1, 2, \cdots, n.$$

在上式两边乘以 w_k, 得

$$1 = n\lambda w_k(X_k - \mu) + \rho w_k.$$

在上式两边对 k 从 1 到 n 求和, 并利用 $\sum_{i=1}^{n} w_i = 1$ 和 $\sum_{i=1}^{n} w_i(X_i - \mu) = 0$, 得

$$\rho = n.$$

将此代入前一式, 得

$$n\lambda w_k(X_k - \mu) + nw_k = 1,$$

因此

$$\widehat{w}_k = \frac{1}{n}\frac{1}{1 + \lambda(X_k - \mu)}, \quad k = 1, 2, \cdots, n. \tag{7.2.5}$$

将此式代入 $\sum_{i=1}^{n} w_i(X_i - \mu) = 0$, 得到 λ 是如下方程的解

$$\sum_{i=1}^{n} \frac{X_i - \mu}{1 + \lambda(X_i - \mu)} = 0. \tag{7.2.6}$$

此外, 利用 (7.2.5) 和 (7.2.6) 有

$$\begin{aligned}
\sum_{i=1}^{n} \widehat{w}_k &= \frac{1}{n}\sum_{i=1}^{n}\frac{1}{1 + \lambda(X_k - \mu)} \\
&= \frac{1}{n}\sum_{i=1}^{n}\frac{1 + \lambda(X_i - \mu) - \lambda(X_i - \mu)}{1 + \lambda(X_i - \mu)} \\
&= 1.
\end{aligned}$$

证毕.

根据 (7.2.3) 式, 参数 μ 的经验似然比函数可以写成

$$\mathcal{R}(\mu) = \prod_{i=1}^{n}\frac{1}{1 + \lambda(X_k - \mu)}, \tag{7.2.7}$$

从而对数经验似然比函数为

$$\log(\mathcal{R}(\mu)) = -\sum_{i=1}^{n}\log(1 + \lambda(X_i - \mu)). \tag{7.2.8}$$

2. 一元均值参数的经验似然检验

考虑假设检验

$$H_0 : \mu = \mu_0, \quad H_1 : \mu \neq \mu_0.$$

在 H_0 成立的条件下, 经验似然比函数 $\mathcal{R}(\mu_0)$ 的值应该比较大, 而且根据后面的定理 7.2.3 知

$$-2\log(\mathcal{R}(\mu_0)) \to \chi_{(1)}^2.$$

所以 μ 的接受域为

$$\{\mu | -2\log(\mathcal{R}(\mu)) \leqslant c_0\}, \tag{7.2.9}$$

其中 c_0 满足 $P(\chi^2_{(1)} \leqslant c_0) = 1 - \alpha$. 这等价于

$$\{\mu \,|\, \mathcal{R}(\mu) \geqslant r_0\}, \tag{7.2.10}$$

其中 $r_0 = e^{-c_0/2}$. 拒绝域自然为 $\{\mu \,|\, \mathcal{R}(\mu) < r_0\}$.

定理 7.2.2 μ 的接受域 (7.2.9) 是一个凸集, 从而是一个区间.

证明 假设 μ_1 和 μ_2 是接受域内的点, 则存在非负权重 $w_{i,j}, i = 1, 2, \cdots, n$, $j = 1, 2$, 使得

$$\sum_{i=1}^{n} w_{i,j} X_i = \mu_j, \quad \sum_{i=1}^{n} w_{i,j} = 1, \quad j = 1, 2,$$

并且

$$-2 \sum_{i=1}^{n} \log(n w_{i,j}) \leqslant c_0, \quad j = 1, 2.$$

现假设 $\mu_\tau = \tau \mu_1 + (1 - \tau) \mu_2$, 其中 $0 < \tau < 1$. 记

$$w_i = \tau w_{i,1} + (1 - \tau) w_{i,2}, \quad i = 1, 2, \cdots, n.$$

显然, $w_i \geqslant 0$ 且

$$\sum_{i=1}^{n} w_i = 1, \quad \sum_{i=1}^{n} w_i X_i = \mu_\tau,$$

以及

$$
\begin{aligned}
-2 \sum_{i=1}^{n} \log(n w_i) &= -2 \sum_{i=1}^{n} \log(\tau n w_{i,1} + (1 - \tau) n w_{i,2}) \\
&\leqslant -2 \left(\tau \sum_{i=1}^{n} \log(n w_{i,1}) + (1 - \tau) \sum_{i=1}^{n} \log(n w_{i,2}) \right) \\
&\leqslant c_0.
\end{aligned}
$$

所以 μ_τ 在接受域内. 这说明接受域是一个凸集. 证毕.

例如, 如果 $\alpha = 0.05$, 那么 $c_0 = 3.841459$, 从而 $r_0 = 0.1465001$. 于是, 置信度为 95% 的置信区间为

$$\{\mu \,|\, \mathcal{R}(\mu) \geqslant 0.1465001\}.$$

其等价域为

$$\left\{ \sum_{i=1}^{n} w_i X_i \,\middle|\, \prod_{i=1}^{n} n w_i \geqslant 0.1465001, \ w_i \geqslant 0, \ \sum_{i=1}^{n} w_i = 1 \right\}.$$

注意集合

$$\left\{(w_1, w_2, \cdots, w_n) \Big| \prod_{i=1}^{n} nw_i \geqslant 0.1465001, \ w_i \geqslant 0, \sum_{i=1}^{n} w_i = 1\right\}$$

中有许多 $(w_1, w_2, \cdots, w_n)$ 点. 上面的置信域是说: 在这个集合中的所有点 $(w_1, w_2, \cdots, w_n)$ 所对应的 $\mu = \sum_{i=1}^{n} w_i X_i$ 都是置信区间内的点.

3. 一元均值参数的经验似然定理

为了获得参数 μ 的置信区间 (7.2.9) 的阈值 c_0 (或者 r_0), 我们需要经验似然定理 (empirical likelihood theorem, ELT).

定理 7.2.3 (Owen, 2001, Theorem 2.2, 一元 ELT)　设 $X_1, X_2, \cdots, X_n$ 是独立同分布的随机变量, 具有相同的分布 $F_0(x)$, $\mu_0 = E(X_1)$. 如果 $0 < \mathrm{Var}(X_1) < \infty$, 则当 $n \to \infty$ 时有 $-2\log(\mathcal{R}(\mu_0)) \to \chi^2_{(1)}$.

为了证明这个定理, 我们需要如下两个引理.

引理 7.2.1 (Kolmogorov 强大数定律)　设 $\{X_n, n \geqslant 1\}$ 为独立同分布随机变量序列, 则当 $n \to \infty$ 时,

$$\frac{1}{n} \sum_{k=1}^{n} X_k \overset{\mathrm{a.s.}}{\to} a$$

的充要条件为: EX_1 存在且等于 a.

引理 7.2.2　设 $X_1, X_2, \cdots, X_n$ 是独立同分布的随机变量, $E(X_1^2) < \infty$. 记 $Z_n = \max\limits_{1 \leqslant i \leqslant n} |X_i|$, 则 $Z_n = o_{\mathrm{a.s.}}(n^{1/2})$.

证明　任意给定 $\varepsilon > 0$. 由于 $E(X_i^2) < \infty$ 且同分布, 所以对所有的 i 都有

$$\sum_{n=1}^{\infty} P(X_i^2 > \varepsilon n) < C < \infty.$$

由 Borel-Cantelli 引理, 存在与 i 无关的 $N > 1$ 使得当 $n > N$ 时有

$$X_i^2 / n \leqslant \varepsilon, \quad \mathrm{a.s.}.$$

由于同分布性, 所以上式对所有的 i 都成立. 这意味着 $Z_n = \max\limits_{1 \leqslant i \leqslant n} |X_i| = o_{\mathrm{a.s.}}(n^{1/2})$. 证毕.

定理 7.2.3 的证明　证明的思路是: 首先, 利用方程 (7.2.4) 式导出 λ 的渐近上界和渐近表示, 即后面的 (7.2.11) 式和 (7.2.12) 式; 然后, 利用 Taylor 展开和 λ 的渐近表示导出似然函数 $-2\log(\mathcal{R}(\mu))$ 的渐近表示, 即后面的 (7.2.13) 式; 最后, 利用中心极限定理得结论.

引进符号

$$Y_i = \lambda(X_i - \mu_0), \quad Z_n^* = \max_{1 \leqslant i \leqslant n} |X_i - \mu_0|,$$

且记

$$\overline{X} = \frac{1}{n}\sum_{i=1}^n X_i, \quad S = \frac{1}{n}\sum_{i=1}^n (X_i - \mu_0)^2.$$

由于 $\dfrac{1}{1+Y_i} = 1 - \dfrac{Y_i}{1+Y_i}$, 所以由 (7.2.4) 式有

$$0 = \frac{1}{n}\sum_{i=1}^n \frac{Y_i}{1+Y_i} = \frac{1}{n}\sum_{i=1}^n Y_i - \frac{1}{n}\sum_{i=1}^n \frac{Y_i^2}{1+Y_i},$$

从而

$$\frac{1}{n}\sum_{i=1}^n \frac{Y_i^2}{1+Y_i} = \frac{1}{n}\sum_{i=1}^n Y_i = \lambda(\overline{X} - \mu_0).$$

由于 $\prod_{i=1}^n n\widehat{w}_i$ 使似然函数 $\prod_{i=1}^n nw_i$ 达到最大值, 所以所有的 $\widehat{w}_i > 0$, 从而利用定理 7.2.1 中的 (7.2.3) 式知 $1 + Y_i > 0$,

$$\begin{aligned}
|\lambda|S &= \frac{|\lambda|}{n}\sum_{i=1}^n (X_i - \mu_0)^2 \\
&\leqslant \frac{|\lambda|}{n}\sum_{i=1}^n (X_i - \mu_0)^2 \frac{1 + \max\limits_{1\leqslant i \leqslant n} Y_i}{1 + Y_i} \\
&\leqslant \frac{1}{n|\lambda|}\sum_{i=1}^n \frac{Y_i^2}{1+Y_i}(1 + |\lambda|Z_n^*) \\
&= |\overline{X} - \mu_0|(1 + |\lambda|Z_n^*),
\end{aligned}$$

从而

$$|\lambda|[S - Z_n^*|\overline{X} - \mu_0|] \leqslant |\overline{X} - \mu_0|.$$

由引理 7.2.2 知, $Z_n^* = o_{\text{a.s.}}(n^{1/2})$. 记 $\sigma^2 = \text{Var}(X_1)$, 由条件知 $0 < \sigma^2 < \infty$. 利用中心极限定理知

$$\frac{\sum\limits_{i=1}^n (X_i - \mu_0)}{\sqrt{n}\sigma} \xrightarrow{d} N(0,1),$$

从而

$$\overline{X} - \mu_0 = O_p(n^{-1/2}).$$

另外, 由 Kolmogorov 强大数定律 (引理 7.2.1) 知, $S = \sigma^2 + o_{\mathrm{a.s.}}(1)$. 综合上述得

$$|\lambda| \left[\sigma^2 + o_{\mathrm{a.s.}}(1) + o_{\mathrm{a.s.}}(n^{1/2})O_p(n^{-1/2})\right] = O_p(n^{-1/2}),$$

于是

$$|\lambda| = O_p(n^{-1/2}), \tag{7.2.11}$$

且

$$\max_{1 \leqslant i \leqslant n} |Y_i| = |\lambda|Z_n^* = O_p(n^{-1/2})o_{\mathrm{a.s.}}(n^{1/2}) = o_p(1).$$

注意到 $\dfrac{1}{1+Y_i} = 1 - Y_i + \dfrac{Y_i^2}{1+Y_i}$, 由 (7.2.4) 式有

$$\begin{aligned}
0 &= \frac{1}{n}\sum_{i=1}^n \frac{(X_i - \mu_0)}{1+Y_i} \\
&= \frac{1}{n}\sum_{i=1}^n (X_i - \mu_0)\left(1 - Y_i + \frac{Y_i^2}{1+Y_i}\right) \\
&= (\overline{X} - \mu_0) - \lambda S + \frac{1}{n}\sum_{i=1}^n \frac{(X_i - \mu)Y_i^2}{1+Y_i}.
\end{aligned}$$

因此

$$\lambda = \frac{\overline{X} - \mu_0}{S} + \frac{1}{nS}\sum_{i=1}^n \frac{(X_i - \mu_0)Y_i^2}{1+Y_i},$$

$$\begin{aligned}
\left|\frac{1}{nS}\sum_{i=1}^n \frac{(X_i - \mu_0)Y_i^2}{1+Y_i}\right| &\leqslant \frac{\lambda^2}{nS}\sum_{i=1}^n \frac{|X_i - \mu_0|^2 Z_n^*}{1 - o_p(1)} \\
&\leqslant O_p(1)\lambda^2 Z_n^* \\
&\leqslant o_p(n^{-1/2}).
\end{aligned}$$

于是

$$\lambda = \frac{\overline{X} - \mu_0}{S} + o_p(n^{-1/2}). \tag{7.2.12}$$

现在来考虑似然函数

$$-2\log(\mathcal{R}(\mu_0)) = 2\sum_{i=1}^{n}\log(1 + \lambda(X_i - \mu_0)) = 2\sum_{i=1}^{n}\log(1 + Y_i).$$

将 $\log(1 + Y_i)$ 在 $Y_i = 0$ 处展开, 得

$$-2\log(\mathcal{R}(\mu_0)) = 2\sum_{i=1}^{n}Y_i - \sum_{i=1}^{n}Y_i^2 + \frac{1}{3}\sum_{i=1}^{n}\frac{Y_i^3}{(1 + \theta_i Y_i)^3}$$

$$= 2n\lambda(\overline{X} - \mu_0) - \lambda^2 nS + \frac{1}{3}\sum_{i=1}^{n}\frac{Y_i^3}{(1 + \theta_i Y_i)^3},$$

其中 $|\theta_i| \leqslant 1$. 将 $\lambda = (\overline{X} - \mu_0)/S + o_p(n^{-1/2})$ 代入上式, 得

$$-2\log(\mathcal{R}(\mu_0)) = n(\overline{X} - \mu_0)^2/S + o_p(n^{-1/2})2n(\overline{X} - \mu_0) + o_p(n^{-1})nS$$

$$+ o_p(n^{-1}) + \frac{1}{3}\sum_{i=1}^{n}\frac{Y_i^3}{(1 + \theta_i Y_i)^3}$$

$$= n(\overline{X} - \mu_0)^2/S + \frac{1}{3}\sum_{i=1}^{n}\frac{Y_i^3}{(1 + \theta_i Y_i)^3} + o_p(1),$$

而

$$\left|\sum_{i=1}^{n}\frac{Y_i^3}{(1 + \theta_i Y_i)^3}\right| \leqslant |\lambda|^3\sum_{i=1}^{n}\frac{(X_i - \mu_0)^2 Z_n^*}{(1 - |\lambda|Z_n^*)^3}$$

$$= n|\lambda|^3 Z_n^* S/(1 - |\lambda|Z_n^*)^3$$

$$= nO_p(n^{-3/2})o_{\mathrm{a.s.}}(n^{1/2})(\sigma^2 + o_{\mathrm{a.s.}}(1))/(1 - o_p(1))^3$$

$$= o_p(1).$$

从而

$$-2\log(\mathcal{R}(\mu_0)) = n(\overline{X} - \mu_0)^2/S + o_p(1). \tag{7.2.13}$$

由于

$$n(\overline{X} - \mu_0)^2/S = \left(\frac{\displaystyle\sum_{i=1}^{n}(X_i - \mu_0)}{\sqrt{n}\sigma}\right)^2\frac{\sigma^2}{S} \xrightarrow{d} \chi_{(1)}^2,$$

因此

$$-2\log(\mathcal{R}(\mu_0)) \xrightarrow{d} \chi_{(1)}^2.$$

证毕.

4. 数值模拟

在数值模拟之前, 我们先来做一些分析.

(1) 方程 (7.2.4) 的左边函数关于参数 λ 严格单调递减.

为此令

$$G(\lambda) = \sum_{i=1}^{n} \frac{X_i - \mu}{1 + \lambda(X_i - \mu)},$$

显然

$$G'(\lambda) = -\sum_{i=1}^{n} \frac{(X_i - \mu)^2}{(1 + \lambda(X_i - \mu))^2} < 0,$$

所以 $G(\lambda)$ 关于参数 λ 是严格单调递减的.

(2) 在方程 (7.2.4) 中, λ 关于 μ 是递减函数.

事实上, 我们求方程 $\sum_{i=1}^{n} \frac{X_i - \mu}{1 + \lambda(X_i - \mu)} = 0$ 的导数 $\frac{\partial \lambda}{\partial \mu}$, 得

$$\sum_{i=1}^{n} \frac{-[1 + \lambda(X_i - \mu)] - \left[\frac{\partial \lambda}{\partial \mu}(X_i - \mu) - \lambda\right](X_i - \mu)}{[1 + \lambda(X_i - \mu)]^2} = 0,$$

由此有

$$\frac{\partial \lambda}{\partial \mu} \sum_{i=1}^{n} \frac{(X_i - \mu)^2}{[1 + \lambda(X_i - \mu)]^2} = \sum_{i=1}^{n} \frac{-[1 + \lambda(X_i - \mu)] + \lambda(X_i - \mu)}{[1 + \lambda(X_i - \mu)]^2}$$
$$= \sum_{i=1}^{n} \frac{-1}{[1 + \lambda(X_i - \mu)]^2} < 0,$$

所以 $\frac{\partial \lambda}{\partial \mu} < 0$, 从而 λ 关于 μ 是递减函数.

(3) μ 取值的合理范围.

设 $X_{(1)} \leqslant X_{(2)} \leqslant \cdots \leqslant X_{(n)}$ 是样本的次序统计量. μ 的取值可能有如下几种特殊情况:

(i) $\mu < X_{(1)}$ 或者 $\mu > X_{(n)}$, 此时不存在非负权重 w_i 满足 $\sum_{i=1}^{n} w_i = 1$, 且 $\sum_{i=1}^{n} w_i X_i = \mu$;

(ii) $\mu = X_{(1)} < X_{(n)}$, 此时由 $\sum_{i=1}^{n} w_i X_i = \mu$ 知, $X_{(n)}$ 相应的权重 w 一定是 0, 从而 $\mathcal{R}(\mu) = 0$;

(iii) $\mu = X_{(n)} > X_{(1)}$, 此时由 $\sum_{i=1}^{n} w_i X_i = \mu$ 知, $X_{(1)}$ 相应的权重 w 一定是 0, 从而 $\mathcal{R}(\mu) = 0$;

(iv) $\mu = X_{(1)} = X_{(n)}$，此时权重 $w_i = 1/n$，从而 $\mathcal{R}(\mu) = 1$.

在数值计算中，前三种情况属于 μ 的取值不合理，我们要避免. 而最后一种情况，对实际数据而言几乎不可能. 所以 μ 取值的合理范围应该是

$$X_{(1)} < \mu < X_{(n)}.$$

(4) λ 取值的合理范围.

当 μ 取最小值 $X_{(1)}$ 时，$X_{(1)}$ 对应的权重为 1，由定理 7.2.1 有

$$\frac{1}{n}\frac{1}{1+\lambda(X_{(1)}-\mu)} = 1, \quad 从而 \lambda = \frac{1-n^{-1}}{\mu - X_{(1)}};$$

而当 μ 取最大值 $X_{(n)}$ 时，$X_{(n)}$ 对应的权重为 1，由定理 7.2.1 有

$$\frac{1}{n}\frac{1}{1+\lambda(X_{(n)}-\mu)} = 1, \quad 从而 \lambda = \frac{1-n^{-1}}{\mu - X_{(n)}}.$$

所以由 λ 关于 μ 的递减性知，λ 取值的合理范围为

$$\frac{1-n^{-1}}{\mu - X_{(n)}} < \lambda < \frac{1-n^{-1}}{\mu - X_{(1)}}.$$

现在我们利用标准正态分布模拟产生 $n = 1000$ 的样本. 对给定的 μ 值，可以利用方程 (7.2.4) 解出相应的 λ 值. 表 7.2.1 给出了三个不同的 μ 值所相应的 λ 解. 表中最后一列的 $G(\lambda)$ 函数值与 0 比较近，说明 λ 解的精度还是比较高的.

表 7.2.1 λ 的解

μ	λ	$G(\lambda)$
$\overline{X} = 0.01621399$	6.965789e$-$07	-0.0006861225
$\overline{X} - 0.1 = -0.08378601$	0.1018707	-0.0001694123
$\overline{X} + 0.1 = 0.11621399$	-0.09903032	-0.0002016579

解得 λ 后，利用 (7.2.3) 式计算权重 w_i，图 7.2.1 展示了权重的数值情况. 在图中，(a), (b) 图对应 $\mu = \overline{X}$，(c), (d) 图对应 $\mu = \overline{X} - 0.1$，(e), (f) 图对应 $\mu = \overline{X} + 0.1$.

(a), (c), (e) 图是函数 $G(\lambda)$ 的图，图形显示 $G(\lambda)$ 关于 λ 是递减函数，且经过 x 轴，说明有唯一解.

(b), (d), (f) 图是权重 w 的图，当 μ 的取值为样本均值时，所有样本相应的权重几乎相等；当 μ 的取值偏向样本均值左边时，左边样本相应的权重加大，右边样本相应的权重减少. 当 μ 的取值偏向样本均值右边时，右边样本相应的权重加大，左边样本相应的权重减少.

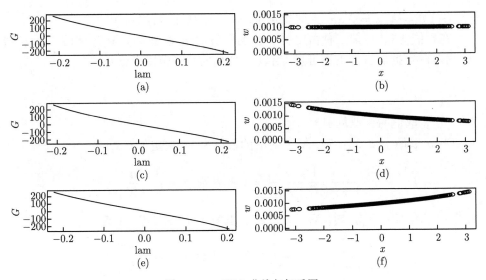

图 7.2.1 $G(\lambda)$ 曲线与权重图

附：R 软件计算代码如下：

```
n=1000
x=rnorm(n,mean=0,sd=1)
x=sort(x)
#par(mfrow=c(1,2))
hist(x)
xmean=mean(x)
fun_G=function(lam,mu0){ xx=x-mu0;y=sum(xx/(1+lam*xx));y }
fun_Lam=function(mu){
    L1=(1-1/n)/(mu-x[n]);L2=(1-1/n)/(mu-x[1])
    L0=(L1+L2)/2
    lam=seq(2*L1/3,2*L2/3,0.001)
    m=length(lam);G=rep(0,m)
    for (i in 1:m){G[i]=fun_G(lam[i],mu)}

    L=uniroot(fun_G,c(L1/2,L2/2),mu0=mu)
    lambda=L$root
    G_lam=fun_G(lambda,mu)
    w=1/(1+lambda*(x-mu));w=w/n
    plot(lam,G,type="l")
    plot(x,w,ylim=c(0,0.0015))
    list(lambda=lambda,G_lam=G_lam,w=w,lam=lam,G=G)
}
```

```
par(mfrow=c(3,2))
#mu0=0; Lambda_mu0=fun_Lam(mu0)
#cbind(mu0,lambda=Lambda_mu0$lambda,G_lam=Lambda_mu0$G_lam)

mu1=xmean; Lambda_mu1=fun_Lam(mu1)
cbind(mu1,lambda=Lambda_mu1$lambda,G_lam=Lambda_mu1$G_lam)

mu2=xmean-0.1; Lambda_mu2=fun_Lam(mu2)
cbind(mu2,lambda=Lambda_mu2$lambda,G_lam=Lambda_mu2$G_lam)

mu3=xmean+0.1; Lambda_mu3=fun_Lam(mu3)
cbind(mu3,lambda=Lambda_mu3$lambda,G_lam=Lambda_mu3$G_lam)
```

7.2.2　多元均值参数的经验似然

设总体 X 为 d 维随机变量, 均值 $\mu = E(X) \in \mathbb{R}^d$, $X_1, X_2, \cdots, X_n$ 是来自总体 X 的独立同分布样本, 考虑均值参数 μ 的经验似然比估计和检验问题.

此时与一元情形类似, 均值参数 μ 的截面经验似然比函数为

$$\mathcal{R}(\mu) = \sup\left\{\prod_{j=1}^{n} nw_j : w_j \geqslant 0, \sum_{j=1}^{n} w_j = 1, \sum_{i=1}^{n} w_i X_i = \mu\right\}. \tag{7.2.14}$$

与定理 7.2.1 的证明过程类似, 可以得到极值点 $(\widehat{w}_1, \cdots, \widehat{w}_n)$ 的解为

$$\widehat{w}_k = \frac{1}{n}\frac{1}{1 + \lambda'(X_k - \mu)}, \quad k = 1, 2, \cdots, n, \tag{7.2.15}$$

其中 $\lambda = (\lambda_1, \lambda_2, \cdots, \lambda_d)'$ 是如下方程组的解

$$\sum_{i=1}^{n} \frac{X_i - \mu}{1 + \lambda'(X_i - \mu)} = 0. \tag{7.2.16}$$

因此, 对数经验似然比函数为

$$\log(\mathcal{R}(\mu)) = -\sum_{i=1}^{n} \log(1 + \lambda'(X_i - \mu)), \tag{7.2.17}$$

且均值参数 μ 的置信域可以写成

$$\begin{aligned}
C_{r,n} &= \{\mu | \mathcal{R}(\mu) \geqslant r\} \\
&= \left\{\sum_{i=1}^{n} w_i X_i \,\middle|\, \prod_{j=1}^{n} nw_j \geqslant r, \ w_j \geqslant 0, \sum_{j=1}^{n} w_j = 1\right\},
\end{aligned} \tag{7.2.18}$$

其中阈值 r 由下面渐近分布定理确定.

定理 7.2.4 (Owen, 2001, Theorem 3.2, 多元 ELT) 设 $X_1, X_2, \cdots, X_n$ 是 $\mathbb{R}^d$ 中独立同分布的随机变量, 具有相同的分布 $F_0(x)$, $\mu_0 = E(X_1)$ 和有限的协方差阵 $V_0 = \text{Var}(X_1)$, 且 V_0 的秩 $q > 0$. 则置信域 $C_{r,n}$ 是凸集且当 $n \to \infty$ 时有 $-2\log(\mathcal{R}(\mu_0)) \to \chi^2_{(q)}$.

证明 关于置信域 $C_{r,n}$ 是凸集的证明类似于前面定理 7.2.2 的证明, 下面只证明渐近分布.

注意 $q \leqslant d$, 如果 $q < d$, 则意味着 d 维随机向量 X_i 实质上只属于 $\mathbb{R}^q$ 空间, 所以我们只需要从 X_i 的分量中选出 q 个分量组成新的随机向量 $\widetilde{X}_i \in \mathbb{R}^q$ 使其具有满秩的协方差, 因此我们不妨假设 $q = d$, 即 V_0 是满秩协方差阵.

证明的思路是: 首先, 利用方程 (7.2.16) 式导出 λ 的上界及其渐近表示, 即后面的 (7.2.19) 式和 (7.2.20) 式; 然后, 利用 Taylor 展开和 λ 的渐近表示导出似然函数 $-2\log(\mathcal{R}(\mu))$ 的渐近表示, 即后面的 (7.2.21) 式; 最后, 利用中心极限定理得结论.

设 Θ 为 $\mathbb{R}^d$ 中的单位向量所组成的集合, 则 λ 可以表示成 $\lambda = ||\lambda||\theta$, 其中 $\theta \in \Theta$. 令

$$Y_i = \lambda'(X_i - \mu_0), \quad Z_n^* = \max_{1 \leqslant i \leqslant n} ||X_i - \mu_0||,$$

且记

$$\overline{X} = \frac{1}{n}\sum_{i=1}^n X_i, \quad S = \frac{1}{n}\sum_{i=1}^n (X_i - \mu_0)(X_i - \mu_0)'.$$

由于 $\dfrac{1}{1+Y_i} = 1 - \dfrac{Y_i}{1+Y_i}$, 所以由 (7.2.16) 式有

$$0 = \frac{1}{n}\sum_{i=1}^n \frac{Y_i}{1+Y_i} = \frac{1}{n}\sum_{i=1}^n Y_i - \frac{1}{n}\sum_{i=1}^n \frac{Y_i^2}{1+Y_i},$$

从而

$$\frac{1}{n}\sum_{i=1}^n \frac{Y_i^2}{1+Y_i} = \frac{1}{n}\sum_{i=1}^n Y_i = \lambda'(\overline{X} - \mu_0).$$

由于 $\prod_{i=1}^n n\widehat{w}_i$ 使似然函数 $\prod_{i=1}^n nw_i$ 达到最大值, 所以所有的 $\widehat{w}_i > 0$, 从而由 (7.2.15) 式知 $1 + Y_i > 0$.

$$||\lambda||\theta' S\theta = \frac{||\lambda||}{n}\sum_{i=1}^n \theta'(X_i - \mu_0)(X_i - \mu_0)'\theta$$

$$\leqslant \frac{||\lambda||}{n}\sum_{i=1}^n \theta'(X_i - \mu_0)(X_i - \mu_0)'\theta \frac{1 + \max\limits_{1 \leqslant i \leqslant n} Y_i}{1+Y_i}$$

$$\leqslant \frac{1}{n\|\lambda\|} \sum_{i=1}^{n} \frac{Y_i^2}{1+Y_i}(1+\|\lambda\|Z_n^*)$$

$$= \|\overline{X} - \mu_0\|(1 + \|\lambda\|Z_n^*).$$

从而

$$\|\lambda\| \left[\theta'S\theta - Z_n^*\|\overline{X} - \mu_0\| \right] \leqslant \|\overline{X} - \mu_0\|.$$

由引理 7.2.2 知, $Z_n^* = o_{\text{a.s.}}(n^{1/2})$. 记 $\sigma^2 = \theta'V_0\theta$, 由于协方差阵 V_0 满秩, 所以 $0 < \sigma^2 < \infty$. 由 Kolmogorov 强大数定律 (引理 7.2.1) 知

$$\theta'S\theta = \frac{1}{n} \sum_{i=1}^{n} \theta'(X_i - \mu_0)(X_i - \mu_0)'\theta \to \theta'V_0\theta, \quad \text{a.s.,}$$

即

$$\theta'S\theta = \sigma^2 + o_{\text{a.s.}}(1).$$

另外, 利用中心极限定理知

$$\frac{\sqrt{n}\theta'(\overline{X} - \mu_0)}{\sigma} = \frac{\sum_{i=1}^{n} \theta'(X_i - \mu_0)}{\sqrt{n}\sigma} \xrightarrow{d} N(0,1),$$

从而

$$\|\overline{X} - \mu_0\| = O_p(n^{-1/2}).$$

综合上述得

$$\|\lambda\| \left[\sigma^2 + o_{\text{a.s.}}(1) + o_{\text{a.s.}}(n^{1/2})O_p(n^{-1/2}) \right] = O_p(n^{-1/2}),$$

于是

$$\|\lambda\| = O_p(n^{-1/2}), \tag{7.2.19}$$

且

$$\max_{1 \leqslant i \leqslant n} |Y_i| = \|\lambda\|Z_n^* = O_p(n^{-1/2})o_{\text{a.s.}}(n^{1/2}) = o_p(1).$$

注意到 $\frac{1}{1+Y_i} = 1 - Y_i + \frac{Y_i^2}{1+Y_i}$, 由 (7.2.16) 式有

$$0 = \frac{1}{n} \sum_{i=1}^{n} \frac{X_i - \mu_0}{1+Y_i}$$

$$= \frac{1}{n}\sum_{i=1}^{n}(X_i - \mu_0)\left(1 - Y_i + \frac{Y_i^2}{1+Y_i}\right)$$

$$= (\overline{X} - \mu_0) - S\lambda + \frac{1}{n}\sum_{i=1}^{n}\frac{(X_i - \mu_0)Y_i^2}{1+Y_i},$$

而

$$\left|\frac{1}{n}\sum_{i=1}^{n}\frac{(X_i - \mu_0)Y_i^2}{1+Y_i}\right| \leqslant \frac{||\lambda||}{n}\sum_{i=1}^{n}\frac{||X_i - \mu_0||^2\max_{1\leqslant i\leqslant n}|Y_i|}{1 - o_p(1)}$$

$$= o_p(n^{-1/2})\frac{1}{n}\sum_{i=1}^{n}||X_i - \mu_0||^2$$

$$= o_p(n^{-1/2}),$$

所以

$$S\lambda = (\overline{X} - \mu_0) + o_p(n^{-1/2}).$$

从而

$$\lambda = S^{-1}(\overline{X} - \mu_0) + o_p(n^{-1/2}). \tag{7.2.20}$$

现在来考虑似然比函数

$$-2\log(\mathcal{R}(\mu_0)) = 2\sum_{i=1}^{n}\log(1 + \lambda'(X_i - \mu_0)) = 2\sum_{i=1}^{n}\log(1 + Y_i).$$

将 $\log(1 + Y_i)$ 在 $Y_i = 0$ 处展开, 得

$$-2\log(\mathcal{R}(\mu_0)) = 2\sum_{i=1}^{n}Y_i - \sum_{i=1}^{n}Y_i^2 + \frac{1}{3}\sum_{i=1}^{n}\frac{Y_i^3}{(1+\theta_i Y_i)^3}$$

$$= 2n\lambda'(\overline{X} - \mu_0) - n\lambda'S\lambda + \frac{1}{3}\sum_{i=1}^{n}\frac{Y_i^3}{(1+\theta_i Y_i)^3},$$

其中 $|\theta_i| \leqslant 1$. 将 $\lambda = S^{-1}(\overline{X} - \mu_0) + o_p(n^{-1/2})$ 代入上式, 得

$$-2\log(\mathcal{R}(\mu_0)) = n(\overline{X} - \mu_0)'S^{-1}(\overline{X} - \mu_0) + o_p(n^{-1/2})2n\theta'(\overline{X} - \mu_0)$$

$$+ o_p(n^{-1/2})n\theta'(\overline{X} - \mu_0) + o_p(n^{-1})\theta'S^{-1}\theta + \frac{1}{3}\sum_{i=1}^{n}\frac{Y_i^3}{(1+\theta_i Y_i)^3}$$

$$= n(\overline{X} - \mu_0)'S^{-1}(\overline{X} - \mu_0) + \frac{1}{3}\sum_{i=1}^{n}\frac{Y_i^3}{(1+\theta_i Y_i)^3} + o_p(1).$$

而

$$\left| \sum_{i=1}^{n} \frac{Y_i^3}{(1+\theta_i Y_i)^3} \right| \leqslant ||\lambda||^3 \sum_{i=1}^{n} \frac{[\theta'(X_i - \mu)]^2 Z_n^*}{(1 - ||\lambda|| Z_n^*)^3}$$

$$= n ||\lambda||^3 Z_n^* \theta' S \theta / (1 - ||\lambda|| Z_n^*)^3$$

$$= n O_p(n^{-3/2}) o_{\text{a.s.}}(n^{1/2})(\sigma^2 + o_{\text{a.s.}}(1))/(1 - o_p(1))^3$$

$$= o_p(1).$$

从而

$$-2\log(\mathcal{R}(\mu_0)) = n(\overline{X} - \mu_0)' S^{-1}(\overline{X} - \mu_0) + o_p(1). \tag{7.2.21}$$

由于

$$\sqrt{n} S^{-1/2}(\overline{X} - \mu_0) = n^{-1/2} S^{-1/2} \sum_{i=1}^{n}(X_i - \mu_0) \xrightarrow{d} N_d(0, I),$$

其中 $I = \text{diag}\{1, 1, \cdots, 1\}_{d \times d}$. 因此

$$-2\log(\mathcal{R}(\mu)) \xrightarrow{d} \chi_{(q)}^2.$$

证毕.

7.3 矩方程的经验似然

设 d 维总体 X 的分布函数为 $F(x)$, $X_1, X_2, \cdots, X_n$ 是来自该总体 X 的一组样本, 我们对参数 $\theta = T(F) \in \mathbb{R}^p$ 感兴趣, 也就是要通过样本对参数 θ 进行统计推断.

现假设对总体 X 已知某些矩的信息, 也就是矩方程

$$E(m(X, \theta)) = 0, \tag{7.3.1}$$

其中 $m(x, \theta) = (m_1(x, \theta), m_2(x, \theta), \cdots, m_s(x, \theta))'$ 是一些已知的函数. 为使矩方程 (7.3.1) 关于 θ 有唯一解, 通常情况下参数 θ 的维数 p 与矩方程函数 $m(\cdot, \cdot)$ 的维数 s 相同, 即 $p = s$. 例如, 在均值参数 $\mu = E(X) \in \mathbb{R}^d$ 的估计问题中, $m(X, \mu) = X - \mu$, 此时 μ 与 $m(\cdot, \cdot)$ 都是 d 维. 又如, 设 $X \in \mathbb{R}$ 且 $X \sim N(\mu, \sigma^2)$, 记 $\theta = (\mu, \sigma^2)$. 此时选择 $m_1(x, \theta) = x - \mu$, $m_2(x, \theta) = (x - \mu)^2 - \sigma^2$, 则矩方程为

$$E(m(X, \theta)) = E\begin{pmatrix} m_1(X, \theta) \\ m_2(X, \theta) \end{pmatrix} = E\begin{pmatrix} X - \mu \\ (X - \mu)^2 - \sigma^2 \end{pmatrix} = 0.$$

利用矩方程 (7.3.1) 得到矩估计方程组

$$\frac{1}{n}\sum_{i=1}^{n} m(X_i, \theta) = 0.$$

如果这个方程组关于 θ 有唯一解 $\widehat{\theta}$, 则称为 θ 的矩估计.

　　经验似然法和矩估计方程是相互适应的, 在矩方程信息条件下参数 θ 的截面经验似然比函数为

$$\mathcal{R}(\theta) = \sup\left\{\prod_{i=1}^{n} nw_i : w_i \geqslant 0, \sum_{i=1}^{n} w_i = 1, \sum_{i=1}^{n} w_i m(X_i, \theta) = 0\right\}. \tag{7.3.2}$$

　　记

$$(\widehat{w}_1, \widehat{w}_2, \cdots, \widehat{w}_n) = \arg\sup\left\{\prod_{i=1}^{n} nw_i : w_i \geqslant 0, \sum_{i=1}^{n} w_i = 1, \sum_{i=1}^{n} w_i m(X_i, \theta) = 0\right\}. \tag{7.3.3}$$

我们有如下结论.

　　定理 7.3.1　在上面假设条件下, 有

$$\widehat{w}_i = \frac{1}{n}\frac{1}{1 + \lambda' m(X_i, \theta)}, \quad i = 1, 2, \cdots, n, \tag{7.3.4}$$

其中 $\lambda = (\lambda_1, \lambda_2, \cdots, \lambda_s)'$ 满足

$$\sum_{i=1}^{n} \frac{m(X_i, \theta)}{1 + \lambda' m(X_i, \theta)} = 0. \tag{7.3.5}$$

　　证明　利用拉格朗日乘数法. 令

$$\varphi = \sum_{i=1}^{n} \log(nw_i) - n\lambda' \sum_{i=1}^{n} w_i m(X_i, \theta) - \rho\left(\sum_{i=1}^{n} w_i - 1\right).$$

求偏导数并令其为零, 得

$$\frac{\partial \varphi}{\partial w_k} = \frac{1}{w_k} - n\lambda' m(X_k, \theta) - \rho = 0, \quad k = 1, 2, \cdots, n.$$

在上式乘以 w_k, 得

$$n\lambda' w_k m(X_k, \theta) + \rho w_k = 1.$$

在上式两边对 k 从 1 到 n 求和, 并利用 $\sum_{i=1}^n w_i = 1$ 和 $\sum_{i=1}^n w_i m(X_i, \theta) = 0$, 得

$$\rho = n.$$

将此代入前一式, 得

$$w_k = \frac{1}{n} \frac{1}{1 + \lambda' m(X_k, \theta)}.$$

将此代入 $\sum_{i=1}^n w_i m(X_i, \theta) = 0$ 式, 有

$$\sum_{i=1}^n \frac{m(X_i, \theta)}{1 + \lambda' m(X_i, \theta)} = 0.$$

证毕.

由定理 7.3.1, 参数 θ 的经验似然比函数可以写成

$$\mathcal{R}(\theta) = \prod_{i=1}^n n\widehat{w}_i = \prod_{i=1}^n \frac{1}{1 + \lambda' m(X_i, \theta)}, \tag{7.3.6}$$

且对数经验似然比函数为

$$\log(\mathcal{R}(\theta)) = -\sum_{i=1}^n \log(1 + \lambda' m(X_i, \theta)), \tag{7.3.7}$$

其中 λ 满足

$$\sum_{i=1}^n \frac{m(X_i, \theta)}{1 + \lambda' m(X_i, \theta)} = 0. \tag{7.3.8}$$

于是, θ 的经验似然估计为

$$\widehat{\theta} = \arg\sup_\theta \log(\mathcal{R}(\theta)), \tag{7.3.9}$$

且 θ 的经验似然置信区间为

$$\left\{ \theta \big| \log(\mathcal{R}(\theta) \geqslant r_0) \right\}. \tag{7.3.10}$$

现在给出矩方程的经验似然定理 (ELT) 如下.

定理 7.3.2 (Owen, 2001, Theorem 3.4, 矩方程的 ELT) 设 $X, X_1, X_2, \cdots,$ $X_n \in \mathbb{R}^d$ 是独立同分布的随机变量, 具有共同分布 $F_0(x)$, $m(X, \theta) \in \mathbb{R}^s$, 其中 $\theta \in \Theta \subset \mathbb{R}^p$. 又设 $\theta_0 \in \Theta$ 使得协方差阵 $\mathrm{Var}(m(X, \theta_0))$ 有限且其秩 $q > 0$. 如果 $Em(X, \theta_0) = 0$, 那么 $-2\log(\mathcal{R}(\theta_0)) \to \chi^2_{(q)}$.

证明 我们将利用多元 ELT 证明这个定理. 令

$$Y_i = m(X_i, \theta_0) = (m_1(X_i, \theta_0), m_2(X_i, \theta_0), \cdots, m_s(X_i, \theta_0)) \in \mathbb{R}^s,$$

其中 $i = 1, 2, \cdots, n$. 显然, $Y_1, Y_2, \cdots, Y_n \in \mathbb{R}^s$ 是独立同分布的随机向量,

$$\mu_0 = EY_1 = Em(X_1, \theta_0) = 0, \quad \mu_0 \in \mathbb{R}^s,$$

而且 $\mathrm{Var}(Y_1) = \mathrm{Var}(m(X_1, \theta_0))$ 有限且秩为 $q > 0$. 所以由定理 7.2.4 (多元 ELT), 有

$$-2\log(\widetilde{\mathcal{R}}(\mu_0)) \to \chi^2_{(q)},$$

其中

$$\widetilde{\mathcal{R}}(\mu_0) = \sup\left\{\prod_{j=1}^n nw_j : w_j \geqslant 0, \sum_{j=1}^n w_j = 1, \sum_{i=1}^n w_i Y_i = \mu_0\right\}.$$

由前面的记号知

$$\widetilde{\mathcal{R}}(\mu_0) = \sup\left\{\prod_{j=1}^n nw_j : w_j \geqslant 0, \sum_{j=1}^n w_j = 1, \sum_{i=1}^n w_i m(X_i, \theta_0) = 0\right\}$$
$$= \mathcal{R}(\theta_0).$$

所以我们得到结论. 证毕.

Owen (2001) 指出: 在矩方程的经验似然定理 (ELT) 中, 没有条件保证 $\widehat{\theta}$ 是 θ_0 的好估计, 也没有条件保证矩方程关于 θ_0 有唯一解, 甚至没有条件保证矩方程是否有解. 所以矩方程的 ELT 没有直接应用的意义, 只有当我们知道矩方程关于 θ 有唯一解 θ_0, 且 $\widehat{\theta}$ 是 θ_0 的相合估计时, 我们才能利用矩方程的 ELT 给出参数 θ 的置信区间和假设检验.

矩方程的选择是一个关键问题. 如果矩方程的选择恰当, 则关于 θ 有唯一解, 此时称矩方程为恰好确定 (just determined case). 如果矩方程的选择不当, 关于 θ 的解会出现两种情况: 一种是存在多解, 此时称矩方程为欠确定 (underdetermined case); 另一种是没有解, 此时称矩方程为超确定 (overdetermined case). 不管是欠确定情况还是超确定情况都会导致参数 θ 不可估计.

也许, 选择矩方程的最常用方法是参数似然方法. 设总体 X 的密度函数为 $f(x, \theta)$, 则对数似然函数为

$$L(\theta) = \sum_{i=1}^n \log(f(X_i, \theta)).$$

由 $\dfrac{\partial}{\partial\theta}L(\theta)=0$, 有

$$\sum_{i=1}^{n}\frac{\partial}{\partial\theta}\log(f(X_i,\theta))=0.$$

根据极大似然估计的理论, 上面方程有解, 且通常情况有唯一解, 当然也有多解的情况. 所以我们可以选择矩函数为

$$m(x,\theta)=\frac{\partial}{\partial\theta}\log(f(x,\theta))=\frac{g(x,\theta)}{f(x,\theta)}, \tag{7.3.11}$$

其中 $g(x,\theta)$ 是关于 θ 的梯度, 即 $\dfrac{\partial}{\partial\theta}f(x,\theta)$.

定理 7.3.3 (Owen, 2001, Theorem 3.6)　设 $X,X_1,X_2,\cdots,X_n\in\mathbb{R}^d$ 是独立同分布的随机变量, $\theta_0\in\mathbb{R}^p$ 是矩方程 $E(m(X,\theta))=0$ 的唯一解, 其中 $m(X,\theta)\in\mathbb{R}^{p+q}$ 且 $q\geqslant 0$. 设 $\widetilde{\theta}=\arg\max\limits_{\theta}\mathcal{R}(\theta)$, 其中

$$\mathcal{R}(\theta)=\sup\left\{\prod_{i=1}^{n}nw_i:w_i\geqslant 0,\sum_{i=1}^{n}w_i=1,\sum_{i=1}^{n}w_im(X_i,\theta)=0\right\}.$$

假设存在 θ_0 的一个邻域 Θ 和一个函数 $M(x)$(其中 $E(M(X))<\infty$) 使得下列条件满足:

(1) $E(\partial m(X,\theta)/\partial\theta|_{\theta=\theta_0})_{(p+q)\times p}$ 的秩为 p;
(2) $E\left(m(X,\theta_0)m(X,\theta_0)'\right)_{(p+q)\times(p+q)}$ 是正定阵;
(3) $\partial m(x,\theta)/\partial\theta$ 关于 $\theta\in\Theta$ 连续;
(4) $\partial^2 m(x,\theta)/(\partial\theta\partial\theta')$ 关于 $\theta\in\Theta$ 连续;
(5) $\|m(x,\theta)\|^3\leqslant M(x),\forall\theta\in\Theta$;
(6) $\|\partial m(x,\theta)/\partial\theta\|\leqslant M(x),\forall\theta\in\Theta$;
(7) $\|\partial^2 m(x,\theta)/(\partial\theta\partial\theta')\|\leqslant M(x),\forall\theta\in\Theta$.
则

$$\lim_{n\to\infty}n\mathrm{Var}(\widetilde{\theta})=\left[E\left(\frac{\partial m}{\partial\theta}\right)'(E(mm'))^{-1}E\left(\frac{\partial m}{\partial\theta}\right)\right]^{-1}, \tag{7.3.12}$$

而且当 $n\to\infty$ 时, 有

$$-2\log(\mathcal{R}(\theta_0)/\mathcal{R}(\widetilde{\theta}))\to\chi^2_{(q)} \tag{7.3.13}$$

和

$$-2\log(\mathcal{R}(\widetilde{\theta}))\to\chi^2_{(q)}. \tag{7.3.14}$$

证明　具体证明参见 Qin 和 Lawless (1994) 的文献. 证毕.

7.4　回归经验似然

7.4.1　线性回归经验似然

设 $X \in \mathbb{R}^p$ 为解释向量, $Y \in \mathbb{R}$ 为响应变量, $(X_1, Y_1), (X_2, Y_2), \cdots, (X_n, Y_n)$ 为来自总体 (X, Y) 的独立同分布观察样本. 假设总体 (X, Y) 满足

$$E(Y|X = x) = \beta_0 + \beta_1 x_1 + \beta_2 x_2 + \cdots + \beta_p x_p, \tag{7.4.1}$$

其中 $x = (x_1, x_2, \cdots, x_p)'$. 令

$$\mathbb{Y} = \begin{pmatrix} Y_1 \\ Y_2 \\ \vdots \\ Y_n \end{pmatrix}_{n \times 1}, \quad \mathbb{X} = \begin{pmatrix} 1 & X_{1,1} & X_{2,1} & \cdots & X_{p,1} \\ 1 & X_{1,2} & X_{2,2} & \cdots & X_{p,2} \\ \vdots & \vdots & \vdots & & \vdots \\ 1 & X_{1,n} & X_{2,n} & \cdots & X_{p,n} \end{pmatrix}_{n \times (p+1)},$$

$\beta = (\beta_0, \beta_1, \cdots, \beta_p)', \varepsilon = (\varepsilon_1, \varepsilon_2, \cdots, \varepsilon_n)'$. 则样本回归模型可以写成

$$\mathbb{Y} = \mathbb{X}\beta + \varepsilon. \tag{7.4.2}$$

样本最小二乘估计定义为

$$\widehat{\beta}_{\mathrm{LS}} = \arg \min_{\beta} (\mathbb{Y} - \mathbb{X}\beta)'(\mathbb{Y} - \mathbb{X}\beta).$$

由此得

$$\widehat{\beta}_{\mathrm{LS}} = (\mathbb{X}'\mathbb{X})^{-1}\mathbb{X}'\mathbb{Y}. \tag{7.4.3}$$

记 $\widetilde{X} = (1, X')'$, 最小二乘思想就是选择参数 β_{LS} 使均方误差 (即平方损失函数) $L(\beta) = E(Y - \widetilde{X}'\beta)^2$ 达到最小, 也就是

$$\beta_{\mathrm{LS}} = \arg \min_{\beta} E(Y - \widetilde{X}'\beta)^2.$$

由于 $L(\beta) = E(Y^2 - 2Y\widetilde{X}'\beta + \beta'\widetilde{X}\widetilde{X}'\beta)$, 所以由 $\partial L/\partial \beta = 0$, 有

$$E(\widetilde{X}(Y - \widetilde{X}'\beta)) = 0, \tag{7.4.4}$$

从而

$$\beta_{\mathrm{LS}} = E(\widetilde{X}\widetilde{X}')^{-1} E(\widetilde{X}Y). \tag{7.4.5}$$

方程 (7.4.4) 是线性回归的矩方程, 可以将其写成样本矩方程

$$\frac{1}{n}\sum_{i=1}^{n}\widetilde{X}_i(Y_i - \widetilde{X}_i'\beta) = 0.$$

由此得

$$\beta = \left(\sum_{i=1}^{n}\widetilde{X}_i\widetilde{X}_i'\right)^{-1}\sum_{i=1}^{n}\widetilde{X}_iY_i = (\mathbb{X}'\mathbb{X})^{-1}\mathbb{X}'\mathbb{Y} = \widehat{\beta}_{\mathrm{LS}}.$$

这说明矩方程 (7.4.4) 相应的矩估计就是最小二乘估计 $\widehat{\beta}_{\mathrm{LS}}$. 所以我们选用矩方程 (7.4.4) 是合适的, 并定义一个辅助函数

$$Z_i(\beta) = \widetilde{X}_i(Y_i - \widetilde{X}_i'\beta), \tag{7.4.6}$$

得到 β 的截面经验似然比函数

$$\mathcal{R}(\beta) = \sup\left\{\prod_{i=1}^{n}nw_i:\ w_i \geqslant 0, \sum_{i=1}^{n}w_i = 1, \sum_{i=1}^{n}w_iZ_i(\beta) = 0\right\}. \tag{7.4.7}$$

如果 $E(\widetilde{X}\widetilde{X}')$ 是可逆阵, 则矩方程 (7.4.4) 有唯一解, 其解为 (7.4.5) 式的 β_{LS}. 利用矩方程的 ELT (定理 7.3.2), 我们有

$$-2\log(\mathcal{R}(\widetilde{\beta})) \to \chi^2_{(1)}, \tag{7.4.8}$$

其中 $\widetilde{\beta}$ 为矩方程 (7.4.4) 的解. 由此可以给出 β 的置信区间和假设检验. 另外, β 的经验似然估计为

$$\widehat{\beta}_{\mathrm{EL}} = \arg\sup_{\beta}\mathcal{R}(\beta). \tag{7.4.9}$$

7.4.2 核回归经验似然

设 $X \in \mathbb{R}^p$ 为预测向量, $Y \in \mathbb{R}$ 为响应变量, $E(Y|X = x) = \mu(x)$, 来自总体 (X, Y) 的独立同分布观察样本为

$$(X_1, Y_1), (X_2, Y_2), \cdots, (X_n, Y_n).$$

为了估计 $\mu(x)$, 使用局部核权平均损失函数

$$L(\mu) = \sum_{i=1}^{n}K_h(X_i - x)(Y_i - \mu)^2,$$

其中 $K_h(x) = h^{-1}K(x/h)$, $K(x)$ 为核函数, $h > 0$ 为窗宽. 由 $\partial L/\partial \mu = 0$, 有

$$\sum_{i=1}^{n} K_h(X_i - x)(Y_i - \mu) = 0, \tag{7.4.10}$$

从而

$$\widehat{\mu}(x) = \frac{\displaystyle\sum_{i=1}^{n} K_h(X_i - x)Y_i}{\displaystyle\sum_{i=1}^{n} K_h(X_i - x)}.$$

这就是 NW 核回归估计.

将方程 (7.4.10) 看作样本矩方程, 其相应的矩方程为

$$E[K_h(X - x)(Y - \mu)] = 0. \tag{7.4.11}$$

选择辅助函数

$$Z_{in}(x, \mu) = K_h(X_i - x)(Y_i - \mu), \tag{7.4.12}$$

得到 $\mu(x)$ 的截面经验似然比函数

$$\mathcal{R}(\mu) = \sup\left\{\prod_{i=1}^{n} nw_i : w_i \geqslant 0, \sum_{i=1}^{n} w_i = 1, \sum_{i=1}^{n} w_i Z_{in}(x, \mu) = 0\right\}. \tag{7.4.13}$$

这里需要特别说明一下, 由于窗宽 h 与样本容量 n 有关, 即 $h = h_n$, 所以这个辅助函数 $Z_{in}(x, \mu)$ 是与 n 有关的.

为方便起见, 把 $Z_{in}(x, \mu)$ 简记为 Z_{in}. 注意 $\{Z_{in} : 1 \leqslant i \leqslant n, n \geqslant 1\}$ 是一个三角阵列, 且对给定的 n, $Z_{1n}, Z_{2n}, \cdots, Z_{nn}$ 是独立同分布随机变量. 但对不同的 n 所对应的随机变量 Z_{in} 不具有独立性, 也不具有同分布性, 所以不能利用前面的矩方程的 ELT (定理 7.3.2) 直接获得此处的经验似然比函数的渐近分布. 因此我们需要如下三角阵列的均值经验似然定理.

定理 7.4.1 (Owen, 2001, Theorem 4.1, Triangular array ELT)　设 $\{Z_{in} \in \mathbb{R}^p : 1 \leqslant i \leqslant n, n \geqslant n_{\min}\}$ 是三角随机变量阵列, 对每个给定的 n, $Z_{1n}, Z_{2n}, \cdots, Z_{nn}$ 相互独立且具有共同的均值 $\mu_n = E(Z_{in})$. 令 $\mathcal{H}_n$ 表示 $Z_{1n}, Z_{2n}, \cdots, Z_{nn}$ 的凸包, $V_{in} = \mathrm{Var}(Z_{in})$, $V_n = n^{-1}\sum_{i=1}^{n} V_{in}$, σ_{1n} 表示 V_n 的最大特征根, σ_{pn} 表示 V_n 的最小特征根. 假设当 $n \to \infty$ 时, 有

$$P(\mu_n \in \mathcal{H}_n) \to 1, \tag{7.4.14}$$

且

$$\frac{1}{n^2}\sum_{i=1}^{n}E(\|Z_{in}-\mu_n\|^4\sigma_{1n}^{-2})\to 0, \tag{7.4.15}$$

以及存在某个 $c>0$, 对所有的 $n\geqslant n_{\min}$, 有

$$\frac{\sigma_{pn}}{\sigma_{1n}}\geqslant c. \tag{7.4.16}$$

则当 $n\to\infty$ 时, 有

$$-2\log(\mathcal{R}(\mu_n))\to\chi^2_{(p)}, \tag{7.4.17}$$

其中

$$\mathcal{R}(\mu)=\sup\left\{\prod_{i=1}^{n}nw_i:w_i\geqslant 0,\sum_{i=1}^{n}w_i=1,\sum_{i=1}^{n}w_i(Z_{in}-\mu_n)=0\right\}. \tag{7.4.18}$$

说明 定理中的渐近性质与 $n_{\min}$ 无关, 但一般都要求 $n_{\min}\geqslant p$, 否则会出现 $\sigma_{pn}=0$. 另外, $\|x\|$ 表示向量 x 的模, 即 $\|x\|=\sqrt{x'x}$.

定理 7.4.1 的证明 不妨假设 $\mu_n=0$ 和 $\sigma_{1n}=1$, 如果不是这样, 那么我们可以对 Z_{in} 作变换 $\sigma_{1n}^{-1/2}(Z_{in}-\mu_n)$. 令

$$\overline{Z}_n=\frac{1}{n}\sum_{i=1}^{n}Z_{in},\quad \widehat{V}_n=\frac{1}{n}\sum_{i=1}^{n}Z_{in}Z_{in}'.$$

由条件 (7.4.14) 知, $\mathcal{H}_n$ 包含原点. 从而由 Lagrange 乘子法, 有

$$\mathcal{R}(0)=\prod_{i=1}^{n}\frac{1}{1+\lambda'Z_{in}},$$

其中 $\lambda=\lambda(0)$ 是由下面方程唯一确定的,

$$\sum_{i=1}^{n}\frac{Z_{in}}{1+\lambda'Z_{in}}=0.$$

记 $\lambda=\|\lambda\|\theta$, 其中 $\theta\in\Theta=\{\theta:\theta'\theta=1\}$. 令

$$Y_i=\lambda'Z_{in},\quad Z_n^*=\max_{1\leqslant i\leqslant n}\|Z_{in}\|.$$

与多元 ELT 证明过程一样讨论, 有

$$\|\lambda\|\left[\theta'\widehat{V}_n\theta-Z_n^*\theta'\overline{Z}_n\right]\leqslant\theta'\overline{Z}_n.$$

由此及下面 (7.4.20)—(7.4.22) 式, 我们有

$$\|\lambda\| = O_p(n^{-1/2}). \tag{7.4.19}$$

下面我们来证明如下三个结论:

$$Z_n^* = o_p(n^{1/2}), \tag{7.4.20}$$

$$c + o_p(1) \leqslant \theta' \widehat{V}_n \theta \leqslant 1 + o_p(1), \tag{7.4.21}$$

$$\theta' \overline{Z}_n = O_p(n^{-1/2}). \tag{7.4.22}$$

(1) 证明 (7.4.20). 对任意给定的 $\varepsilon > 0$, 有

$$
\begin{aligned}
P(Z_n^* > \varepsilon n^{1/2}) &\leqslant \frac{1}{\varepsilon^4 n^2} E((Z_n^*)^4) \\
&\leqslant \frac{1}{\varepsilon^4 n^2} E\left(\max_{1 \leqslant i \leqslant n} \|Z_{in}\|^4 \right) \\
&\leqslant \frac{1}{\varepsilon^4 n^2} \sum_{i=1}^{n} E(\|Z_{in}\|^4) \\
&\to 0 \quad (n \to \infty).
\end{aligned}
$$

所以 (7.4.20) 式成立.

(2) 证明 (7.4.21). 由条件 (7.4.16) 知, V_n 是正定阵, 所以存在 p 阶正交矩阵 U 使得

$$V_n = U' \mathrm{diag}\{\sigma_{1n}, \sigma_{2n}, \cdots, \sigma_{pn}\} U.$$

从而有

$$c \leqslant \sigma_{pn} \leqslant \theta' V_n \theta \leqslant \sigma_{1n} = 1. \tag{7.4.23}$$

对任意的 $\theta \in \Theta$ 和 $\varepsilon > 0$,

$$P(|\theta'(\widehat{V}_n - V_n)\theta| > \varepsilon) \leqslant \varepsilon^{-2} E|\theta'(\widehat{V}_n - V_n)\theta|^2,$$

而

$$
\begin{aligned}
E|\theta'(\widehat{V}_n - V_n)\theta|^2 &= E\left| \theta' \widehat{V}_n \theta - \theta' V_n \theta \right|^2 \\
&= \frac{1}{n^2} E\left| \sum_{i=1}^{n} \theta' Z_{in} Z_{in}' \theta - \sum_{i=1}^{n} \theta' \mathrm{Var}(Z_{in}) \theta \right|^2 \\
&= \frac{1}{n^2} E\left| \sum_{i=1}^{n} (\theta' Z_{in})^2 - \sum_{i=1}^{n} \mathrm{Var}(\theta' Z_{in}) \right|^2
\end{aligned}
$$

$$= \frac{1}{n^2} E \left| \sum_{i=1}^{n} [(\theta' Z_{in})^2 - E((\theta' Z_{in})^2)] \right|^2.$$

回顾不等式: 设 $a = (a_1, a_2, \cdots, a_p), b = (b_1, b_2, \cdots, b_p)$, 则

$$|a'b| = \left| \sum_{i=1}^{p} a_i b_i \right| \leqslant \left(\sum_{i=1}^{p} a_i^2 \right)^{1/2} \left(\sum_{i=1}^{p} b_i^2 \right)^{1/2} = ||a|| \cdot ||b||.$$

我们有 $(\theta' Z_{in})^2 \leqslant (\theta'\theta)(Z_{in}' Z_{in}) = ||Z_{in}||^2$. 所以由独立性, 得

$$E|\theta'(\widehat{V}_n - V_n)\theta|^2 = \frac{1}{n^2} \sum_{i=1}^{n} \mathrm{Var}[(\theta' Z_{in})^2]$$

$$\leqslant \frac{1}{n^2} \sum_{i=1}^{n} E(\theta' Z_{in})^4$$

$$\leqslant \frac{1}{n^2} \sum_{i=1}^{n} E||Z_{in}||^4 \to 0.$$

因此

$$\widehat{V}_n - V_n = o_p(1). \tag{7.4.24}$$

由 (7.4.23) 和 (7.4.24), 我们得 (7.4.21).

(3) 证明 (7.4.22). 记 $B_n^2 = \sum_{i=1}^{n} \mathrm{Var}(\theta' Z_{in})$. 则 $B_n^2 = \sum_{i=1}^{n} \theta' \mathrm{Var}(Z_{in})\theta = n\theta' V_n \theta$,

$$\Lambda_n := (n\theta' V_n \theta)^{-1} \sum_{i=1}^{n} E\big((\theta' Z_{in})^2 I(|\theta' Z_{in}| > \varepsilon(n\theta' V_n \theta)^{1/2})\big)$$

$$\leqslant \varepsilon^{-2}(n\theta' V_n \theta)^{-2} \sum_{i=1}^{n} E\big((\theta' Z_{in})^4 I(|\theta' Z_{in}| > \varepsilon(n\theta' V_n \theta)^{1/2})\big)$$

$$\leqslant \varepsilon^{-2}(\theta' V_n \theta)^{-2} n^{-2} \sum_{i=1}^{n} E\big((\theta' Z_{in})^4\big)$$

$$= \varepsilon^{-2} c^{-2} n^{-2} \sum_{i=1}^{n} E(||Z_{in}||^4) \to 0,$$

所以 $\theta' Z_{1n}, \theta' Z_{2n}, \cdots, \theta' Z_{nn}$ 相互独立且满足 Lindeberg 条件. 由中心极限定理有

$$\sqrt{n}(\theta' V_n \theta)^{-1/2} \theta' \overline{Z}_n \to N_p(0, 1)$$

以及

$$\sqrt{n}V_n^{-1/2}\overline{Z}_n \to N_p(0, I_{p\times p}).$$

于是 (7.4.22) 式成立.

余下的证明与多元 ELT 证明过程一样. 证毕.

第 8 章　混合相依样本下的回归估计

8.1　混合随机变量

8.1.1　混合随机变量的定义

假设 $\mathcal{A}$ 和 $\mathcal{B}$ 是两个 σ-代数事件域. 如果两事件域 $\mathcal{A}$ 和 $\mathcal{B}$ 是独立的, 则对任意事件 $A \in \mathcal{A}$ 和 $B \in \mathcal{B}$ 都有

$$P(AB) = P(A)P(B). \tag{8.1.1}$$

如果两事件域 $\mathcal{A}$ 和 $\mathcal{B}$ 不独立, 则存在事件 $A \in \mathcal{A}$ 和 $B \in \mathcal{B}$, 使得 $P(AB) \neq P(A)P(B)$. 基于这种事实, Rosenblatt (1956) 使用下式度量两个 σ-代数事件域之间的 α-混合系数.

$$\alpha(\mathcal{A}, \mathcal{B}) = \sup_{A \in \mathcal{A}, B \in \mathcal{B}} |P(AB) - P(A)P(B)|. \tag{8.1.2}$$

类似地, 可以定义两个 σ-代数事件域之间的 ϕ-混合系数和 ρ-混合系数如下

$$\phi(\mathcal{A}, \mathcal{B}) = \sup_{A \in \mathcal{A}, B \in \mathcal{B}, P(A) > 0} |P(B|A) - P(B)|, \tag{8.1.3}$$

$$\rho(\mathcal{A}, \mathcal{B}) = \sup_{X \in L^2(\mathcal{A}), Y \in L^2(\mathcal{B})} |\mathrm{corr}(X, Y)|. \tag{8.1.4}$$

这种 σ-代数事件域之间的混合系数的定义可以转换成定义随机变量序列的混合系数.

定义 8.1.1　假设 $\{X_i, i \geqslant 1\}$ 是定义在概率空间 $(\Omega, \mathcal{F}, P)$ 上的实值随机变量序列, $\mathcal{F}_m^n$ 表示由 $(X_i : m \leqslant i \leqslant n)$ 生成的 σ-代数域. 令混合系数

$$\alpha(n) = \sup_{k \geqslant 1} \sup_{A \in \mathcal{F}_1^k, B \in \mathcal{F}_{k+n}^\infty} |P(AB) - P(A)P(B)|, \tag{8.1.5}$$

$$\phi(n) = \sup_{k \geqslant 1} \sup_{A \in \mathcal{F}_1^k, B \in \mathcal{F}_{k+n}^\infty, P(A) > 0} |P(B) - P(B|A)|, \tag{8.1.6}$$

$$\rho(n) = \sup_{k \geqslant 1} \sup_{X \in L^2(\mathcal{F}_1^k), Y \in L^2(\mathcal{F}_{k+n}^\infty)} |\mathrm{corr}(X, Y)|. \tag{8.1.7}$$

如果当 $n \to \infty$ 时, 有 $\alpha(n) \to 0$, $\phi(n) \to 0, \rho(n) \to 0$, 则分别称随机变量序列 $\{X_i, i \geqslant 1\}$ 是 α-混合的 (α-mixing), ϕ-混合的 (ϕ-mixing), ρ-混合的 (ρ-mixing).

α-混合序列也称强混合 (strong mixing) 序列.

对 $A \in \mathcal{A}, B \in \mathcal{B}$, 如果 $P(A) > 0$, 则

$$
\begin{aligned}
|P(AB) - P(A)P(B)| &= P(A)|P(B|A) - P(B)| \\
&\leqslant |P(B|A) - P(B)|. \quad (8.1.8)
\end{aligned}
$$

注意到如果 $P(A) = 0$, 则 $P(AB) - P(A)P(B) = 0$, 从而

$$
\begin{aligned}
\alpha(\mathcal{A}, \mathcal{B}) &= \sup_{A \in \mathcal{A}, B \in \mathcal{B}, P(A) > 0} |P(AB) - P(A)P(B)| \\
&\leqslant \sup_{A \in \mathcal{A}, B \in \mathcal{B}, P(A) > 0} |P(B|A) - P(B)| \\
&= \phi(\mathcal{A}, \mathcal{B}). \quad (8.1.9)
\end{aligned}
$$

如果 $0 < P(A) < 1, 0 < P(B) < 1$, 则

$$
\begin{aligned}
|\mathrm{corr}(I_A, I_B)| &= \frac{|P(AB) - P(A)P(B)|}{\sqrt{P(A)(1 - P(A))P(B)(1 - P(B))}} \\
&\geqslant 4|P(AB) - P(A)P(B)|, \quad (8.1.10)
\end{aligned}
$$

上式使用 $P(A)(1 - P(A)) \leqslant 1/4$, $P(B)(1 - P(B)) \leqslant 1/4$ 得到. 所以

$$
\begin{aligned}
\rho(\mathcal{A}, \mathcal{B}) &\geqslant \sup_{A \in \mathcal{A}, B \in \mathcal{B}, 0 < P(A) < 1, 0 < P(B) < 1} |\mathrm{corr}(I_A, I_B)| \\
&\geqslant 4 \sup_{A \in \mathcal{A}, B \in \mathcal{B}, 0 < P(A) < 1, 0 < P(B) < 1} |P(AB) - P(A)P(B)| \\
&= 4 \sup_{A \in \mathcal{A}, B \in \mathcal{B}} |P(AB) - P(A)P(B)| \\
&= 4\alpha(\mathcal{A}, \mathcal{B}). \quad (8.1.11)
\end{aligned}
$$

综上所述, 我们有如下结论.

定理 8.1.1　(1) ϕ-混合随机变量序列一定是 α-混合随机变量序列; (2) ρ-混合随机变量序列一定是 α-混合随机变量序列.

独立随机变量序列一定是 ϕ-混合随机变量序列, 二阶矩存在的独立随机变量序列一定是 ρ-混合随机变量序列, 但二阶矩不存在的独立随机变量序列一定不是 ρ-混合随机变量序列. 所以, 独立随机变量序列、ϕ-混合随机变量序列、ρ-混合随机变量序列、α-混合随机变量序列, 这四种随机变量序列的相互关系图如图 8.1.1 所示.

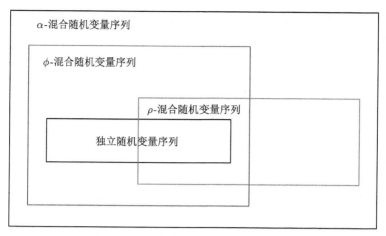

图 8.1.1 混合随机变量序列的相互关系

8.1.2 α-混合的线性过程

Gorodetskii (1977) 给出如下定理.

定理 8.1.2 假设 $\{Z_i, i = 0, \pm 1, \pm 2, \cdots\}$ 是一个相互独立的随机变量序列, 具有概率密度函数 $p_i(x)$, $\{g_k, k = 0, 1, 2, \cdots\}$ 是一个实数序列, $g_0 \neq 0$. 记 $S_i(\delta) = \sum_{j=i}^{\infty} |g_j|^{\delta}$,

$$\beta(k) = \sum_{i=k}^{\infty} [S_i(\delta)]^{1/(1+\delta)}, \quad \text{当} 0 < \delta \leqslant 2 \text{时}, \tag{8.1.12}$$

$$\beta(k) = \sum_{i=k}^{\infty} \max\left\{ [S_i(\delta)]^{1/(1+\delta)}, \sqrt{S_i(2)|\log(S_i(2))|} \right\}, \quad \text{当} \delta > 2 \text{时}. \tag{8.1.13}$$

又假设

(i) $\max_j \int |p_j(x) - p_j(x+y)| dx \leqslant C|y|$, 其中 C 为正常数;

(ii) $E|Z_j|^{\delta} \leqslant C < \infty$, 其中 $\delta > 0$. 如果 $\delta \geqslant 1$, 则假设 $E(Z_j) = 0$. 如果 $\delta \geqslant 2$, 则假设 $\mathrm{Var}(Z_j) = 1$;

(iii) $g(z) = \sum_{k=0}^{\infty} g_k z^k \neq 0$, $\forall |z| \leqslant 1$;

(iv) $\beta(0) < \infty$.

则当 $n \to \infty$ 时, 有

$$X_{nt} = \sum_{j=0}^{n} g_j Z_{t-j} \xrightarrow{P} X_t, \tag{8.1.14}$$

且 $\{X_t, t \geqslant 0\}$ 是 α-混合的, 其混合系数 $\alpha(k) \leqslant M\beta(k)$, 其中 M 是一个正常数.

这个定理的证明比较复杂, 这里省略其证明, 有兴趣读者可以参阅原文献. 由定理可以证明如下推论.

推论 8.1.1　假设 $\{Z_j\}$ 是相互独立的实值随机变量序列, 满足

$$\max_j E|Z_j|^\delta < \infty, \quad \delta > 0, \tag{8.1.15}$$

且其密度函数 $\{p_j(x)\}$ 满足

$$\max_j \int |p_j(x) - p_j(x+y)|dx \leqslant C|y|, \quad C \text{为正常数}. \tag{8.1.16}$$

又假设

$$E(Z_j) = 0, \quad \text{当} \delta \geqslant 1 \text{时}; \tag{8.1.17}$$

$$\mathrm{Var}(Z_j) = 1, \quad \text{当} \delta \geqslant 2 \text{时}; \tag{8.1.18}$$

$$\sum_{k=0}^{\infty} g_k z^k \neq 0, \quad \forall |z| \leqslant 1. \tag{8.1.19}$$

(a) 假设 $g_k = O(k^{-v})$, 其中 $v > 1$, 且满足

$$v > \begin{cases} (2+\delta)/\delta, & 0 < \delta \leqslant 2, \\ \max\{(2+\delta)/\delta, (\delta-1)/2, 3/2\}, & \delta > 2. \end{cases} \tag{8.1.20}$$

则 (8.1.14) 式成立, 且 $\{X_t\}$ 是 α-混合的, 其混合系数满足

$$\alpha(k) = O(k^{-\varepsilon}), \quad \text{其中} \varepsilon = (\delta(v-1) - 2)/(\delta+1). \tag{8.1.21}$$

(b) 假设 $g_k = O(e^{-vk})$, 其中 $v > 0$. 则 (8.1.14) 式成立, 且 $\{X_t\}$ 是 α-混合的, 其混合系数满足

$$\alpha(k) = O(e^{-v\lambda k}), \tag{8.1.22}$$

其中 $\lambda = \delta/(1+\delta)$.

推论 8.1.1 来源于 Withers (1981) 中的推论 4, 但又有所不同. 具体差异是: 在 (a) 中对 v 的要求条件不同. 推论 8.1.1 对 v 的要求条件弱于 Withers (1981) 的推论 4 对 v 的要求条件.

事实上, Withers (1981) 的推论 4 对 v 的条件是

$$v > 3/2, \quad 2/(v-1) < \delta < v + 1/2, \tag{8.1.23}$$

这意味着

$$v > 3/2, \quad v > (2+\delta)/\delta, \quad v > \delta - 1/2. \tag{8.1.24}$$

这些条件强于推论 8.1.1 对 v 的要求条件.

推论 8.1.1 的证明 为了证明这个推论, 我们只需验证定理 8.1.2 的条件成立. 显然, 除条件 "(iv) $\beta(0) < \infty$" 外, 定理 8.1.2 的其他条件都在该推论的假设条件中.

(a) 先考虑 $0 < \delta \leqslant 2$ 的情形. 由条件 (8.1.20), 有 $v > (2+\delta)/\delta$. 这意味着 $v\delta > 2 + \delta$, $\delta(v-1) - 2 > 0$, $(v\delta-1)/(1+\delta) > 1$. 注意到条件 $g_k = O(k^{-v})$, 我们有 $S_i(\delta) = O\left(\sum_{j=i}^{\infty} j^{-v\delta}\right) = O(i^{-(v\delta-1)})$. 所以

$$
\begin{aligned}
\beta(k) &= \sum_{i=k}^{\infty} [S_i(\delta)]^{1/(1+\delta)} \\
&= O\left(\sum_{i=k}^{\infty} i^{-(v\delta-1)/(1+\delta)}\right) \\
&= O\left(k^{-(v\delta-1)/(1+\delta)+1}\right) \\
&= O\left(k^{-(\delta(v-1)-2)/(1+\delta)}\right) \\
&= O(k^{-\varepsilon}),
\end{aligned}
\tag{8.1.25}
$$

以及 $\beta(0) < \infty$. 由定理 8.1.2, 我们得 (a) 在 $0 < \delta \leqslant 2$ 情形的结论.

下面考虑 $\delta > 2$ 的情形.

由条件 (8.1.20), 有 $v > (2+\delta)/\delta$, 所以 (8.1.25) 式成立.

再次由条件 (8.1.20) 知, $v > 3/2$ 且 $v > (\delta-1)/2$. 这两式分别导致

$$
v - 1/2 > 1, \quad (\delta(v-1)-2)/(1+\delta) < (v-1/2) - 1. \tag{8.1.26}
$$

因此我们可以选择充分小的实数 $\tau > 0$ 满足

$$
(v-1/2)(1-\tau) > 1, \quad (\delta(v-1)-2)/(1+\delta) < (v-1/2)(1-\tau) - 1. \tag{8.1.27}
$$

由于 $S_i(2) = O\left(\sum_{j=i}^{\infty} j^{-2v}\right) = O(i^{-2v+1})$ 且 $\lim_{x \to 0^+} x^{\tau} \log x = 0$, 所以

$$
S_i(2)^{\tau} \log(S_i(2)) = o(1), \quad \text{当 } i \to \infty \text{ 时.} \tag{8.1.28}
$$

于是

$$
\begin{aligned}
\sum_{i=k}^{\infty} \sqrt{S_i(2)|\log(S_i(2))|} &= O\left(\sum_{i=k}^{\infty} \sqrt{S_i(2)^{1-\tau}}\right) \\
&= O\left(\sum_{i=k}^{\infty} \sqrt{i^{-(2v-1)(1-\tau)}}\right)
\end{aligned}
$$

$$= O\left(\sum_{i=k}^{\infty} i^{-(v-1/2)(1-\tau)}\right)$$

$$= O\left(k^{-(v-1/2)(1-\tau)+1}\right)$$

$$= O(k^{-\varepsilon}). \tag{8.1.29}$$

由 (8.1.25) 和 (8.1.29), 得

$$\beta(k) = \sum_{i=k}^{\infty} \max\left\{[S_i(\delta)]^{1/(1+\delta)}, \sqrt{S_i(2)|\log(S_i(2))|}\right\} = O(k^{-\varepsilon}) \tag{8.1.30}$$

以及 $\beta(0) < \infty$. 由定理 8.1.2, 我们得 (a) 在 $\delta > 2$ 情形的结论.

　　(b)　由 $g_k = O(e^{-vk})$, 有

$$S_i(\delta) = O\left(\sum_{j=i}^{\infty} e^{-v\delta j}\right) = O\left(e^{-v\delta i}\sum_{j=i}^{\infty} e^{-v\delta(j-i)}\right) = O(e^{-v\delta i}) \tag{8.1.31}$$

和

$$S_i(2) = O\left(\sum_{j=i}^{\infty} e^{-2vj}\right) = O\left(e^{-2vi}\sum_{j=i}^{\infty} e^{-2v(j-i)}\right) = O(e^{-2vi}). \tag{8.1.32}$$

因此有

$$\sum_{i=k}^{\infty}[S_i(\delta)]^{1/(1+\delta)} = O\left(\sum_{i=k}^{\infty} e^{-iv\delta/(1+\delta)}\right) = O\left(e^{-kv\delta/(1+\delta)}\right) \tag{8.1.33}$$

和

$$\sum_{i=k}^{\infty}\sqrt{S_i(2)|\log(S_i(2))|} = O\left(\sum_{i=k}^{\infty}\sqrt{e^{-2vi}|\log(e^{-2vi})|}\right)$$

$$= O\left(\sum_{i=k}^{\infty}\sqrt{i}\,e^{-vi}\right)$$

$$= O\left(\sum_{i=k}^{\infty}\sqrt{i}\,e^{-iv/(1+\delta)}e^{-iv\delta/(1+\delta)}\right)$$

$$= O\left(e^{-kv\delta/(1+\delta)}\sum_{i=k}^{\infty}\sqrt{i}\,e^{-iv/(1+\delta)}\right)$$

$$= O\left(e^{-kv\delta/(1+\delta)}\right). \tag{8.1.34}$$

所以

$$\beta(k) = \sum_{i=k}^{\infty} \max \left\{ [S_i(\delta)]^{1/(1+\delta)}, \sqrt{S_i(2)|\log(S_i(2))|} \right\} = O\left(e^{-kv\delta/(1+\delta)} \right) \quad (8.1.35)$$

以及 $\beta(0) < \infty$. 由定理 8.1.2, 我们得 (b) 的结论. 证毕.

现在我们来讨论密度函数 $p(x)$ 满足推论 8.1.1 中的条件 (8.1.16).

引理 8.1.1 如果 $Z_j \sim N(0,1)$, $p(x)$ 为其密度函数, 则存在正常数 C 使得

$$\int_{-\infty}^{\infty} |p(x) - p(x+y)| dx \leqslant C|y|, \quad \forall y \in \mathbb{R}. \quad (8.1.36)$$

证明 密度函数 $p(x)$ 为

$$p(x) = (2\pi)^{-1/2} \exp\{-x^2/2\}. \quad (8.1.37)$$

当 $|y| > 1$ 时, 显然

$$\int_{-\infty}^{\infty} |p(x) - p(x+y)| dx \leqslant \int_{-\infty}^{\infty} [p(x) + p(x+y)] dx = 2 \leqslant 2|y|. \quad (8.1.38)$$

因此, 此时引理 8.1.1 成立.

当 $|y| \leqslant 1$ 时, 利用微分中值定理, 存在 $\theta = \theta(x,y)$ 满足 $|\theta| \leqslant 1$, 使得

$$\begin{aligned}
&\int_{-\infty}^{\infty} |p(x) - p(x+y)| dx \\
&= \frac{|y|}{\sqrt{2\pi}} \int_{-\infty}^{\infty} |x + \theta y| \exp\left\{ -\frac{(x+\theta y)^2}{2} \right\} dx \\
&\leqslant \frac{|y|}{\sqrt{2\pi}} \int_{-\infty}^{\infty} (|x| + 1) \exp\left\{ -\frac{(x+\theta y)^2}{2} \right\} dx.
\end{aligned} \quad (8.1.39)$$

注意到

$$\int_{|x| \leqslant 1} (|x| + 1) \exp\left\{ -\frac{(x+\theta y)^2}{2} \right\} dx \leqslant 2 \int_{|x| \leqslant 1} dx = 4 \quad (8.1.40)$$

以及

$$\begin{aligned}
&\int_{|x| > 1} (|x| + 1) \exp\left\{ -\frac{(x+\theta y)^2}{2} \right\} dx \\
&\leqslant \int_{|x| > 1} (|x| + 1) \exp\left\{ -\frac{(|x|-1)^2}{2} \right\} dx \\
&< \infty,
\end{aligned} \quad (8.1.41)$$

我们有

$$\int_{-\infty}^{\infty} (|x| + 1) \exp\left\{ -\frac{(x + \theta y)^2}{2} \right\} dx < \infty. \tag{8.1.42}$$

因此, 联合 (8.1.38)—(8.1.41) 式得结论 (8.1.37). 证毕.

如下引理是关于 ARMA(p, q) 模型的 Green 系数 g_k 的收敛速度.

引理 8.1.2 (Withers, 1981, Lemma 1)　假设随机过程 $\{X_t\}$ 满足 ARMA(p, q) 模型

$$\prod_{j=1}^{p} (1 - \rho_j B) X_t = f_q(B) \varepsilon_t, \tag{8.1.43}$$

其中 B 是延迟算子 (即 $BX_t = X_{t-1}$), $f_q(z) = \sum_{l=0}^{q} b_l z^l$, $\{\varepsilon_t\}$ 为白噪声. 如果 ARMA(p, q) 模型平稳, 即

$$r = \max_{1 \leqslant j \leqslant p} |\rho_j| < 1, \tag{8.1.44}$$

则 $X_t = \sum_{j=0}^{\infty} g_j \varepsilon_{t-j}$, 其中 $g_k = O(k^p r^k)$.

证明　令 $a_l = \sum_{i_1 + \cdots + i_p = l} \rho_1^{i_1} \cdots \rho_p^{i_p}$, 则

$$\prod_{j=1}^{p} (1 - \rho_j B)^{-1} = \sum_{l=0}^{\infty} a_l B^l. \tag{8.1.45}$$

因此, $X_t = \sum_{j=0}^{\infty} g_j \varepsilon_{t-j}$, 其中

$$g_j = \sum_{m=0}^{\min(q,j)} a_{j-m} b_m. \tag{8.1.46}$$

假设 $M = \max_{0 \leqslant m \leqslant q} |b_m|$, 则 $|g_j| \leqslant M(q+1) \max_{j-q \leqslant l \leqslant j} |a_l|$. 由 Stirling 公式, 有

$$|a_l| \leqslant r^l \sum_{i_1 + \cdots + i_p = l} 1 = r^l C_l^{-p} (-1)^l \sim r^l l^p, \quad \text{当 } l \to \infty \text{ 时.} \tag{8.1.47}$$

因此, $|g_j| \leqslant M(q+1) \max_{j-q \leqslant l \leqslant j} r^l l^p \leqslant C r^j j^p$. 证毕.

推论 8.1.2　假设随机过程 $\{X_t\}$ 满足 ARMA(p, q) 模型 (8.1.43), 且 $\{\varepsilon_t\}$ 为正态白噪声, 即 $\varepsilon_t \sim N(0, 1)$. 如果 ARMA$(p, q)$ 模型 (8.1.43) 是平稳且可逆的, 则 $\{X_t\}$ 是 α-混合的, 其混合系数满足

$$\alpha(k) = O(e^{-vk}), \tag{8.1.48}$$

其中 $v = \ln(1/r) - \gamma, \gamma \in (0, \ln(1/r))$.

证明 由于 $\varepsilon_t \sim N(0,1)$, 所以 $E(\varepsilon_t) = 0, \text{Var}(\varepsilon_t) = 1$, 且对任意的 $\delta > 0$, $E|\varepsilon_t|^\delta < \infty$. 所以推论 8.1.1 中的条件 (8.1.15), (8.1.17) 和 (8.1.18) 满足.

由引理 8.1.1 知, 条件 (8.1.16) 成立. 而 ARMA(p,q) 模型 (8.1.43) 的可逆性意味着条件 (8.1.19) 成立.

由引理 8.1.2 知, $\forall \tau \in (0, \ln(1/r))$, 有

$$g_k = O(k^p r^k) = O(k^p e^{\ln r^k}) = O(k^p e^{-k\ln(1/r)}) = o(e^{-k(\ln(1/r)-\tau)}). \qquad (8.1.49)$$

利用推论 8.1.1 的结论 (b) 知, $\{X_t\}$ 是 α-混合的, 其混合系数满足

$$\alpha(k) = O(e^{-(\ln(1/r)-\tau)\lambda k}), \qquad (8.1.50)$$

其中 $\lambda = \delta/(1+\delta)$.

对给定的 $\gamma \in (0, \ln(1/r))$, 取 τ 充分小而 δ 充分大, 有

$$v = \ln(1/r) - \gamma \leqslant (\ln(1/r) - \tau)\lambda. \qquad (8.1.51)$$

因此 (8.1.50) 式意味着 (8.1.48) 式成立. 证毕.

推论 8.1.2 告诉我们: 平稳且可逆的 ARMA(p,q) 模型都是具有几何衰减速度的 α-混合模型. 例如

$$\text{AR}(1): X_t = \phi X_{t-1} + \varepsilon_t, \quad |\phi| < 1;$$
$$\text{MA}(1): X_t = \varepsilon_t - \theta\varepsilon_{t-1}, \quad |\theta| < 1;$$
$$\text{ARMA}(1,1): X_t = \phi X_{t-1} + \varepsilon_t - \theta\varepsilon_{t-1}, \quad |\phi| < 1, \ |\theta| < 1;$$
$$\text{AR}(2): X_t = \phi_1 X_{t-1} + \phi_2 X_{t-2} + \varepsilon_t, \quad |\phi_2| < 1, \ \phi_2 \pm \phi_1 < 1;$$
$$\text{MA}(2): X_t = \varepsilon_t - \theta_1\varepsilon_{t-1} - \theta_2\varepsilon_{t-2}, \quad |\theta_2| < 1, \ \theta_2 \pm \theta_1 < 1;$$
$$\text{ARMA}(2,2): X_t = \phi_1 X_{t-1} + \phi_2 X_{t-2} + \varepsilon_t - \theta_1\varepsilon_{t-1} - \theta_2\varepsilon_{t-2},$$
$$|\phi_2| < 1, \ \phi_2 \pm \phi_1 < 1, \ |\theta_2| < 1, \ \theta_2 \pm \theta_1 < 1.$$

8.1.3 ρ-混合和 α-混合的扩散过程

设 X_t 满足时间齐次扩散过程 (time-homogeneous diffusion)

$$dX_t = \mu(X_t)dt + \sigma(X_t)dB_t, \qquad (8.1.52)$$

其中 $\mu(x)$ 是漂移函数, $\sigma(x)$ 是扩散函数, B_t 是布朗运动.

假设 (l, r) 是 X_t 的状态空间, l, r 可以是有限值或无穷. 尺度密度函数

$$s(z) = \exp\left\{-\int_{z_0}^z \frac{2\mu(x)}{\sigma^2(x)}dx\right\}, \qquad (8.1.53)$$

其中 $z_0 \in (l, r)$, 而尺度函数

$$S(u) = \int_{z_0}^{u} s(z)dz. \tag{8.1.54}$$

根据 Chen 等 (2010) 的文献中的推论 4.2 和注释 4.3, 我们有如下定理.

定理 8.1.3　假设如下条件成立:

(A1)　$\mu(x)$ 和 $\sigma(x)$ 在 (l, r) 上连续, 且 $\forall x \in (l, r)$ 有 $\sigma(x) > 0$;

(A2)　尺度函数 $S(u)$ 满足 $\lim\limits_{u \to l} S(u) = -\infty$ 和 $\lim\limits_{u \to r} S(u) = \infty$;

(A3)　$\lim\limits_{x \to r} \sup \left(\dfrac{\mu(x)}{\sigma(x)} - \dfrac{\sigma'(x)}{2} \right) < 0, \quad \lim\limits_{x \to l} \inf \left(\dfrac{\mu(x)}{\sigma(x)} - \dfrac{\sigma'(x)}{2} \right) > 0.$

则 X_t 是 ρ-混合的 (从而是 α-混合的), 且混合系数以几何速度衰减, 即存在 $\delta > 0$ 使得

$$\rho(t) = O\left(e^{-\delta t}\right), \quad \alpha(t) = O\left(e^{-\delta t}\right). \tag{8.1.55}$$

Vasicek (VAS) 于 1977 年提出的短期利率模型

$$dX_t = (\alpha - \beta X_t)dt + \sigma dW_t, \tag{8.1.56}$$

其中 $\alpha \in \mathbb{R}, \beta > 0, \sigma > 0$. 它也被称为均值回复模型, α 是长期利率均值, β 是均值回复强度系数.

对 Vasicek 模型, $\mu(x) = \alpha - \beta x, \sigma(x) = \sigma, (l, r) = (-\infty, \infty)$. 显然, $\mu(x)$ 和 $\sigma(x)$ 满足条件 (A1).

由于尺度密度函数

$$
\begin{aligned}
s(z) &= \exp\left\{ -\frac{2}{\sigma^2} \int_{z_0}^{z} (\alpha - \beta x)dx \right\} \\
&= \exp\left\{ -\frac{2}{\sigma^2} \left[\alpha(z - z_0) - \frac{\beta}{2}(z^2 - z_0^2) \right] \right\} \\
&= \exp\left\{ \frac{\beta}{\sigma^2} \left(z^2 - \frac{2\alpha}{\beta} z \right) + \frac{2}{\sigma^2} \left(\frac{\beta z_0^2}{2} - \alpha z_0 \right) \right\} \\
&= \exp\left\{ \frac{\beta}{\sigma^2} \left[\left(z - \frac{\alpha}{\beta} \right)^2 - \frac{\alpha^2}{\beta^2} \right] + \frac{2}{\sigma^2} \left(\frac{\beta z_0^2}{2} - \alpha z_0 \right) \right\} \\
&= \exp\left\{ \frac{\beta}{\sigma^2} \left(z - \frac{\alpha}{\beta} \right)^2 \right\} \exp\left\{ -\frac{\alpha^2}{\sigma^2 \beta} + \frac{2}{\sigma^2} \left(\frac{\beta z_0^2}{2} - \alpha z_0 \right) \right\},
\end{aligned} \tag{8.1.57}
$$

尺度函数

$$S(u) = \exp\left\{-\frac{\alpha^2}{\sigma^2\beta} + \frac{2}{\sigma^2}\left(\frac{\beta z_0^2}{2} - \alpha z_0\right)\right\} \int_{z_0}^{u} \exp\left\{\frac{\beta}{\sigma^2}\left(z - \frac{\alpha}{\beta}\right)^2\right\} dz. \quad (8.1.58)$$

所以 $\lim\limits_{u \to -\infty} S(u) = -\infty$ 和 $\lim\limits_{u \to \infty} S(u) = \infty$, 即条件 (A2) 成立.

由于

$$\frac{\mu(x)}{\sigma(x)} - \frac{\sigma'(x)}{2} = \frac{\alpha - \beta x}{\sigma}, \quad (8.1.59)$$

所以 $\lim\limits_{x \to \infty} \sup\left(\dfrac{\mu(x)}{\sigma(x)} - \dfrac{\sigma'(x)}{2}\right) < 0.$ $\lim\limits_{x \to -\infty} \sup\left(\dfrac{\mu(x)}{\sigma(x)} - \dfrac{\sigma'(x)}{2}\right) > 0,$ 即条件 (A3) 成立.

因此, Vasicek 均值回复模型既是具有几何衰减速度的 ρ-混合过程, 也是具有几何衰减速度的 α-混合过程.

同理, 容易验证如下 CKLS 模型也满足定理 8.1.3 的条件

$$dX_t = (\alpha - \beta X_t)\, dt + \sigma X_t^\gamma dB_t,$$

其中参数 α, β, γ 满足: (1) $0 \leqslant \gamma < 1/2, \sigma > 0, \beta > 0$; (2) $\gamma = 1/2, \sigma > 0, \beta > 0, 4\alpha - \sigma^2 > 0$; (3) $\gamma > 1/2, \sigma > 0, \beta > 0, \alpha > 0$.

8.2　α-混合随机变量的基本性质

本章主要讨论 α-混合的内容, 所以我们仅给出 α-混合的性质.

定理 8.2.1 (Roussas and Ioannides, 1987, Theorem 7.1)　假设 ξ 是关于 $\mathcal{F}_1^k$ 可测的随机变量, η 是关于 $\mathcal{F}_{k+n}^\infty$ 可测的随机变量. 如果 $|\xi| \leqslant C_1$ a.s. 和 $|\eta| \leqslant C_2$ a.s., 则有

$$|E(\xi\eta) - (E\xi)(E\eta)| \leqslant 4C_1 C_2 \alpha(n). \quad (8.2.1)$$

证明　假设事件

$$A^+ = \{E(\eta|\mathcal{F}_1^k) \geqslant E\eta\}, \quad A^- = \{E(\eta|\mathcal{F}_1^k) < E\eta\}, \quad (8.2.2)$$

$$B^+ = \{E(I_{A^+}|\mathcal{F}_{k+n}^\infty) \geqslant P(A^+)\}, \quad B^- = \{E(I_{A^+}|\mathcal{F}_{k+n}^\infty) < P(A^+)\}. \quad (8.2.3)$$

显然 $A^+, A^- \in \mathcal{F}_1^k$; $B^+, B^- \in \mathcal{F}_{k+n}^\infty$. 使用概率的连续性, 我们有

$$|E(\xi\eta) - (E\xi)(E\eta)|$$
$$= |E[\xi E(\eta|\mathcal{F}_1^k)] - E(\xi E\eta)|$$
$$= |E\{\xi[E(\eta|\mathcal{F}_1^k) - E\eta]\}|$$

$$\leqslant C_1 E|E(\eta|\mathcal{F}_1^k) - E\eta|$$
$$= C_1 E\{[E(\eta|\mathcal{F}_1^k) - E\eta]I_{A^+}\} - C_1 E\{[E(\eta|\mathcal{F}_1^k) - E\eta]I_{A^-}\} \tag{8.2.4}$$

和

$$\begin{aligned}
E\{[E(\eta|\mathcal{F}_1^k) - E\eta]I_{A^+}\} &= |E\{[E(\eta|\mathcal{F}_1^k) - E\eta]I_{A^+}\}| \\
&= |E\{E(\eta I_{A^+}|\mathcal{F}_1^k) - I_{A^+}E\eta\}| \\
&= |E(\eta I_{A^+}) - P(A^+)E\eta| \\
&= |E[E(\eta I_{A^+}|\mathcal{F}_{k+n}^\infty)] - E[\eta P(A^+)]| \\
&= |E\{\eta[E(I_{A^+}|\mathcal{F}_{k+n}^\infty) - P(A^+)]\}| \\
&\leqslant C_2 E|E(I_{A^+}|\mathcal{F}_{k+n}^\infty) - P(A^+)| \\
&= C_2 E\{[E(I_{A^+}|\mathcal{F}_{k+n}^\infty) - P(A^+)]I_{B^+}\} \\
&\quad - C_2 E\{[E(I_{A^+}|\mathcal{F}_{k+n}^\infty) - P(A^+)]I_{B^-}\} \\
&= C_2 E\{E(I_{A^+}I_{B^+}|\mathcal{F}_{k+n}^\infty) - P(A^+)I_{B^+}\} \\
&\quad - C_2 E\{E(I_{A^+}I_{B^-}|\mathcal{F}_{k+n}^\infty) - P(A^+)I_{B^-}\}. \tag{8.2.5}
\end{aligned}$$

而且

$$E\{E(I_{A^+}I_{B^+}|\mathcal{F}_{k+n}^\infty) - P(A^+)I_{B^+}\} = P(A^+B^+) - P(A^+)P(B^+), \tag{8.2.6}$$
$$E\{E(I_{A^+}I_{B^-}|\mathcal{F}_{k+n}^\infty) - P(A^+)I_{B^-}\} = P(A^+B^-) - P(A^+)P(B^-). \tag{8.2.7}$$

由 (8.2.5)—(8.2.7) 式, 得

$$\begin{aligned}
&|E\{[E(\eta|\mathcal{F}_1^k) - E\eta]I_{A^+}\}| \\
&\leqslant C_2|P(A^+B^+) - P(A^+)P(B^+)| + C_2|P(A^+B^-) - P(A^+)P(B^-)| \\
&\leqslant 2C_2\alpha(n). \tag{8.2.8}
\end{aligned}$$

类似地, 有

$$|E\{[E(\eta|\mathcal{F}_1^k) - E\eta]I_{A^-}\}| \leqslant 2C_2\alpha(n). \tag{8.2.9}$$

联合 (8.2.4) 式、(8.2.8) 式和 (8.2.9) 式, 我们有 (8.2.1) 式的结论. 证毕.

定理 8.2.2 (Roussas and Ioannides, 1987, Lemma 7.1)　假设 ξ 是关于 $\mathcal{F}_1^k$ 可测的随机变量, η 是关于 $\mathcal{F}_{k+n}^\infty$ 可测的随机变量. 如果 $E|\xi|^p < \infty$, $|\eta| \leqslant C < \infty$ a.s. 且 $1/p + 1/q = 1$, 则

$$|E(\xi\eta) - (E\xi)(E\eta)| \leqslant 6C\alpha^{1/q}(n)\|\xi\|_p. \tag{8.2.10}$$

证明 对 $M > 0$, 令 $\xi_M = \xi I(|\xi| \leqslant M)$ 和 $\widehat{\xi}_M = \xi - \xi_M$. 显然

$$|E(\widehat{\xi}_M \eta) - (E\widehat{\xi}_M)(E\eta)| \leqslant E(|\widehat{\xi}_M \eta|) + (E|\widehat{\xi}_M|)(E|\eta|) \leqslant 2CE|\widehat{\xi}_M|. \quad (8.2.11)$$

由 Hölder 不等式和 Markov 不等式, 有

$$\begin{aligned}
E|\widehat{\xi}_M| &= E|\xi I(|\xi| > M)| \\
&\leqslant (E|\xi|^p)^{1/p}(P(|\xi| > M))^{1/q} \\
&\leqslant (E|\xi|^p)^{1/p}(E(|\xi|^p/M^p))^{1/q} \\
&= E|\xi|^p/M^{p-1}. \quad (8.2.12)
\end{aligned}$$

将此代入 (8.2.11) 式, 得

$$|E(\widehat{\xi}_M \eta) - (E\widehat{\xi}_M)(E\eta)| \leqslant 2CE|\xi|^p/M^{p-1}. \quad (8.2.13)$$

由定理 8.2.1 和 (8.2.13) 式, 有

$$\begin{aligned}
&|E(\xi\eta) - (E\xi)(E\eta)| \\
&\leqslant |E(\widehat{\xi}_M \eta) - (E\widehat{\xi}_M)(E\eta)| + |E(\xi_M \eta) - (E\xi_M)(E\eta)| \\
&\leqslant 2CE|\xi|^p/M^{p-1} + 4CM\alpha(n). \quad (8.2.14)
\end{aligned}$$

在上式中取 $M = ||\xi||_p \alpha^{-1/p}(n)$, 我们得到 (8.2.10) 式的结论. 证毕.

定理 8.2.3 (Roussas and Ioannides, 1987, Theorem 7.3) 假设 ξ 是关于 $\mathcal{F}_1^k$ 可测的随机变量, η 是关于 $\mathcal{F}_{k+n}^\infty$ 可测的随机变量. 如果 $E|\xi|^p < \infty$, $E|\eta|^q < \infty$, 其中 $p, q, t > 1$ 满足 $1/p + 1/q + 1/t = 1$, 则

$$|E(\xi\eta) - (E\xi)(E\eta)| \leqslant 10\alpha^{1/t}(n)||\xi||_p \cdot ||\eta||_q. \quad (8.2.15)$$

证明 令 $M = ||\xi||_p \alpha^{-1/p}(n)$, $N = ||\eta||_q \alpha^{-1/q}(n)$, $\xi_M = \xi I(|\xi| \leqslant M)$, $\widehat{\xi}_M = \xi - \xi_M$, $\eta_N = \eta I(|\eta| \leqslant N)$, $\widehat{\eta}_N = \eta - \eta_N$, 则 $\xi = \xi_M + \widehat{\xi}_M$ 和 $\eta = \eta_N + \widehat{\eta}_N$. 由定理 8.2.1, 有

$$|E(\xi_M \eta_N) - (E\xi_M)(E\eta_N)| \leqslant 4MN\alpha(n) = 4\alpha^{1/t}(n)||\xi||_p \cdot ||\eta||_q. \quad (8.2.16)$$

由定理 8.2.2 证明过程中的 (8.2.13) 式, 得

$$|E(\widehat{\xi}_M \eta_N) - (E\widehat{\xi}_M)(E\eta_N)| \leqslant 2NE|\xi|^p/M^{p-1} = 2\alpha^{1/t}(n)||\xi||_p \cdot ||\eta||_q \quad (8.2.17)$$

和

$$|E(\xi_M \widehat{\eta}_N) - (E\xi_M)(E\widehat{\eta}_N)| \leqslant 2ME|\eta|^q/N^{q-1} = 2\alpha^{1/t}(n)||\xi||_p \cdot ||\eta||_q. \quad (8.2.18)$$

另一方面, 取 $p_0 > 1$ 和 $q_0 > 1$ 使得 $1/p_0 + 1/q_0 = 1/t$, 则有

$$
\begin{aligned}
E|\widehat{\xi}_M \widehat{\eta}_N| &= E|\xi I(|\xi| > M)\eta I(|\eta| > N)| \\
&\leqslant \|\xi\|_p [P(|\xi| > M)]^{1/p_0} \|\eta\|_q [P(|\eta| > N)]^{1/q_0} \\
&\leqslant \|\xi\|_p [E(|\xi|^p / M^p)]^{1/p_0} \|\eta\|_q [E(|\eta|^q / N^q)]^{1/q_0} \\
&= \|\xi\|_p [\alpha(n)]^{1/p_0} \|\eta\|_q [\alpha(n)]^{1/q_0} \\
&= \alpha^{1/t}(n)\|\xi\|_p \cdot \|\eta\|_q,
\end{aligned}
\tag{8.2.19}
$$

而且

$$
\begin{aligned}
E|\widehat{\xi}_M| E|\widehat{\eta}_N| &\leqslant E|\xi|^p E|\eta|^q / (M^{p-1} N^{q-1}) \\
&= \|\xi\|_p \|\eta\|_q \alpha^{2-1/p-1/q}(n) \\
&\leqslant \alpha^{1/t}(n)\|\xi\|_p \cdot \|\eta\|_q.
\end{aligned}
\tag{8.2.20}
$$

由 (8.2.19) 式和 (8.2.20) 式, 有

$$
|E(\widehat{\xi}_M \widehat{\eta}_N) - (E\widehat{\xi}_M)(E\widehat{\eta}_N)| \leqslant E|\widehat{\xi}_M \widehat{\eta}_N| + E|\widehat{\xi}_M| E|\widehat{\eta}_N| \leqslant 2\alpha^{1/t}(n)\|\xi\|_p \cdot \|\eta\|_q.
\tag{8.2.21}
$$

联合 (8.2.16)—(8.2.18) 式和 (8.2.21) 式, 得

$$
\begin{aligned}
&|E(\xi\eta) - (E\xi)(E\eta)| \\
&\leqslant |E(\xi_M \eta_N) - (E\xi_M)(E\eta_N)| + |E(\widehat{\xi}_M \eta_N) - (E\widehat{\xi}_M)(E\eta_N)| \\
&\quad + |E(\xi_M \widehat{\eta}_N) - (E\xi_M)(E\widehat{\eta}_N)| + |E(\widehat{\xi}_M \widehat{\eta}_N) - (E\widehat{\xi}_M)(E\widehat{\eta}_N)| \\
&\leqslant 10\alpha^{1/t}(n)\|\xi\|_p \cdot \|\eta\|_q.
\end{aligned}
\tag{8.2.22}
$$

所以 (8.2.15) 式成立. 证毕.

8.3 α-混合随机变量和的不等式

随机变量和 $S_n = \sum_{i=1}^n X_i$ 的矩不等式和尾部概率指数不等式在概率极限理论和统计大样本理论中起到重要作用, 尤其是对相依混合随机变量序列其作用更为突出, 所以许多学者对相依混合随机变量序列的矩不等式和尾部概率指数不等式做了大量的研究, 获得了许多重要的结论. 例如对 ϕ-混合随机变量序列和 ρ-混合随机变量序列的文献有: Billingsley (1968), Peligrad (1982, 1985, 1987), Roussas 和 Ioannides (1987), Shao (1988,1989,1995), Yang (1997) 以及 Zhang (1998, 2000); 对正相协随机变量序列的文献有: Birkel (1988), Shao 和 Yu (1996); 对负相协随机变量序列的文献有: Su 等 (1997), Shao 和 Su (1999), Shao (2000), Zhang 和 Wen (2001), Yang (2001).

8.3.1 α-混合随机变量部分和的矩不等式

关于 α-混合随机变量序列的矩不等式, Yokoyama (1980) 首先在严平稳条件下给出

$$E|S_n|^r \leqslant Cn^{r/2}, \quad r > 2. \tag{8.3.1}$$

而 Shao 和 Yu (1996) 在不要求平稳条件下给出如下结论.

定理 8.3.1 (Shao and Yu, 1996) 假设 $r > 2, \delta > 0, 2 < v \leqslant r+\delta, \{X_i, i \geqslant 1\}$ 是 α-混合随机变量序列, 且满足: $EX_i = 0, ||X_i||_{r+\delta} := (E|X_i|^{r+\delta})^{1/(r+\delta)} < \infty$, $\alpha(n) \leqslant Cn^{-\theta}$, 其中 $C > 0, \theta > 0$ 为常数. 则对任意给定的 $\varepsilon > 0$, 存在正常数 $K = K(\varepsilon, r, \delta, v, \theta, C) < \infty$ 使得

$$E|S_n|^r \leqslant K \left\{ (nC_n)^{r/2} \max_{1 \leqslant i \leqslant n} ||X_i||_v^r + n^{(r-\delta\theta/(r+\delta))\vee(1+\varepsilon)} \max_{1 \leqslant i \leqslant n} ||X_i||_{r+\delta}^r \right\}, \tag{8.3.2}$$

其中 $C_n = \left(\sum_{i=0}^n (i+1)^{2/(v-2)} \alpha(i) \right)^{(v-2)/v}$.

特别地, 如果 $\theta > v/(v-2)$ 和 $\theta \geqslant (r-1)(r+\delta)/\delta$, 则对任意给定的 $\varepsilon > 0$, 有

$$E|S_n|^r \leqslant K \left\{ n^{r/2} \max_{1 \leqslant i \leqslant n} ||X_i||_v^r + n^{1+\varepsilon} \max_{1 \leqslant i \leqslant n} ||X_i||_{r+\delta}^r \right\}; \tag{8.3.3}$$

如果 $\theta \geqslant r(r+\delta)/(2\delta)$, 则有

$$E|S_n|^r \leqslant Kn^{r/2} \max_{1 \leqslant i \leqslant n} ||X_i||_{r+\delta}^r. \tag{8.3.4}$$

在定理中, 符号 $a \vee b$ 表示两者中的最大值, 即 $a \vee b = \max\{a, b\}$. 后面我们还将使用两者中最小值的记号 $a \wedge b = \min\{a, b\}$.

这种矩不等式使用矩的极大值 $\max_{1 \leqslant i \leqslant n} ||X_i||_v^r$ 和 $\max_{1 \leqslant i \leqslant n} ||X_i||_{r+\delta}^r$ 作为上界, 而不是使用矩的和 $\sum_{i=1}^n ||X_i||_v^r$ 和 $\sum_{i=1}^n ||X_i||_{r+\delta}^r$ 作为上界. 由于

$$\sum_{i=1}^n ||X_i||_v^r \leqslant n \max_{1 \leqslant i \leqslant n} ||X_i||_v^r, \quad \sum_{i=1}^n ||X_i||_{r+\delta}^r \leqslant n \max_{1 \leqslant i \leqslant n} ||X_i||_{r+\delta}^r, \tag{8.3.5}$$

所以定理 8.3.1 的上界显然大于独立随机变量序列的 Rosenthal 不等式的上界. 另外, 大部分的统计估计都具有加权和的形式, 使用矩的极大值作为上界会丢失加权和的信息, 所以使用矩的和作为上界更有利于研究统计估计的大样本性质. 为了改进定理 8.3.1 的上界, Yang (2000, 2007) 做了研究, 且 Yang (2007) 给出了如下两个定理.

定理 8.3.2 (Yang, 2007)　假设 $r > 2, \delta > 0, 2 < v \leqslant r + \delta, \{X_i, i \geqslant 1\}$ 是 α-混合随机变量序列, 满足 $EX_i = 0, E|X_i|^{r+\delta} < \infty, \alpha(n) \leqslant Cn^{-\theta}$, 其中 $C > 0$ 且

$$\theta > \max\{v/(v-2), (r-1)(r+\delta)/\delta\}. \tag{8.3.6}$$

则对任意给定的 $\varepsilon > 0$, 存在正常数 $K = K(\varepsilon, r, \delta, v, \theta, C) < \infty$ 使得

$$E \max_{1 \leqslant j \leqslant n} |S_j|^r \leqslant K \left\{ n^\varepsilon \sum_{i=1}^n E|X_i|^r + \sum_{i=1}^n \|X_i\|_{r+\delta}^r + \left(\sum_{i=1}^n \|X_i\|_v^2 \right)^{r/2} \right\}. \tag{8.3.7}$$

定理 8.3.3 (Yang, 2007)　假设 $r > 2, \delta > 0, \{X_i, i \geqslant 1\}$ 是 α-混合随机变量序列, 满足 $EX_i = 0, E|X_i|^{r+\delta} < \infty, \alpha(n) \leqslant Cn^{-\theta}$, 其中 $C > 0$ 且

$$\theta > r(r+\delta)/(2\delta). \tag{8.3.8}$$

则对任意给定的 $\varepsilon > 0$, 存在正常数 $K = K(\varepsilon, r, \delta, \theta, C) < \infty$ 使得

$$E \max_{1 \leqslant j \leqslant n} |S_j|^r \leqslant K \left\{ n^\varepsilon \sum_{i=1}^n E|X_i|^r + \left(\sum_{i=1}^n \|X_i\|_{r+\delta}^2 \right)^{r/2} \right\}. \tag{8.3.9}$$

由于当 $r > 2$ 时, 有

$$r(r+\delta)/(2\delta) < (r-1)(r+\delta)/\delta, \tag{8.3.10}$$

所以条件 (8.3.8) 比条件 (8.3.6) 弱.

由于条件 $\theta > (r-1)(r+\delta)/\delta$ 与条件 $\theta \geqslant (r-1)(r+\delta)/\delta$, 以及条件 $\theta > r(r+\delta)/(2\delta)$ 与条件 $\theta \geqslant r(r+\delta)/(2\delta)$, 它们几乎相同, 所以定理 8.3.2、定理 8.3.3 与定理 8.3.1 对混合系数 $\alpha(n)$ 的要求几乎相同.

推论 8.3.1　假设 $\{X_i, i \geqslant 1\}$ 是几何 α-混合随机变量序列, 即存在常数 $C > 0$ 和 $\theta > 0$ 使得

$$\alpha(n) \leqslant Ce^{-\theta n}, \tag{8.3.11}$$

且满足 $EX_i = 0, E|X_i|^{r+\delta_0} < \infty$, 其中 $r > 2, \delta_0 > 0$. 则对任意给定的 $\varepsilon > 0$ 和 $\delta \in (0, \delta_0]$, 存在正常数 $K = K(\varepsilon, r, \delta, \theta, C) < \infty$ 使得

$$E \max_{1 \leqslant j \leqslant n} |S_j|^r \leqslant K \left\{ n^\varepsilon \sum_{i=1}^n E|X_i|^r + \left(\sum_{i=1}^n \|X_i\|_{r+\delta}^2 \right)^{r/2} \right\}. \tag{8.3.12}$$

推论 8.3.1 直接由定理 8.3.3 得到. 在推论 8.3.1 中, ε 和 δ 都是可以任意给定的很小的实数, 所以 (8.3.12) 式的上界几乎接近独立情形的 Rosenthal 矩不等式的上界.

这些不等式有重要的应用价值, 统计至 2021 年已被 SCI 他引 50 多次, 例如: Liang 和 de Una-Alvarez (2009), LiangH 和 Peng (2010), Wieczorek 和 Ziegler (2010), Asghari 和 Fakoor (2017), Ding 和 Chen (2021), 等等.

为了证明定理 8.3.2 和定理 8.3.3, 我们首先给出一些引理.

引理 8.3.1   假设 $\{X_i, i \geqslant 1\}$ 是 α-混合随机变量序列, 且满足 $EX_i = 0$, $E|X_i|^q < \infty$, 其中 $q > 2$. 如果 $\sum_{i=1}^{\infty} \alpha^{(q-2)/q}(i) < \infty$, 则

$$E\left(\sum_{i=1}^{n} X_i\right)^2 \leqslant C \sum_{i=1}^{n} \|X_i\|_q^2. \tag{8.3.13}$$

证明

$$E\left(\sum_{i=1}^{n} X_i\right)^2 = \sum_{i=1}^{n} E(X_i^2) + \sum_{1 \leqslant i,j \leqslant n, i \neq j} E(X_i X_j). \tag{8.3.14}$$

利用定理 8.2.3, 我们有

$$\sum_{1 \leqslant i,j \leqslant n, i \neq j} E(X_i X_j) = 2 \sum_{i=1}^{n-1} \sum_{j=i+1}^{n} E(X_i X_j)$$

$$\leqslant C \sum_{i=1}^{n-1} \sum_{j=i+1}^{n} \alpha^{(q-2)/q}(|j-i|) \|X_i\|_q \|X_j\|_q$$

$$= C \sum_{i=1}^{n-1} \sum_{k=1}^{n-i} \alpha^{(q-2)/q}(k) \|X_i\|_q \|X_{i+k}\|_q$$

$$\leqslant C \sum_{i=1}^{n-1} \sum_{k=1}^{n-i} \alpha^{(q-2)/q}(k)(\|X_i\|_q^2 + \|X_{i+k}\|_q^2). \tag{8.3.15}$$

注意到

$$\sum_{i=1}^{n-1} \sum_{k=1}^{n-i} \alpha^{(q-2)/q}(k) \|X_i\|_q^2 \leqslant \sum_{i=1}^{n-1} \sum_{k=1}^{n} \alpha^{(q-2)/q}(k) \|X_i\|_q^2$$

$$\leqslant \sum_{k=1}^{n} \alpha^{(q-2)/q}(k) \sum_{i=1}^{n} \|X_i\|_q^2 \tag{8.3.16}$$

和

$$\sum_{i=1}^{n-1} \sum_{k=1}^{n-i} \alpha^{(q-2)/q}(k) \|X_{i+k}\|_q^2 = \sum_{k=1}^{n-1} \sum_{i=1}^{n-k} \alpha^{(q-2)/q}(k) \|X_{i+k}\|_q^2$$

$$= \sum_{k=1}^{n-1} \alpha^{(q-2)/q}(k) \sum_{i=1}^{n-k} \|X_{i+k}\|_q^2$$

$$\leqslant \sum_{k=1}^{n-1} \alpha^{(q-2)/q}(k) \sum_{i=1}^{n} \|X_i\|_q^2, \tag{8.3.17}$$

有

$$\sum_{1 \leqslant i,j \leqslant n, i \neq j} E(X_i X_j) \leqslant C \sum_{k=1}^{n} \alpha^{(q-2)/q}(k) \sum_{i=1}^{n} \|X_i\|_q^2 \leqslant C \sum_{i=1}^{n} \|X_i\|_q^2. \tag{8.3.18}$$

由 (8.3.14) 式和 (8.3.18) 式得

$$E\left(\sum_{i=1}^{n} X_i\right)^2 \leqslant \sum_{i=1}^{n} E(X_i^2) + C \sum_{i=1}^{n} \|X_i\|_q^2 \leqslant C \sum_{i=1}^{n} \|X_i\|_q^2. \tag{8.3.19}$$

从而得结论. 证毕.

引理 8.3.2　设 $r > 2$. 对任意实数 x, y, 有

$$|x+y|^r \leqslant |y|^r + d_1|x|^r + rx|y|^{r-1}\mathrm{sgn}(y) + d_2 x^2 |y|^{r-2}, \tag{8.3.20}$$

其中 $d_1 = 2^r, d_2 = 2^r r^2$,

$$\mathrm{sgn}(y) = \begin{cases} 1, & y > 0, \\ 0, & y \leqslant 0. \end{cases} \tag{8.3.21}$$

证明　对 $r > 2$ 和 $t \in \mathbb{R}^1$, 容易证明 $|1+t|^r \leqslant 1 + d_1|t|^r + rt + d_2 t^2$. 当 $x \neq 0$ 时, 取 $t = y/x$ 得到 (8.3.20) 式. 当 $x = 0$ 时, (8.3.20) 式显然成立. 证毕.

令 $k = [(n/2)^\lambda] + 1$ 和 $m = [(n/2)^{1-\lambda}]$, 其中 $\lambda \in (0,1)$ 是一个后面待定的常数, $[x]$ 表示取整函数. 显然

$$n < 2(m+1)k, \quad \frac{1}{4}n^\lambda < k < 2n^\lambda, \quad m < n^{1-\lambda}. \tag{8.3.22}$$

对给定的 n, 重新定义

$$X_i = \begin{cases} X_i, & 1 \leqslant i \leqslant n, \\ 0, & i > n. \end{cases} \tag{8.3.23}$$

对 $j = 1, 2, \cdots, m+1$, 令

$$Y_j = \sum_{i=2(j-1)k+1}^{n \wedge (2j-1)k} X_i, \quad Z_j = \sum_{i=(2j-1)k+1}^{n \wedge 2jk} X_i, \tag{8.3.24}$$

且 $S_{1,j} = \sum_{i=1}^{j} Y_i, S_{2,j} = \sum_{i=1}^{j} Z_i$.

引理 8.3.3

$$\max_{1\leqslant j\leqslant n}|S_j|^r$$

$$\leqslant C\left\{\max_{1\leqslant j\leqslant m+1}|S_{1,j}|^r+\max_{1\leqslant j\leqslant m+1}|S_{2,j}|^r+\sum_{j=1}^{2(m+1)}\max_{1\leqslant l\leqslant k}\left|\sum_{i=(j-1)k+1}^{(j-1)k+l}X_i\right|^r\right\}. \quad (8.3.25)$$

证明 注意到 $S_j=\sum_{i=1}^{[j/k]k}X_i+\sum_{i=[j/k]k+1}^{j}X_i$, 有

$$\max_{1\leqslant j\leqslant n}|S_j|^r\leqslant 2^{r-1}\max_{1\leqslant j\leqslant n}\left|\sum_{i=1}^{[j/k]k}X_i\right|^r+2^{r-1}\max_{1\leqslant j\leqslant n}\left|\sum_{i=[j/k]k+1}^{j}X_i\right|^r$$

$$:=I_1+I_2, \quad (8.3.26)$$

且

$$I_1\leqslant 2^{2(r-1)}\max_{1\leqslant j\leqslant m+1}|S_{1,j}|^r+2^{2(r-1)}\max_{1\leqslant j\leqslant m+1}|S_{2,j}|^r \quad (8.3.27)$$

和

$$I_2\leqslant 2^{r-1}\max_{1\leqslant j\leqslant 2(m+1)}\max_{1\leqslant l<k}\left|\sum_{i=(j-1)k+1}^{(j-1)k+l}X_i\right|^r$$

$$\leqslant 2^{r-1}\sum_{j=1}^{2(m+1)}\max_{1\leqslant l<k}\left|\sum_{i=(j-1)k+1}^{(j-1)k+l}X_i\right|^r. \quad (8.3.28)$$

联合这些式子得到渴望的结论. 证毕.

显然

$$\max_{1\leqslant j\leqslant m+1}|S_{1,j}|^r\leqslant\left|\max_{1\leqslant j\leqslant m+1}S_{1,j}\right|^r+\left|\max_{1\leqslant j\leqslant m+1}(-S_{1,j})\right|^r. \quad (8.3.29)$$

引进记号

$$M_j=\max\{0,Y_{j+1},Y_{j+1}+Y_{j+2},\cdots,Y_{j+1}+Y_{j+2}+\cdots+Y_{m+1}\},$$

$$N_j=\max\{Y_{j+1},Y_{j+1}+Y_{j+2},\cdots,Y_{j+1}+Y_{j+2}+\cdots+Y_{m+1}\},$$

$$\widetilde{M}_j=\max\{0,-Y_{j+1},-Y_{j+1}-Y_{j+2},\cdots,-Y_{j+1}-Y_{j+2}-\cdots-Y_{m+1}\},$$

$$\widetilde{N}_j=\max\{-Y_{j+1},-Y_{j+1}-Y_{j+2},\cdots,-Y_{j+1}-Y_{j+2}-\cdots-Y_{m+1}\}.$$

我们有

$$\max_{1\leqslant j\leqslant m+1} S_{1,j} = N_0, \quad N_j = Y_{j+1} + M_{j+1}, \quad 0 \leqslant M_j \leqslant |N_j|, \tag{8.3.30}$$

$$\max_{1\leqslant j\leqslant m+1} (-S_{1,j}) = \widetilde{N}_0, \quad \widetilde{N}_j = -Y_{j+1} + \widetilde{M}_{j+1}, \quad 0 \leqslant \widetilde{M}_j \leqslant |\widetilde{N}_j|, \tag{8.3.31}$$

且

$$\begin{aligned}
M_j &= \max\{S_{1,j}, S_{1,j+1}, \cdots, S_{1,m+1}\} - S_{1,j} \\
&\leqslant \max_{j\leqslant i\leqslant m+1} |S_{1,i}| + |S_{1,j}| \\
&\leqslant 2 \max_{1\leqslant j\leqslant m+1} |S_{1,j}|
\end{aligned} \tag{8.3.32}$$

和

$$\begin{aligned}
\widetilde{M}_j &= \max\{-S_{1,j}, -S_{1,j+1}, \cdots, -S_{1,m+1}\} + S_{1,j} \\
&\leqslant \max_{j\leqslant i\leqslant m+1} |S_{1,i}| + |S_{1,j}| \\
&\leqslant 2 \max_{1\leqslant j\leqslant m+1} |S_{1,j}|.
\end{aligned} \tag{8.3.33}$$

引理 8.3.4 假设 $\{X_i, i \geqslant 1\}$ 是 α-混合随机变量序列, 且满足 $EX_i = 0$, $E|X_i|^{r+\delta} < \infty$, $\alpha(n) \leqslant Cn^{-\theta}$, 其中 $r > 2, \delta > 0$.

如果 $\theta > (r-1)(r+\delta)/\delta$, 则对任意的 $\rho > 0$, 存在正常数 $C_\rho = C(\rho, r, \delta, \theta) < \infty$ 和 $C_r = C(r) < \infty$ 使得

$$\sum_{j=1}^m E\left(Y_j M_j^{r-1}\right) \leqslant C_\rho \sum_{i=1}^n \parallel X_i \parallel_{r+\delta}^r + \rho C_r E \max_{1\leqslant j\leqslant m+1} |S_{1,j}|^r \tag{8.3.34}$$

和

$$\sum_{j=1}^m E\left(Y_j \widetilde{M}_j^{r-1}\right) \leqslant C_\rho \sum_{i=1}^n \parallel X_i \parallel_{r+\delta}^r + \rho C_r E \max_{1\leqslant j\leqslant m+1} |S_{1,j}|^r. \tag{8.3.35}$$

如果 $\theta > r(r+\delta)/(2\delta)$, 则对任意的 $\rho > 0$, 存在正常数 $C_\rho = C(\rho, r, \delta, \theta) < \infty$ 和 $C_r = C(r) < \infty$ 使得

$$\sum_{j=1}^m E\left(Y_j M_j^{r-1}\right) \leqslant C_\rho \left(\sum_{i=1}^n \parallel X_i \parallel_{r+\delta}^2\right)^{r/2} + \rho C_r E \max_{1\leqslant j\leqslant m+1} |S_{1,j}|^r \tag{8.3.36}$$

和

$$\sum_{j=1}^m E\left(Y_j \widetilde{M}_j^{r-1}\right) \leqslant C_\rho \left(\sum_{i=1}^n \parallel X_i \parallel_{r+\delta}^2\right)^{r/2} + \rho C_r E \max_{1\leqslant j\leqslant m+1} |S_{1,j}|^r. \tag{8.3.37}$$

证明 令 $\beta = \delta/[r(r+\delta)]$, $p = r/(r-1)$, $q = r+\delta$, $s = r(r+\delta)/\delta$. 由引理 8.3.1 和 (8.3.32) 式, 有

$$
\begin{aligned}
\sum_{j=1}^{m} E\left(Y_j M_j^{r-1}\right) &\leqslant 10\alpha^{\beta}(k) \sum_{j=1}^{m} \| Y_j \|_{r+\delta} \cdot \| M_j \|_r^{r-1} \\
&\leqslant 10 \cdot 2^{r-1} \alpha^{\beta}(k) \sum_{j=1}^{m} \| Y_j \|_{r+\delta} \cdot \left(E \max_{1\leqslant j\leqslant m+1} |S_{1,j}|^r \right)^{(r-1)/r} \\
&\leqslant 5 \cdot 2^r \rho^{-(r-1)/r} \alpha^{\beta}(k) \sum_{i=1}^{n} \| X_i \|_{r+\delta} \cdot \left(\rho E \max_{1\leqslant j\leqslant m+1} |S_{1,j}|^r \right)^{(r-1)/r} \\
&\leqslant \frac{5^r \cdot 2^{r^2} \alpha^{\beta r}(k)}{r\rho^{(r-1)}} \left(\sum_{i=1}^{n} \| X_i \|_{r+\delta} \right)^r + \frac{\rho(r-1)}{r} E \max_{1\leqslant j\leqslant m+1} |S_{1,j}|^r,
\end{aligned}
$$
$$(8.3.38)$$

在上式的最后一个不等式中使用了 Hölder 不等式: $a^{1/r} b^{(r-1)/r} \leqslant \frac{1}{r}a + \frac{r-1}{r}b$.

记 $B = \alpha^{\beta r}(k) \left(\sum_{i=1}^{n} \| X_i \|_{r+\delta} \right)^r$. 如果 $\theta > (r-1)(r+\delta)/\delta$, 则

$$
B \leqslant n^{r-1} \alpha^{\beta r}(k) \sum_{i=1}^{n} \| X_i \|_{r+\delta}^r. \tag{8.3.39}
$$

取 $\lambda = (r-1)(r+\delta)/(\theta\delta)$, 有 $0 < \lambda < 1$ 且

$$
n^{r-1} \alpha^{\beta r}(k) \leqslant C n^{r-1} k^{-\theta\beta r} \leqslant C n^{r-1-\lambda\theta\beta r} \leqslant C n^{r-1-\lambda\theta\delta/(r+\delta)} = C. \tag{8.3.40}
$$

联合 (8.3.38)—(8.3.40) 式得到结论 (8.3.34) 式.

如果 $\theta > r(r+\delta)/(2\delta)$, 则

$$
B \leqslant n^{r/2} \alpha^{\beta r}(k) \left(\sum_{i=1}^{n} \| X_i \|_{r+\delta}^2 \right)^{r/2}. \tag{8.3.41}
$$

取 $\lambda = r(r+\delta)/(2\theta\delta)$, 有 $0 < \lambda < 1$ 且

$$
n^{r/2} \alpha^{\beta r}(k) \leqslant C n^{r/2} k^{-\theta\beta r} \leqslant C n^{r/2-\lambda\theta\beta r} \leqslant C n^{r/2-\lambda\theta\delta/(r+\delta)} = C. \tag{8.3.42}
$$

由 (8.3.38), (8.3.41) 和 (8.3.42) 式得到结论 (8.3.36) 式.

类似地, 我们可以证明结论 (8.3.35) 式和 (8.3.37) 式. 证毕.

引理 8.3.5 假设 $\{X_i, i \geqslant 1\}$ 是 α-混合随机变量序列, 且满足 $EX_i = 0$, $E|X_i|^{r+\delta} < \infty$, $\alpha(n) \leqslant Cn^{-\theta}$, 其中 $r > 2, \delta > 0$. 又设 $2 < v \leqslant r+\delta$.

如果 $\theta > \max\{v/(v-2), (r-1)(r+\delta)/\delta\}$, 则对任意的 $\rho > 0$, 存在正常数 $C_\rho = C(\rho, r, v, \delta, \theta) < \infty$ 和 $C_r = C(r) < \infty$ 使得

$$\sum_{j=1}^{m} E\left(Y_j^2 M_j^{r-2}\right) \leqslant C_\rho \left(\sum_{i=1}^{n} \|X_i\|_v^2\right)^{r/2} + C_\rho \sum_{i=1}^{n} \| X_i \|_{r+\delta}^r$$
$$+ \rho C_r E \max_{1 \leqslant j \leqslant m+1} |S_{1,j}|^r \qquad (8.3.43)$$

和

$$\sum_{j=1}^{m} E\left(Y_j^2 \widetilde{M}_j^{r-2}\right) \leqslant C_\rho \left(\sum_{i=1}^{n} \|X_i\|_v^2\right)^{r/2} + C_\rho \sum_{i=1}^{n} \| X_i \|_{r+\delta}^r$$
$$+ \rho C_r E \max_{1 \leqslant j \leqslant m+1} |S_{1,j}|^r. \qquad (8.3.44)$$

如果 $\theta > r(r+\delta)/(2\delta)$, 则对任意的 $\rho > 0$, 存在正常数 $C_\rho = C(\rho, r, \delta, \theta) < \infty$ 和 $C_r = C(r) < \infty$ 使得

$$\sum_{j=1}^{m} E\left(Y_j^2 M_j^{r-2}\right) \leqslant C_\rho \left(\sum_{i=1}^{n} \| X_i \|_{r+\delta}^2\right)^{r/2} + \rho C_r E \max_{1 \leqslant j \leqslant m+1} |S_{1,j}|^r \qquad (8.3.45)$$

和

$$\sum_{j=1}^{m} E\left(Y_j^2 \widetilde{M}_j^{r-2}\right) \leqslant C_\rho \left(\sum_{i=1}^{n} \| X_i \|_{r+\delta}^2\right)^{r/2} + \rho C_r E \max_{1 \leqslant j \leqslant m+1} |S_{1,j}|^r. \qquad (8.3.46)$$

证明   令 $\beta = \delta/[r(r+\delta)]$, $p = r/(r-2)$, $q = (r+\delta)/2$, $s = r(r+\delta)/(2\delta)$. 由引理 8.3.1 和 (8.3.32), 有

$$\sum_{j=1}^{m} E(Y_j^2 M_j^{r-2})$$
$$= \sum_{j=1}^{m} E(Y_j^2)E(M_j^{r-2}) + \sum_{j=1}^{m} \text{Cov}\left(Y_j^2, M_j^{r-2}\right)$$
$$\leqslant \sum_{j=1}^{m} E(Y_j^2)E(M_j^{r-2}) + 10\alpha^{2\beta}(k) \sum_{j=1}^{m} \| Y_j \|_{r+\delta}^2 \| M_j \|_r^{r-2}$$
$$\leqslant 2^{r-2} \sum_{j=1}^{m} E(Y_j^2)E \max_{1 \leqslant j \leqslant m+1} |S_{1,j}|^{r-2}$$
$$+ C\alpha^{2\beta}(k) \sum_{j=1}^{m} \| Y_j \|_{r+\delta}^2 \left(E \max_{1 \leqslant j \leqslant m+1} |S_{1,j}|^r\right)^{(r-2)/r}$$

$$\leqslant 2^{r-2}\left(\sum_{j=1}^{m} EY_j^2\right)\left(E\max_{1\leqslant j\leqslant m+1}|S_{1,j}|^r\right)^{(r-2)/r}$$

$$+ Ck\alpha^{2\beta}(k)\left(\sum_{i=1}^{n}\|X_i\|_{r+\delta}^2\right)\left(E\max_{1\leqslant j\leqslant m+1}|S_{1,j}|^r\right)^{(r-2)/r}$$

$$\leqslant \frac{C_1}{\rho^{r(r-2)/4}}\left(\sum_{j=1}^{m} EY_j^2\right)^{r/2} + \frac{C_2}{\rho^{r(r-2)/4}}k^{r/2}\alpha^{\beta r}(k)\left(\sum_{i=1}^{n}\|X_i\|_{r+\delta}^2\right)^{r/2}$$

$$+ \frac{2(r-2)\rho}{r}E\max_{1\leqslant j\leqslant m+1}|S_{1,j}|^r, \tag{8.3.47}$$

在上式的最后一个不等式中使用了 Hölder 不等式: $a^{2/r}b^{(r-2)/r} \leqslant \frac{2}{r}a + \frac{r-2}{r}b$.

如果 $\theta > \max\{v/(v-2), (r-1)(r+\delta)/\delta\}$, 则

$$\sum_{i=1}^{\infty}\alpha^{(v-2)/v}(i) \leqslant C\sum_{i=1}^{\infty}i^{-\theta(v-2)/v} < \infty. \tag{8.3.48}$$

由引理 8.3.1, 有

$$\left(\sum_{j=1}^{m} EY_j^2\right)^{r/2} \leqslant C\left(\sum_{i=1}^{n}\|X_i\|_v^{(2)}\right)^{r/2}. \tag{8.3.49}$$

取 $\lambda = (r-1)(r+\delta)/(\theta\delta)$, 有 $0 < \lambda < 1$ 且

$$n^{r/2-1}k^{r/2}\alpha^{\beta r}(k) \leqslant Cn^{r/2-1}k^{r/2-\theta\beta r}$$
$$\leqslant Cn^{r/2-1+\lambda(r/2-\theta\beta r)}$$
$$= Cn^{r(\lambda-1)/2}$$
$$\leqslant C. \tag{8.3.50}$$

因此

$$k^{r/2}\alpha^{\beta r}(k)\left(\sum_{i=1}^{n}\|X_i\|_{r+\delta}^2\right)^{r/2} \leqslant n^{r/2-1}k^{r/2}\alpha^{\beta r}(k)\sum_{i=1}^{n}\|X_i\|_{r+\delta}^r$$
$$\leqslant C\sum_{i=1}^{n}\|X_i\|_{r+\delta}^r. \tag{8.3.51}$$

联合 (8.3.47), (8.3.49) 和 (8.3.51) 式, 得结论 (8.3.43) 式.

如果 $\theta > r(r+\delta)/(2\delta)$, 则

$$\sum_{i=1}^{\infty}\alpha^{\delta/(r+\delta)}(i) \leqslant C\sum_{i=1}^{\infty}i^{-\theta\delta/(r+\delta)} \leqslant C\sum_{i=1}^{\infty}i^{-r/2} < \infty. \tag{8.3.52}$$

由引理 8.3.1,

$$\left(\sum_{j=1}^{m} EY_j^2\right)^{r/2} \leqslant C \left(\sum_{i=1}^{n} \|X_i\|_{r+\delta}^2\right)^{r/2}, \tag{8.3.53}$$

取 $\lambda = r(r+\delta)/(2\theta\delta)$, 则 $0 < \lambda < 1$ 且

$$k^{r/2}\alpha^{\beta r}(k) \leqslant Ck^{r/2-\theta\beta r} \leqslant Cn^{\lambda(r/2-\theta\beta r)} = Cn^{r(\lambda-1)/2} \leqslant C. \tag{8.3.54}$$

由 (8.3.47), (8.3.53) 和 (8.3.54) 式, 得结论 (8.3.45) 式.

类似地, 我们可以证明结论 (8.3.44) 式和 (8.3.46) 式. 证毕.

引理 8.3.6　假设 $\{X_i, i \geqslant 1\}$ 是 α-混合随机变量序列, 且满足 $EX_i = 0$, $E|X_i|^{r+\delta} < \infty$, $\alpha(n) \leqslant Cn^{-\theta}$, 其中 $r > 2, \delta > 0$. 又设 $2 < v \leqslant r+\delta$.

如果 $\theta > \max\{v/(v-2), (r-1)(r+\delta)/\delta\}$, 则

$$E \max_{1\leqslant j\leqslant m+1} |S_{1,j}|^r$$
$$\leqslant C \left\{ \sum_{j=1}^{m+1} E|Y_j|^r + \sum_{i=1}^{n} \|X_i\|_{r+\delta}^r + \left(\sum_{i=1}^{n} \|X_i\|_v^2\right)^{r/2} \right\} \tag{8.3.55}$$

和

$$E \max_{1\leqslant j\leqslant m+1} |S_{2,j}|^r$$
$$\leqslant C \left\{ \sum_{j=1}^{m+1} E|Z_j|^r + \sum_{i=1}^{n} \|X_i\|_{r+\delta}^r + \left(\sum_{i=1}^{n} \|X_i\|_v^2\right)^{r/2} \right\}. \tag{8.3.56}$$

如果 $\theta > r(r+\delta)/(2\delta)$, 则

$$E \max_{1\leqslant j\leqslant m+1} |S_{1,j}|^r \leqslant C \left\{ \sum_{j=1}^{m+1} E|Y_j|^r + \left(\sum_{i=1}^{n} \|X_i\|_{r+\delta}^2\right)^{r/2} \right\} \tag{8.3.57}$$

和

$$E \max_{1\leqslant j\leqslant m+1} |S_{2,j}|^r \leqslant C \left\{ \sum_{j=1}^{m+1} E|Z_j|^r + \left(\sum_{i=1}^{n} \|X_i\|_{r+\delta}^2\right)^{r/2} \right\}. \tag{8.3.58}$$

证明　由 (8.3.30) 式和引理 8.3.2, 有

$$\left| \max_{1\leqslant j\leqslant m+1} S_{1,j} \right|^r = |N_0|^r = |Y_1 + M_1|^r$$

$$\leqslant d_1 |Y_1|^r + r Y_1 M_1^{r-1} + d_2 Y_1^2 M_1^{r-2} + M_1^r$$

$$\leqslant d_1 |Y_1|^r + r Y_1 M_1^{r-1} + d_2 Y_1^2 M_1^{r-2} + |N_1|^r$$

$$\leqslant \cdots$$

$$\leqslant d_1 \sum_{j=1}^{m+1} |Y_j|^r + r \sum_{j=1}^{m} Y_j M_j^{r-1} + d_2 \sum_{j=1}^{m} Y_j^2 M_j^{r-2}. \qquad (8.3.59)$$

同理, 有

$$\left| \max_{1 \leqslant j \leqslant m+1} (-S_{1,j}) \right|^r \leqslant d_1 \sum_{j=1}^{m+1} |Y_j|^r + r \sum_{j=1}^{m} Y_j \widetilde{M}_j^{r-1} + d_2 \sum_{j=1}^{m} Y_j^2 \widetilde{M}_j^{r-2}. \qquad (8.3.60)$$

当 $\theta > \max\{v/(v-2), (r-1)(r+\delta)/\delta\}$ 时, 联合 (8.3.59), (8.3.34) 和 (8.3.43) 式, 我们有

$$E \left| \max_{1 \leqslant j \leqslant m+1} S_{1,j} \right|^r \leqslant d_1 \sum_{j=1}^{m+1} E|Y_j|^r + C_\rho \sum_{i=1}^{n} \| X_i \|_{r+\delta}^r$$

$$+ C_\rho \left(\sum_{i=1}^{n} \|X_i\|_v^2 \right)^{r/2} + \rho C_r E \max_{1 \leqslant j \leqslant m+1} |S_{1,j}|^r. \qquad (8.3.61)$$

而联合 (8.3.60), (8.3.34) 和 (8.3.44) 式, 我们有

$$E \left| \max_{1 \leqslant j \leqslant m+1} (-S_{1,j}) \right|^r \leqslant d_1 \sum_{j=1}^{m+1} E|Y_j|^r + C_\rho \sum_{i=1}^{n} \| X_i \|_{r+\delta}^r$$

$$+ C_\rho \left(\sum_{i=1}^{n} \|X_i\|_v^2 \right)^{r/2} + \rho C_r E \max_{1 \leqslant j \leqslant m+1} |S_{1,j}|^r. \qquad (8.3.62)$$

因此, 由上面两式和 (8.3.29) 式, 得

$$E \max_{1 \leqslant j \leqslant m+1} |S_{1,j}|^r \leqslant C_1 \sum_{j=1}^{m+1} E|Y_j|^r + C_\rho \sum_{i=1}^{n} \| X_i \|_{r+\delta}^r$$

$$+ C_\rho \left(\sum_{i=1}^{n} \|X_i\|_v^2 \right)^{r/2} + \rho C_r E \max_{1 \leqslant j \leqslant m+1} |S_{1,j}|^r. \qquad (8.3.63)$$

于是

$$(1 - \rho C_r) E \max_{1 \leqslant j \leqslant m+1} |S_{1,j}|^r$$

$$\leqslant C_1 \sum_{j=1}^{m+1} E|Y_j|^r + C_\rho \sum_{i=1}^{n} \parallel X_i \parallel_{r+\delta}^r + C_\rho \left(\sum_{i=1}^{n} ||X_i||_v^2 \right)^{r/2}, \tag{8.3.64}$$

取 ρ 充分小, 得结论 (8.3.55) 式.

　　类似地, 我们可以证明结论 (8.3.56)—(8.3.58) 式. 证毕.

　　定理 8.3.2 的证明　由于 $\theta > \max\{v/(v-2), (r-1)(r+\delta)/\delta\}$, 所以由引理 8.3.3 和引理 8.3.6, 有

$$E \max_{1 \leqslant j \leqslant n} |S_j|^r \leqslant C \left\{ \sum_{i=1}^{m+1} (E|Y_i|^r + E|Z_i|^r) + \sum_{j=1}^{2(m+1)} E \max_{1 \leqslant l \leqslant k} \left| \sum_{i=(j-1)k+1}^{(j-1)k+l} X_i \right|^r \right.$$
$$\left. + \sum_{i=1}^{n} \parallel X_i \parallel_{r+\delta}^r + \left(\sum_{i=1}^{n} ||X_i||_v^2 \right)^{r/2} \right\}. \tag{8.3.65}$$

对上式中的 $E|Y_i|^r$, $E|Z_i|^r$ 和 $E \max_{1 \leqslant l \leqslant k} \left| \sum_{i=(j-1)k+1}^{(j-1)k+l} X_i \right|^r$ 使用 C_r 不等式, 并注意到 (8.3.22) 式, 我们有

$$E \max_{1 \leqslant j \leqslant n} |S_j|^r$$
$$\leqslant C \left\{ k^{r-1} \sum_{i=1}^{n} E|X_i|^r + \sum_{i=1}^{n} \parallel X_i \parallel_{r+\delta}^r + \left(\sum_{i=1}^{n} ||X_i||_v^2 \right)^{r/2} \right\}$$
$$\leqslant C \left\{ n^{\lambda(r-1)} \sum_{i=1}^{n} E|X_i|^r + \sum_{i=1}^{n} \parallel X_i \parallel_{r+\delta}^r + \left(\sum_{i=1}^{n} ||X_i||_v^2 \right)^{r/2} \right\}. \tag{8.3.66}$$

将此结果分别应用于 $E|Y_j|^r$, $E|Z_j|^r$ 和 $E \max_{1 \leqslant l \leqslant k} \left| \sum_{i=(j-1)k+1}^{(j-1)k+l} X_i \right|^r$, 我们得到

$$E|Y_j|^r \leqslant C \left\{ k^{\lambda(r-1)} \sum_{i=2(j-1)k+1}^{n \wedge (2j-1)k} E|X_i|^r \right.$$
$$\left. + \sum_{i=2(j-1)k+1}^{n \wedge (2j-1)k} \parallel X_i \parallel_{r+\delta}^r + \left(\sum_{i=2(j-1)k+1}^{n \wedge (2j-1)k} ||X_i||_v^2 \right)^{r/2} \right\}, \tag{8.3.67}$$

$$E|Z_j|^r \leqslant C \left\{ k^{\lambda(r-1)} \sum_{i=(2j-1)k+1}^{n \wedge 2jk} E|X_i|^r \right.$$

$$+ \sum_{i=(2j-1)k+1}^{n \wedge 2jk} \| X_i \|_{r+\delta}^r + \left(\sum_{i=(2j-1)k+1}^{n \wedge 2jk} \|X_i\|_v^2 \right)^{r/2} \Bigg\}, \qquad (8.3.68)$$

$$E \max_{1 \leqslant l \leqslant k} \left| \sum_{i=(j-1)k+1}^{(j-1)k+l} X_i \right|^r \leqslant C \Bigg\{ k^{\lambda(r-1)} \sum_{i=(j-1)k+1}^{(j-1)k+l} E|X_i|^r$$

$$+ \sum_{i=(j-1)k+1}^{(j-1)k+l} \| X_i \|_{r+\delta}^r + \left(\sum_{i=(j-1)k+1}^{(j-1)k+l} \|X_i\|_v^2 \right)^{r/2} \Bigg\}. \qquad (8.3.69)$$

将这三式代入 (8.3.65) 式, 得

$$E \max_{1 \leqslant j \leqslant n} |S_j|^r$$

$$\leqslant C \Bigg\{ k^{\lambda(r-1)} \sum_{i=1}^n E|X_i|^r + \sum_{i=1}^n \| X_i \|_{r+\delta}^r + \left(\sum_{i=1}^n \|X_i\|_v^2 \right)^{r/2} \Bigg\}$$

$$\leqslant C \Bigg\{ n^{\lambda^2(r-1)} \sum_{i=1}^n E|X_i|^r + \sum_{i=1}^n \| X_i \|_{r+\delta}^r + \left(\sum_{i=1}^n \|X_i\|_v^2 \right)^{r/2} \Bigg\}. \qquad (8.3.70)$$

将此结果再次应用于 $E|Y_j|^r$, $E|Z_j|^r$ 和 $E \max\limits_{1 \leqslant l \leqslant k} \left| \sum_{i=(j-1)k+1}^{(j-1)k+l} X_i \right|^r$, 同样有类似于 (8.3.67)—(8.3.70) 式的过程. 重复这种过程 t 次, 我们有

$$E \max_{1 \leqslant j \leqslant n} |S_j|^r$$

$$\leqslant C \Bigg\{ n^{\lambda^t(r-1)} \sum_{i=1}^n E|X_i|^r + \sum_{i=1}^n \| X_i \|_{r+\delta}^r + \left(\sum_{i=1}^n \|X_i\|_v^2 \right)^{r/2} \Bigg\}. \qquad (8.3.71)$$

由于 $0 < \lambda < 1$, 所以存在适当大的整数 $t > 1$ 使得 $\lambda^t(r-1) < \varepsilon$. 于是结论 (8.3.7) 式成立. 证毕.

定理 8.3.3 的证明 由于 $\theta > r(r+\delta)/(2\delta)$, 所以由引理 8.3.3 和引理 8.3.6, 有

$$E \max_{1 \leqslant j \leqslant n} |S_j|^r \leqslant C \Bigg\{ \sum_{i=1}^{m+1} (E|Y_i|^r + E|Z_i|^r) + \sum_{j=1}^{2(m+1)} E \max_{1 \leqslant l \leqslant k} \left| \sum_{i=(j-1)k+1}^{(j-1)k+l} X_i \right|^r$$

$$+ \left(\sum_{i=1}^{n} \parallel X_i \parallel_{r+\delta}^2 \right)^{r/2} \right\}. \tag{8.3.72}$$

由此并用证明定理 8.3.2 的方法, 同样可以证明结论 (8.3.9) 式. 证毕.

8.3.2　α-混合随机变量部分和的指数不等式

定理 8.3.4 (Wei et al, 2010)　假设 $\{X_i, i \geqslant 1\}$ 是 α-混合的实值随机变量序列, 满足 $EX_i = 0$ 且 $|X_i| \leqslant b < \infty$ a.s.. 如果正整数序列 k_n 满足 $1 \leqslant k_n \leqslant n/2$, 则对任意的 $\varepsilon > 0$, 有

$$P\left(\left| \sum_{i=1}^{n} X_i \right| > n\varepsilon \right) \leqslant 4 \exp\left(-\frac{n\varepsilon^2}{12(3\sigma_n^2 + bk_n\varepsilon)} \right) + 36b\varepsilon^{-1}\alpha(k_n), \tag{8.3.73}$$

其中整数 $m_n = \left[\dfrac{n}{2k_n} \right]$, 且

$$U_j = \sum_{(j-1)k_n < i \leqslant jk_n} X_i, \quad j = 1, 2, \cdots, 2m_n, \tag{8.3.74}$$

$$U_{2m_n+1} = \sum_{i=2m_nk_n+1}^{n} X_i, \tag{8.3.75}$$

$$\sigma_n^2 = n^{-1} \sum_{j=1}^{2m_n+1} E|U_j|^2. \tag{8.3.76}$$

证明　我们将使用复制方法证明这个指数不等式. 对 $m_n = \left[\dfrac{n}{2k_n} \right]$, 显然有

$$2k_nm_n \leqslant n, \quad n - 2k_nm_n \leqslant n - 2k_n\left(\frac{n}{2k_n} - 1 \right) = 2k_n, \tag{8.3.77}$$

并且

$$\sum_{i=1}^{n} X_i = \sum_{j=1}^{2m_n+1} U_j = \sum_{j=0}^{m_n} U_{2j+1} + \sum_{j=1}^{m_n} U_{2j}. \tag{8.3.78}$$

由于对任意的 j 有 $|U_j| \leqslant 2k_nb$, 所以根据 Rio (1995) 中定理 5 的证明过程知, 存在随机变量 $\{U_j^*\}_{1 \leqslant j \leqslant 2m_n+1}$ 满足如下三个性质:

(1) 对每个 j, 随机变量 U_j^* 与随机变量 U_j 有相同分布;

(2) 随机变量 $\{U_{2j}^*\}_{1 \leqslant j \leqslant m_n}$ 相互独立, 且随机变量 $\{U_{2j+1}^*\}_{1 \leqslant j \leqslant m_n}$ 也相互独立.

(3)

$$\sum_{j=1}^{2m_n+1} E|U_j - U_j^*| \leqslant 12bn\alpha(k_n). \tag{8.3.79}$$

由 (8.3.78) 式, 我们有

$$P\left(\left|\sum_{i=1}^{n} X_i\right| > n\varepsilon\right) = P\left(\left|\sum_{j=1}^{m_n} U_{2j+1}^* + \sum_{j=1}^{m_n} U_{2j}^* + \sum_{j=1}^{2m_n+1} (U_j - U_j^*)\right| > n\varepsilon\right)$$

$$\leqslant P\left(\left|\sum_{j=1}^{m_n} U_{2j+1}^*\right| > \frac{n\varepsilon}{3}\right) + P\left(\left|\sum_{j=1}^{m_n} U_{2j}^*\right| > \frac{n\varepsilon}{3}\right)$$

$$+ P\left(\left|\sum_{j=1}^{2m_n+1} (U_j - U_j^*)\right| > \frac{n\varepsilon}{3}\right)$$

$$=: I_1 + I_2 + I_3. \tag{8.3.80}$$

由 (8.3.79) 式和 Markov 不等式, 有

$$I_3 \leqslant \frac{E\left|\displaystyle\sum_{j=1}^{2m_n+1} (U_j - U_j^*)\right|}{n\varepsilon/3} \leqslant \frac{12bn\alpha(k_n)}{n\varepsilon/3} = 36b\varepsilon^{-1}\alpha(k_n). \tag{8.3.81}$$

由尾部概率不等式 (定理 1.2.3), 有

$$I_1 \leqslant 2\exp\left(-\frac{n\varepsilon^2}{12(3\sigma_n^2 + bk_n\varepsilon)}\right), \tag{8.3.82}$$

以及

$$I_2 \leqslant 2\exp\left(-\frac{n\varepsilon^2}{12(3\sigma_n^2 + bk_n\varepsilon)}\right). \tag{8.3.83}$$

联合 (8.3.80)—(8.3.83) 式, 得到结论 (8.3.73) 式.   证毕.

8.3.3 α-混合随机变量部分和的特征函数不等式

定理 8.3.5 (杨善朝和李永明, 2006) 假设 $\{X_j, j \geqslant 1\}$ 是 α-混合的随机变量序列, p, q 为两个正整数. 记

$$Y_l = \sum_{j=(l-1)(p+q)+1}^{(l-1)(p+q)+p-1} X_j, \quad 1 \leqslant l \leqslant k. \tag{8.3.84}$$

如果 $r > 0, s > 0$ 且 $\dfrac{1}{r} + \dfrac{1}{s} = 1$, 则

$$\left| E \exp\left(\mathrm{i}t \sum_{l=1}^{k} Y_l \right) - \prod_{l=1}^{k} E \exp\left(\mathrm{i}t Y_l \right) \right| \leqslant C|t|\alpha^{1/s}(q) \sum_{l=1}^{k} \|Y_l\|^r. \tag{8.3.85}$$

证明　显然

$$\left| E \exp\left(\mathrm{i}t \sum_{l=1}^{k} Y_l \right) - \prod_{l=1}^{k} E \exp\left(\mathrm{i}t Y_l \right) \right|$$

$$\leqslant \left| E \exp\left(\mathrm{i}t \sum_{l=1}^{k} Y_l \right) - E \exp\left(\mathrm{i}t \sum_{l=1}^{k-1} Y_l \right) E \exp\left(\mathrm{i}t Y_k \right) \right|$$

$$+ \left| E \exp\left(\mathrm{i}t \sum_{l=1}^{k-1} Y_l \right) - \prod_{l=1}^{k-1} E \exp\left(\mathrm{i}t Y_l \right) \right|$$

$$= : I_1 + I_2. \tag{8.3.86}$$

注意到 $e^{\mathrm{i}x} = \cos(x) + \mathrm{i}\sin(x)$, 以及

$$\sin(x + y) = \sin(x)\cos(y) + \cos(x)\sin(y), \tag{8.3.87}$$

$$\cos(x + y) = \cos(x)\cos(y) - \sin(x)\sin(y), \tag{8.3.88}$$

我们有

$$I_1 \leqslant \left| \mathrm{Cov}\left(\cos\left(t\sum_{l=1}^{k-1} Y_l \right), \cos(tY_k) \right) \right|$$

$$+ \left| \mathrm{Cov}\left(\sin\left(t\sum_{l=1}^{k-1} Y_l \right), \sin(tY_k) \right) \right|$$

$$+ \left| \mathrm{Cov}\left(\sin\left(t\sum_{l=1}^{k-1} Y_l \right), \cos(tY_k) \right) \right|$$

$$+ \left| \mathrm{Cov}\left(\cos\left(t\sum_{l=1}^{k-1} Y_l \right), \sin(tY_k) \right) \right|$$

$$= : I_{11} + I_{12} + I_{13} + I_{14}. \tag{8.3.89}$$

利用定理 8.2.2 以及 $|\sin(x)| \leqslant |x|$, 有

$$I_{12} \leqslant C\alpha^{1/s}(q)\|\sin(tY_k)\|_r \leqslant C|t|\alpha^{1/s}(q)\|Y_k\|_r \tag{8.3.90}$$

和

$$I_{14} \leqslant C|t|\alpha^{1/s}(q)||Y_k||_r. \tag{8.3.91}$$

根据 $\cos(2x) = 1 - 2\sin^2(x)$, 得

$$
\begin{aligned}
I_{11} &= \left| \mathrm{Cov}\left(\cos\left(t\sum_{l=1}^{k-1} Y_l \right), 1 - 2\sin^2(tY_k/2) \right) \right| \\
&= 2 \left| \mathrm{Cov}\left(\cos\left(t\sum_{l=1}^{k-1} Y_l \right), \sin^2(tY_k/2) \right) \right| \\
&\leqslant C\alpha^{1/s}(q)E^{1/r}|\sin(tY_k/2)|^{2r} \\
&\leqslant C\alpha^{1/s}(q)E^{1/r}|\sin(tY_k/2)|^{r} \\
&\leqslant C|t|\alpha^{1/s}(q)||Y_k||_r.
\end{aligned}
\tag{8.3.92}
$$

同理, 有

$$I_{13} \leqslant C|t|\alpha^{1/s}(q)||Y_k||_r. \tag{8.3.93}$$

联合 (8.3.86), (8.3.89)—(8.3.93) 式得

$$\left| E\exp\left(\mathrm{it}\sum_{l=1}^{k} Y_l \right) - \prod_{l=1}^{k} E\exp\left(\mathrm{it}Y_l \right) \right| \leqslant C|t|\alpha^{1/s}(q)||Y_k||_r + I_2. \tag{8.3.94}$$

对 I_2 重复上述过程 $k-2$ 次得到所需结论. 证毕.

8.4　α-混合样本下权函数回归估计的一致渐近正态性

考虑固定设计回归模型

$$Y_{n,i} = g(x_{n,i}) + \varepsilon_{n,i}, \quad 1 \leqslant i \leqslant n, \tag{8.4.1}$$

其中 A 是 $\mathbb{R}^d$ 上一个紧集, 设计点 $x_{n,1}, x_{n,2}, \cdots, x_{n,n} \in A$, $g(x)$ 为 A 上有界的实值函数, $\varepsilon_{n,1}, \varepsilon_{n,2}, \cdots, \varepsilon_{n,n}$ 是均值为零且方差有限的随机误差. 回归函数 $g(x)$ 的加权和估计为

$$g_n(x) = \sum_{i=1}^{n} \omega_{n,i}(x)Y_{n,i}, \tag{8.4.2}$$

其中权函数 $\omega_{n,i}(x)$ $(i = 1, 2, \cdots, n)$ 依赖于设计点 $x_{n,1}, x_{n,2}, \cdots, x_{n,n} \in A$ 和样本观察数 n.

这种权函数回归估计 $g_n(x)$ 是一般形式的回归估计, 它包含 NW 型回归估计、GM 型回归估计和 PC 型回归估计. 有不少学者研究过这种权函数回归估计的大样本性质, 例如, Priestley 和 Chao (1972), Clark (1997), Georgiev (1984a, 1984b, 1988), Georgiev 和 Greblicki (1986) 等学者在样本独立的情况下讨论该估计的大样本性质; 而 Fan (1990), Roussas (1989), Roussas 等 (1992), Tran 等 (1996), Yang (2000), 杨善朝和李永明 (2006) 则是在各种相依样本情形下进行讨论的.

Roussas 等 (1992) 在 α-混合条件下讨论了估计 $g_n(x)$ 的渐近正态性, 但没有考虑其收敛速度, 杨善朝和李永明 (2006) 给出了该估计的一致渐近正态性的收敛速度, 本节的主要结果就来源于该文献.

本节使用如下基本假设条件.

(A1)　(i) 对每一个 n, $\{\varepsilon_{n,i}, 1 \leqslant i \leqslant n\}$ 与 $\{\xi_1, \cdots, \xi_n\}$ 有相同的联合分布;

(ii) $\{\xi_j, j \geqslant 1\}$ 是一个均值为零且二阶矩有限的 α-混合随机变量序列;

(iii) $\sup\limits_{j \geqslant 1} E|\xi_j|^{2+\delta} < \infty$, $\alpha(n) = O(n^{-\lambda})$, 其中 $\lambda > (2+\delta)/\delta$ 和 $\delta > 0$.

记 $\omega_n(x) := \max\limits_{1 \leqslant i \leqslant n} |\omega_{n,i}(x)|$, $\sigma_n^2(x) := \mathrm{Var}(g_n(x))$, $u(n) := \sum_{j=n}^{\infty} \alpha^{\delta/(2+\delta)}(j)$.

(A2)　(i) $\sum_{i=1}^{n} |\omega_{n,i}(x)| \leqslant C, \forall n \geqslant 1$;

(ii) $\omega_n(x) = O(\sigma_n^2(x))$ 且 $\sigma_n^2(x) > 0$.

(A3)　存在正整数 $p := p(n)$ 和 $q := q(n)$ 使得对充分大的 n, 有

$$p + q \leqslant n, \quad qp^{-1} \leqslant c < \infty, \tag{8.4.3}$$

且当 $n \to \infty$ 时,

$$\gamma_{1n} \to o, \quad \gamma_{2n} \to o, \quad \gamma_{3n} \to o, \tag{8.4.4}$$

其中 $\gamma_{1n} := nqp^{-1}\omega_n(x)$, $\gamma_{2n} := p\omega_n(x)$, $\gamma_{3n} := np^{-1}\alpha(q)$.

令 $S_n = \sigma_n^{-1}(x)\{g_n(x) - Eg_n(x)\}$, $F_n(u) = P(S_n < u)$, $\Phi(u)$ 为标准正态分布 $N(0,1)$ 的分布函数.

定理 8.4.1　如果条件 (A1)—(A3) 成立, 则

$$\sup_u |F_n(u) - \Phi(u)| \leqslant C\left\{\gamma_{1n}^{1/3} + \gamma_{2n}^{1/3} + \gamma_{2n}^{\rho} + \gamma_{3n}^{1/4} + u(q)\right\}, \tag{8.4.5}$$

其中 ρ 满足

$$0 < \rho \leqslant 1/2, \quad \rho < \min\left\{\frac{\delta}{2}, \frac{\delta\lambda - (2+\delta)}{2\lambda + (2+\delta)}\right\}. \tag{8.4.6}$$

由于 $\sum_{j=1}^{\infty} \alpha^{\delta/(2+\delta)}(j) < \infty$ 蕴含着 $u(q) \to 0$, 且对充分小的 $\rho > 0$, (8.4.6) 式成立, 所以我们有如下推论.

推论 8.4.1 如果条件 (A1)—(A3) 成立, 则

$$\sup_u |F_n(u) - \Phi(u)| = o(1). \tag{8.4.7}$$

在定理中取 $\rho = 1/3$, 我们立即得:

推论 8.4.2 如果条件 (A1)—(A3) 成立, 其中 $\delta > 2/3$ 和 $\lambda > 4(2+\delta)/(3\delta - 2)$, 则

$$\sup_u |F_n(u) - \Phi(u)| \leqslant C \left\{ \gamma_{1n}^{1/3} + \gamma_{2n}^{1/3} + \gamma_{3n}^{1/4} + u(q) \right\}. \tag{8.4.8}$$

推论 8.4.3 如果条件 (A1) 和 (A2) 成立, 其中 $\delta > 2/3$, $\lambda > 4(2+\delta)/(3\delta - 2)$ 且 $\omega_n = O(n^{-1})$, 则

$$\sup_u |F_n(u) - \Phi(u)| = O\left(n^{-1/(6+7/\lambda)}\right). \tag{8.4.9}$$

如果混合系数 $\alpha(n)$ 是以几何速度衰减的, 则 λ 可以充分大, 推论 8.4.3 给出的收敛速度几乎达到 $n^{-1/6}$.

下面考虑定理的证明, 为行文方便, 后面将省略变量 x. 令 $Z_{n,i} = \sigma_n^{-1}\omega_{n,i}\varepsilon_{n,i}$ ($i = 1, 2, \cdots, n$) 以及 $S_n = \sum_{i=1}^n Z_{n,i}$. 取 $k = [n/(p+q)]$, 则 S_n 可以被分解为

$$S_n = S_n' + S_n'' + S_n''', \tag{8.4.10}$$

其中

$$S_n' = \sum_{m=1}^k y_{n,m}, \quad S_n'' = \sum_{m=1}^k y_{n,m}', \quad S_n''' = y_{n,k+1}', \tag{8.4.11}$$

$$y_{n,m} = \sum_{i=k_m}^{k_m+p-1} Z_{n,i}, \quad y_{n,m}' = \sum_{i=l_m}^{l_m+q-1} Z_{n,i}, \quad y_{n,k+1}' = \sum_{i=k(p+q)+1}^n Z_{n,i}, \tag{8.4.12}$$

$$k_m = (m-1)(p+q)+1, \quad l_m = (m-1)(p+q)+p+1, \quad m = 1, \cdots, k.$$

为了证明定理, 我们首先证明几个引理:

引理 8.4.1 假设条件 (A1), (A2) 和 (8.4.3) 成立, 则

$$E(S_n'')^2 \leqslant C\gamma_{1n}, \quad E(S_n''')^2 \leqslant C\gamma_{2n}, \tag{8.4.13}$$

$$P(|S_n''| \geqslant \gamma_{1n}^{1/3}) \leqslant C\gamma_{1n}^{1/3}, \quad P(|S_n'''| \geqslant \gamma_{2n}^{1/3}) \leqslant C\gamma_{2n}^{1/3}. \tag{8.4.14}$$

证明 由引理 8.3.1 以及 (A2) 和 (8.4.3) 式, 我们有

$$E(S_n'')^2 \leqslant C \sum_{m=1}^k \sum_{i=k_m}^{k_m+q-1} \sigma_n^{-2}\omega_{n,i}^2$$

$$\leqslant Ckq\sigma_n^{-2}\omega_n^2$$

$$\leqslant C\frac{n}{p+q}q\omega_n$$

$$\leqslant C(1+qp^{-1})^{-1}nqp^{-1}\omega_n$$

$$= C\gamma_{1n} \tag{8.4.15}$$

且

$$E(S_n''')^2 \leqslant C\sum_{i=k(p+q)+1}^{n}\sigma_n^{-2}\omega_{n,i}^2,$$

$$\leqslant C(n-k(p+q))\sigma_n^{-2}\omega_n^2$$

$$\leqslant C\left(\frac{n}{p+q}-k\right)(p+q)\omega_n$$

$$\leqslant C(1+qp^{-1})p\omega_n$$

$$= C\gamma_{2n}. \tag{8.4.16}$$

因此, (8.4.13) 式成立. 从而由 Morkov 不等式得 (8.4.14) 式. 证毕.

令 $s_n^2 := \sum_{m=1}^{k}\mathrm{Var}(y_{n,m})$.

引理 8.4.2　假设条件 (A1)—(A3) 成立, 则

$$|s_n^2 - 1| \leqslant C(\gamma_{1n}^{1/2} + \gamma_{2n}^{1/2} + u(q)). \tag{8.4.17}$$

证明　令 $\Gamma_n = \sum_{1\leqslant i<j\leqslant k}\mathrm{Cov}(y_{n,i}, y_{n,j})$. 注意到 $E(S_n)^2 = 1$. 显然 $s_n^2 = E(S_n')^2 - 2\Gamma_n$ 且

$$E(S_n')^2 = E[S_n - (S_n'' + S_n''')]^2 = 1 + E(S_n'' + S_n''')^2 - 2E[S_n(S_n'' + S_n''')]. \tag{8.4.18}$$

因此, 由引理 8.4.1, 得

$$|E(S_n')^2 - 1| = |E(S_n'' + S_n''')^2 - 2E[S_n(S_n'' + S_n''')]| \leqslant C(\gamma_{1n}^{1/2} + \gamma_{2n}^{1/2}). \tag{8.4.19}$$

另一方面,

$$|\Gamma_n| \leqslant \sum_{1\leqslant i<j\leqslant k}|\mathrm{Cov}(y_{n,i}, y_{n,j})|$$

$$\leqslant \sum_{1\leqslant i<j\leqslant k}\sum_{s=k_i}^{k_i+p-1}\sum_{t=k_j}^{k_j+p-1}|\mathrm{Cov}(Z_{n,s}, Z_{n,t})|$$

$$\leqslant \sum_{1\leqslant i<j\leqslant k} \sum_{s=k_i}^{k_i+p-1} \sum_{t=k_j}^{k_j+p-1} \sigma_n^{-2} |\omega_{n,s}\omega_{n,t}| \cdot |\mathrm{Cov}(\xi_s,\xi_t)|$$

$$\leqslant C \sum_{1\leqslant i<j\leqslant k} \sum_{s=k_i}^{k_i+p-1} \sum_{t=k_j}^{k_j+p-1} \sigma_n^{-2} |\omega_{n,s}\omega_{n,t}| \alpha^{\delta/(2+\delta)}(t-s) ||\xi_s||_{2+\delta} \cdot ||\xi_t||_{2+\delta}$$

$$\leqslant C \sum_{i=1}^{k-1} \sum_{s=k_i}^{k_i+p-1} |\omega_{n,s}| \sum_{j=i+1}^{k} \sum_{t=k_j}^{k_j+p-1} \alpha^{\delta/(2+\delta)}(t-s)$$

$$\leqslant C \sum_{s=1}^{n} |\omega_{n,s}| \sum_{j=q}^{\infty} \alpha^{\delta/(2+\delta)}(j)$$

$$\leqslant Cu(q), \tag{8.4.20}$$

(8.4.19) 和 (8.4.20) 意味着 (8.4.17). 证毕.

假设 $\{\eta_{n,m}, m=1,\cdots,k\}$ 是独立随机变量序列, $\eta_{n,m}$ 与 $y_{n,m}(m=1,\cdots,k)$ 有相同的分布. 令 $T_n = \sum_{m=1}^{k} \eta_{n,m}$, $B_n = \sum_{m=1}^{k} \mathrm{Var}(\eta_{n,m})$. 设 $\widetilde{F}_n(u), G_n(u)$ 和 $\widetilde{G}_n(u)$ 分布是 S_n', $T_n/\sqrt{B_n}$ 和 T_n 的分布函数.

显然

$$B_n = s_n^2, \quad \widetilde{G}_n(u) = G_n(u/s_n). \tag{8.4.21}$$

引理 8.4.3 假设条件 (A1)—(A3) 成立, 则

$$\sup_u |G_n(u) - \Phi(u)| \leqslant C\gamma_{2n}^\rho, \tag{8.4.22}$$

其中 ρ 满足 (8.4.6).

证明 由条件 (8.4.6), 我们有 $0 < 2\rho \leqslant 1$, $0 < 2\rho < \delta$ 和 $(2+\delta)/\delta < (1+\rho)(2+\delta)/(\delta-2\rho) < \lambda$. 令 $r = 2(1+\rho)$ 和 $\tau = \delta - 2\rho$, 则 $r + \tau = 2 + \delta$ 和

$$\frac{r(r+\tau)}{2\tau} = \frac{(1+\rho)(2+\delta)}{\delta-2\rho} < \lambda. \tag{8.4.23}$$

利用定理 8.3.3, 且取 $\varepsilon = \rho$, 我们有

$$\sum_{m=1}^{k} E|y_{n,m}|^r \leqslant C \sum_{m=1}^{k} \left\{ p^\rho \sum_{i=k_m}^{k_m+p-1} E|Z_{n,i}|^r + \left(\sum_{i=k_m}^{k_m+p-1} \sigma_n^{-2} \omega_{n,i}^2 ||\xi_i||_{2+\delta}^2 \right)^{r/2} \right\}$$

$$\leqslant C \sum_{m=1}^{k} \left\{ p^\rho \sum_{i=k_m}^{k_m+p-1} |\omega_{n,i}|^{r/2} + \left(\sum_{i=k_m}^{k_m+p-1} |\omega_{n,i}| \right)^{1+\rho} \right\}$$

$$\leqslant C p^\rho \sum_{i=1}^{n} |\omega_{n,i}|^{1+\rho}$$

$$\leqslant C p^{\rho} \omega_n^{\rho} \sum_{i=1}^{n} |\omega_{n,i}|$$

$$\leqslant C \gamma_{2n}^{\rho}. \tag{8.4.24}$$

另外, 由引理 8.4.2 知 $B_n = s_n^2 \to 1$. 所以

$$\frac{1}{B_n^{1+\rho}} \sum_{m=1}^{k} E|\eta_{n,m}|^{2+2\rho} \leqslant C \gamma_{2n}^{\rho}. \tag{8.4.25}$$

由 Berry-Esseen 不等式 (定理 1.3.9), 我们得 (8.4.22) 式. 证毕.

引理 8.4.4　假设条件 (A1)—(A3) 成立, 则

$$\sup_{u} |\widetilde{F}_n(u) - \widetilde{G}_n(u)| \leqslant C \left\{ \gamma_{2n}^{\rho} + \gamma_{3n}^{1/4} \right\}, \tag{8.4.26}$$

其中 ρ 满足 (8.4.6).

证明　假设 $\varphi(t), \psi(t)$ 分别是 S_n', T_n 的特征函数. 显然 $\psi(t) = E(\exp\{itT_n\}) = \prod_{m=1}^{k} E \exp\{it\eta_{n,m}\} = \prod_{m=1}^{k} E \exp\{ity_{n,m}\}$. 利用定理 8.3.5, 有

$$|\varphi(t) - \psi(t)| = \left| E \exp\left(it \sum_{m=1}^{k} y_{n,m} \right) - \prod_{m=1}^{k} E \exp(ity_{n,m}) \right|$$

$$\leqslant C|t|\alpha^{1/2}(q) \sum_{m=1}^{k} \|y_{n,m}\|_2$$

$$\leqslant C|t|\alpha^{1/2}(q) \sum_{m=1}^{k} \left\{ \sum_{i=k_m}^{k_m+p-1} \sigma_n^{-2} \omega_{n,i}^2 \right\}^{1/2}$$

$$\leqslant C|t|\alpha^{1/2}(q) \left\{ k \sum_{m=1}^{k} \sum_{i=k_m}^{k_m+p-1} |\omega_{n,i}| \right\}^{1/2}$$

$$\leqslant C|t|(k\alpha(q))^{1/2}$$

$$= C|t|\gamma_{3n}^{1/2}. \tag{8.4.27}$$

因此

$$\int_{-T}^{T} \left| \frac{\varphi(t) - \psi(t)}{t} \right| dt \leqslant C \gamma_{3n}^{1/2} T. \tag{8.4.28}$$

另一方面, 注意到 $\widetilde{G}_n(u) = G_n(u/s_n)$, 且利用引理 8.4.3, 我们有

$$\sup_{u} \left| \widetilde{G}_n(u+y) - \widetilde{G}_n(u) \right|$$

$$\leqslant \sup_u |G_n((u+y)/s_n) - G_n(u/s_n)|$$

$$\leqslant \sup_u |G_n((u+y)/s_n) - \Phi((u+y)/s_n)| + \sup_u |\Phi((u+y)/s_n) - \Phi(u/s_n)|$$

$$\quad + \sup_u |G_n(u/s_n) - \Phi(u/s_n)|$$

$$\leqslant 2\sup_u |G_n(u) - \Phi(u)| + \sup_u |\Phi((u+y)/s_n) - \Phi(u/s_n)|$$

$$\leqslant C\{\gamma_{2n}^\rho + |y|/s_n\}$$

$$\leqslant C\{\gamma_{2n}^\rho + |y|\}. \tag{8.4.29}$$

因此

$$T\sup_u \int_{|y|\leqslant c/T} \left|\widetilde{G}_n(u+y) - \widetilde{G}_n(u)\right| dy$$

$$\leqslant CT \int_{|y|\leqslant c/T} \{\gamma_{2n}^\rho + |y|\} dy$$

$$\leqslant C\{\gamma_{2n}^\rho + 1/T\}. \tag{8.4.30}$$

由 Esseen 不等式 (定理 1.3.8)、(8.4.28) 和 (8.4.29), 且取 $T = \gamma_{3n}^{-1/4}$, 有

$$\sup_u |\widetilde{F}_n(u) - \widetilde{G}_n(u)|$$

$$\leqslant \int_{-T}^{T} \left|\frac{\varphi(t) - \psi(t)}{t}\right| dt + T\sup_u \int_{|y|\leqslant c/T} \left|\widetilde{G}_n(u+y) - \widetilde{G}_n(u)\right| dy$$

$$\leqslant C\{\gamma_{3n}^{1/2}T + \gamma_{2n}^\rho + 1/T\}$$

$$= C\{\gamma_{2n}^\rho + \gamma_{3n}^{1/4}\}. \tag{8.4.31}$$

因此 (8.4.26) 式成立. 证毕.

引理 8.4.5 (Yang, 2003, 引理 3.7)   假设 $\{\zeta_n : n \geqslant 1\}$ 和 $\{\eta_n : n \geqslant 1\}$ 是两个随机变量序列, $\{\gamma_n : n \geqslant 1\}$ 是一个正实数序列, 满足 $\gamma_n \to 0$ (当 $n \to \infty$ 时). 如果

$$\sup_u |F_{\zeta_n}(u) - \Phi(u)| \leqslant C\gamma_n, \tag{8.4.32}$$

则对任意的 $\varepsilon > 0$, 有

$$\sup_u |F_{\zeta_n+\eta_n}(u) - \Phi(u)| \leqslant C\{\gamma_n + \varepsilon + P(|\eta_n| \geqslant \varepsilon)\}. \tag{8.4.33}$$

证明   记事件 $A = \{\zeta_n + \eta_n < u, |\eta_n| \geqslant \varepsilon\}$. 显然

$$F_{\zeta_n+\eta_n}(u) = P(\zeta_n + \eta_n < u, -\varepsilon < \eta_n < \varepsilon) + P(A)$$

$$\leqslant P(\zeta_n < u + \varepsilon) + P(A), \tag{8.4.34}$$

从而

$$F_{\zeta_n + \eta_n}(u) - \Phi(u) \leqslant P(\zeta_n < u + \varepsilon) - \Phi(u) + P(|\eta_n| \geqslant \varepsilon). \tag{8.4.35}$$

另一方面,

$$
\begin{aligned}
F_{\zeta_n + \eta_n}(u) &= P(\zeta_n + \eta_n < u, -\varepsilon < \eta_n < \varepsilon) + P(A) \\
&\geqslant P(\zeta_n + \varepsilon < u, -\varepsilon < \eta_n < \varepsilon) + P(A) \\
&= P(\zeta_n < u - \varepsilon) - P(\zeta_n + \varepsilon < u, |\eta_n| \geqslant \varepsilon) + P(A) \\
&\geqslant P(\zeta_n < u - \varepsilon) - P(|\eta_n| \geqslant \varepsilon) + P(A) \\
&\geqslant P(\zeta_n < u - \varepsilon) - P(|\eta_n| \geqslant \varepsilon),
\end{aligned}
\tag{8.4.36}
$$

所以

$$F_{\zeta_n + \eta_n}(u) - \Phi(u) \geqslant P(\zeta_n < u - \varepsilon) - \Phi(u) - P(|\eta_n| \geqslant \varepsilon). \tag{8.4.37}$$

因此, 由 (8.4.35) 和 (8.4.37), 有

$$
\begin{aligned}
&|F_{\zeta_n + \eta_n}(u) - \Phi(u)| \\
&\leqslant |F_{\zeta_n}(u + \varepsilon) - \Phi(u)| + |F_{\zeta_n}(u - \varepsilon) - \Phi(u)| + P(|\eta_n| \geqslant \varepsilon) \\
&\leqslant \sup_u |F_{\zeta_n}(u) - \Phi(u)| + \sup_u |\Phi(u \pm \varepsilon) - \Phi(u)| + P(|\eta_n| \geqslant \varepsilon) \\
&\leqslant C\{\gamma_n + \varepsilon\} + P(|\eta_n| \geqslant \varepsilon),
\end{aligned}
\tag{8.4.38}
$$

所以得结论. 证毕.

定理 8.4.1 的证明   显然

$$
\begin{aligned}
&\sup_u |\widetilde{F}_n(u) - \Phi(u)| \\
&\leqslant \sup_u |\widetilde{F}_n(u) - \widetilde{G}_n(u)| + \sup_u |\widetilde{G}_n(u) - \Phi(u/\sqrt{B_n})| \\
&\quad + \sup_u |\Phi(u/\sqrt{B_n}) - \Phi(u)| \\
&=: J_{1n} + J_{2n} + J_{3n}.
\end{aligned}
\tag{8.4.39}
$$

由引理 8.4.4, 有

$$J_{1n} \leqslant C\left\{\gamma_{2n}^\rho + \gamma_{3n}^{1/4}\right\}, \tag{8.4.40}$$

由引理 8.4.3, 有

$$
\begin{aligned}
J_{2n} &= \sup_u |G_n(u/\sqrt{B_n}) - \Phi(u/\sqrt{B_n})| \\
&= \sup_u |G_n(u) - \Phi(u)| \\
&\leqslant C\gamma_{2n}^\rho,
\end{aligned}
\tag{8.4.41}
$$

而由引理 8.4.2, 有

$$
J_{3n} \leqslant C|s_n^2 - 1| \leqslant C\left\{\gamma_{1n}^{1/2} + \gamma_{2n}^{1/2} + u(q)\right\}.
\tag{8.4.42}
$$

联合 (8.4.39)—(8.4.42), 得

$$
\sup_u |\widetilde{F}_n(u) - \Phi(u)| \leqslant C\left\{\gamma_{1n}^{1/2} + \gamma_{2n}^{1/2} + \gamma_{2n}^\rho + \gamma_{3n}^{1/4} + u(q)\right\}.
\tag{8.4.43}
$$

由引理 8.4.5 以及 (8.4.10)、(8.4.14) 和 (8.4.43), 我们得到所需结论. 证毕.

推论8.4.3的证明   令 $p = [n^\tau]$, $q = [n^{2\tau-1}]$, 其中 $\tau = \dfrac{1}{2} + \dfrac{7}{2(6\lambda+7)}$, 则有

$$
\gamma_{1n}^{1/3} = O\left(n^{-(1-\tau)/3}\right) = O\left(n^{-\lambda/(6\lambda+7)}\right),
\tag{8.4.44}
$$

$$
\gamma_{2n}^{1/3} = O\left(n^{-(1-\tau)/3}\right) = O\left(n^{-\lambda/(6\lambda+7)}\right),
\tag{8.4.45}
$$

$$
\gamma_{3n}^{1/4} = O\left(n^{-(\tau+\lambda(2\tau-1)-1)/4}\right) = O\left(n^{-\lambda/(6\lambda+7)}\right),
\tag{8.4.46}
$$

以及

$$
\begin{aligned}
u(q) &= O\left(\sum_{j=q}^\infty j^{-\lambda\delta/(2+\delta)}\right) \\
&= O\left(q^{-\lambda\delta/(2+\delta)+1}\right) \\
&= O\left(n^{-(2\tau-1)(\lambda\delta/(2+\delta)-1)}\right) \\
&= O\left(n^{-\frac{7(\lambda\delta-2-\delta)}{(6\lambda+7)(2+\delta)}}\right).
\end{aligned}
\tag{8.4.47}
$$

显然, $\dfrac{4(2+\delta)}{3\delta-2} > \dfrac{7(2+\delta)}{6\delta-2}$. 因此 $\lambda > \dfrac{4(2+\delta)}{3\delta-2}$ 意味着 $\dfrac{7(\lambda\delta-2-\delta)}{(6\lambda+7)(2+\delta)} > \dfrac{\lambda}{6\lambda+7}$. 所以

$$
u(q) = O\left(n^{-\lambda/(6\lambda+7)}\right).
\tag{8.4.48}
$$

由上述式子和推论 8.4.2, 我们得到 (8.4.9). 证毕.

参 考 文 献

陈希孺, 方兆本, 李国英, 等. 非参数统计. 上海: 上海科学技术出版社, 1989.

林正炎, 陆传荣, 苏中根. 概率极限理论基础. 北京: 高等教育出版社, 1999.

孙志华, 尹俊平, 陈菲菲, 等. 非参数与半参数统计. 北京: 清华大学出版社, 2016.

杨善朝. 1995. 混合序列加权和的强收敛性. 系统科学与数学, 15(3): 254-288.

杨善朝, 李永明. 2006. 强混合样本下回归加权估计的一致渐近正态性. 数学学报, 49(5): 1163-1170.

杨善朝, 王岳宝. 1999. NA 样本回归函数估计的强相合性. 应用数学学报, 22(4): 522-530.

张煜东, 颜俊, 王水花, 等. 2010. 非参数估计方法. 武汉工程大学学报, 32(7): 99-106.

Asghari P, Fakoor V. 2017. A Berry-Esseen type bound for the kernel density estimator based on a weakly dependent and randomly left truncated data. Journal of Inequalities and Applications, DOI10.1186/s13660-016-1272-0.

Barndorff-Nielsen O E, Shephard N. 2006. Power variation and time change. Theory of Probability and its Applications, 50(1): 1-15.

Beirlant J, Berlinet A, Györfi L. 1999. On piecewise linear density estimators. Statistica Neerlandica, 53(3): 287-308.

Benedetti J K. 1977. On the nonparametric estimation of regression functions. Journal of the Royal Statistical Society, Series B (Methodological), 39(2): 248-253.

Bensaïd N, Dabo-Niang S. 2010. Frequency polygons for continuous random fields. Statistical Inference for Stochastic Processes, 13: 55-80.

Billingsley P. 1968. Convergence of Probability Measures. New York: Wiley.

Birkel T. 1988. Moment bounds for associated sequences. Annals of Probability, 16: 1184-1193.

Cacoullos T. 1966. Estimation of a multivariate density. Annals of the Institute of Statistical Mathematics, 18(1): 179-189.

Carbon M. 2007. Frequency polygons for random fields (Density estimation for random fields). Revista de Matemática: Teoríay Aplicaciones, 14(2): 105-122.

Carbon M, Francq C, Tran L T. 2010. Asymptotic normality of frequency polygons for random fields. Journal of Statistical Planning and Inference, 140(2): 502-514.

Carbon M, Garel B, Tran L T. 1997. Frequency polygons for weakly dependent processes. Statistics and Probability Letters, 33: 1-13.

Chen J, Chen S, Rao J N K. 2003. Empirical likelihood confidence intervals for the mean of a population containing many zero values. Canadian Journal of Statistics, 31: 53-68.

Chen J, Sitter R R, Wu C. 2002. Using empirical likelihood methods to obtain range restricted weights in regression estimators for surveys. Biometrika, 89: 230-237.

Chen J, Variyath A M, Abraham B. 2008. Adjusted empirical likelihood and its properties. Journal of Computational and Graphical Statistics, 17(2): 426-443.

Chen S X, Qin Y S. 2000. Empirical likelihood confidence intervals for a local linear smoothers. Biometrika, 87: 946-953.

Chen X, Hansen L P, Carrasco M. 2010. Nonlinearity and temporal dependence. Journal of Econometrics, 155: 155-169.

Cheng K F, Lin P E. 1981. Nonparametric estimation of a regression function. Z. Wahrscheinlichkeitstheorie Verw. Gebiete, 57: 223-233.

Clark R M. 1997. Non-parametric estimation of a smooth regression function. Journal of the Royal Statistical Society, Series B, 39: 107-113.

Collomb G. 1980. Estimation de la regression par la methode des k points les plus proches avec noyau: Quelques propriétés de convergence ponctuelle//Lecture Notes in Mathematics. New York, Berlin: Springer-Verlag.

Deng W S, Wu J S, Chen L C, et al. 2014. A note on the frequency polygon based on the weighted sums of binned data. Communications in Statistics-Theory and Methods, 43(8): 1666-1685.

Devroye L P, Wagner T J. 1977. The strong uniform consistency of nearest neighbor density estimates. Annals of Statistics, 5(3): 536-540.

Devroye L P, Wagner T J. 1980. Distribution-free consistency results in nonparametric discrimination and regression function estimation. The Annals of Statistics, 8(2): 231-239.

Devroye L P. 1981. On the almost everywhere convergence of nonparametric regression function estimates. The Annals of Statistics, 9(6): 1310-1319.

Ding L, Chen P. 2021. Wavelet estimation in heteroscedastic regression models with α-mixing random errors.Lithuanian Mathematical Journal, 6(1):13-36.

Dong J P, Zheng C. 2001. Generalized edge frequency polygon for density estimation. Statistics and Probability Letters, 55(2): 137-145.

Epanechnikov V A. 1969. Non-parametric estimation of a multivariate probability density. Theory of Probability and Its Applications, 14(1): 153-158.

Eubank R L. 1999. Nonparametric Regression and Spline Smoothing. 2nd ed. San Bernardino: Macsource Press.

Fan Y. 1990. Consistent nonparametric multiple regression for dependent heterogeneous processes: The fixed design case. Journal of Multivariate Analysis, 33: 72-88.

Gasser T, Müller H G. 1979. Kernel estimation of regression functions//Gasser T, Rosenblatt M. Smoothing Techniques for Curve Estimation. Berlin Heidelberg, New York: Springer-Verlag.

Gasser T,Müller H G, Mammitzsch V. 1985. Kernels for nonparametric curve estimation. Journal of the Royal Statistical Society, Series B, 47: 238-252.

Georgiev A A. 1984a. Kernel estimates of functions and their derivatives with applications. Statistics and Probability Letters, (2): 45-50.

Georgiev A A. 1984b. Speed of convergence in nonparametric kernel estimation of a regression function and its derivatives. Annals of the Institute of Statistical Mathematics, 36: 455-462.

Georgiev A A. 1988. Consistent nonparametric multilpe regression: The fixed design case. Journal of Multivariate Analysis, 25: 100-110.

Georgiev A A, Greblicki W. 1986. Nonparametric function recovering from noisy observations. Journal of Statistical Planning and Inference, 13: 1-14.

Gnedenko B V, Kolmogorov A N. 1954. Limit Distributions for Sums of Independent Random Variables (Revised Edition). Cambridge: Addison Wesley.

Gorodetskii V V. 1977. On the strong mixing property for linear sequences. Theory Probability Applications, 22: 411-413.

Greblicki W, Krzyzak A, Pawlak M. 1984. Distribution-free pointwise consistency of kernel regression estimate. The Annals of Statistics, 12(4): 1570-1575.

Härdle W. 1994. Applied Nonparametric Regression. Berlin: Humboldt-Universität zu Berlin.

Hoeffding W. 1963. Probability inequalities for sums of bounded random variables. Journal of the American Statistical Association, 58(301): 13-30.

Jones M C, Samiuddin M, Al-Harbey A H, et al. 1998. The edge frequency polygon. Biometrika, 85(1): 235-239.

Kolaczyk E D. 1994. Empirical likelihood for generalized linear models. Statistica Sinica, 4: 199-218.

Liang H Y, de Una-Alvarez J. 2009. A Berry-Esseen type bound in kernel density estimation for strong mixing censored samples. Journal of Multivariate Analysis, 100(6): 1219-1231.

Liang H Y, Peng L. 2010. Asymptotic normality and Berry-Esseen results for conditional density estimator with censored and dependent data. Journal of Multivariate Analysis, 101(5): 1043-1054.

Loftsgaarden D O, Quesenberry C P. 1965. A nonparametric estimate of a multivariate density function. Annals of Mathematical Statistics, 36(3): 1049-1051.

Moore D S, Henrichon E G. 1969. Uniform consistency of some estimates of a density function. Annals of Mathematical Statistics, 40: 1499-1502.

Moore D S, Yackel J W. 1977. Consistency properties of nearest neighbor density function estimators. Annals of Statistics, 5(1): 143-154.

Nadaraya É A. 1964. On estimating regression. Theory of Probability and Its Applications, 9: 141-142.

Nadaraya É A. 1965. On non-parametric estimates of density functions and regression curves. Theory of Probability and Its Applications, 10(1): 186-190.

Owen A B. 1988. Empirical likelihood ratio confidence intervals for a single functional. Biometrika, 75: 237-249.

Owen A B. 1990. Empirical likelihood ratio confidence regions. The Annals of Statistics, 18: 90-120.

Owen A B. 1991. Empirical likelihood for linear models. Annals of Statistics, 19: 1725-1747.

Owen A B. 2001. Empirical Likelihood. New York: Chapman and Hall/CRC,

Parzen E. 1962. On estimation of a probability density function and mode. Annals of Mathematical Statistics, 33: 1065-1076.

Peligrad M. 1982. Invariance principles for mixing sequences of random variables. Annals of Probability, 10: 968-981.

Peligrad M. 1985. Convergence rates of the strong law for stationary mixing sequences. Z. Wahrscheinlichkeitstheorie Verw. Gebiete, 70: 307-314.

Peligrad M. 1987. On the central limit theorem for ρ-mixing sequences of random variables. Annals of Probability, 15: 1387-1394.

Priestley M B, Chao M T. 1972. Non-parametric function fitting. Journal of the Royal Statistical Society, Series B (Methodological), 34(3): 385-392.

Qin J. 1993. Empirical likelihood in biased sample problems. Annals of Statistics, 21(3): 1182-1196.

Qin J, Lawless J. 1994. Empirical likelihood and general estimating equations. Annals of Statistics, 22: 300-325.

Qin Y S. 1999. Empirical likelihood ratio confidence regions in a partly linear model. 应用概率统计, 15: 363-369.

Qin Y S, Li Y H. 2011. Empirical likelihood for linear models under negatively associated errors. Journal of Multivariate Analysis, 102: 153-163.

Rio E. 1995. The functional law of the iterated logarithm for stationary strongly mixing sequences. Annals of Probability, 23: 1188-1203.

Rosenblatt M. 1956. Remarks on some nonparametric estimates of a density function. Annals of Mathematical Statistics, 27(3): 832-837.

Rosenblatt M. 1956. A central limit theorem and a strong mixing condition. Proc. Nat. Acad. Sci., 42: 43-47.

Rosenthal H P. 1970. On the estimations of sums of independent random variables. Israel Journal of Mathematics, 8: 273-303.

Roussas G G. 1989. Consistent regression with fixed design points under dependence conditions. Statistics and Probability Letters, 8: 41-50.

Roussas G G, Ioannides D A. 1987. Moment inequalities for mixing sequences of random variables. Stochastic Analysis and Applications, 5: 61-120.

Roussas G G, Tran L T, Ioannides D A. 1992. Fixed design regression for time series: Asymptotic normality. Journal of Multivariate Analysis, 40: 162-291.

Scott D W. 1985. Frequency polygons: Theory and application. Journal of the American Statistical Association, 80(390): 348-354.

Shao Q. 1988. A moment inequality and its applications. Acta Mathematica Sinica (in Chinese), 31: 736-747.

Shao Q. 1989. Complete convergence for ρ-mixing sequences. Acta Mathematica Sinica (in Chinese), 32: 377-393.

Shao Q. 1995. Maximal inequalities for partial sums of ρ-mixing sequences. Annals of Probability, 23: 948-965.

Shao Q. 2000. A comparison theorem on moment inequalities between negatively associated and independent random variables. Journal of Theoretical Probability, 13(2): 343-356.

Shao Q, Su C. 1999. The law of the iterated logarithm for negatively associated random variables. Stochastic Processes and their Applications, 83: 139-148.

Shao Q, Yu H. 1996. Weak convergence for weighted empirical processes of dependent sequences. Annals of Probability, 24: 2098-2127.

Spiegelman C, Sacks J. 1980. Consistent window estimation in nonparametric regression. The Annals of Statistics, 8(2): 240-246.

Su C, Zhao L, Wang Y. 1997. Moment inequality and weak convergence for negatively associated sequences. Science in China, Series A: Mathematics, 40(2): 172-182.

Tran L T, Roussas G, Yakowitz S, et al. 1996. Fixed-design regression for linear time series. Annals of Statistics, 24: 975-991.

Van Ryzin J. 1969. On strong consistency of density estimates. Annals of Mathematical Statistics, 40(5): 1765-1772.

Wagner T J. 1973. Strong consistency of a nonparametric estimate of a density function. IEEE Trans. on Systems Man and Cybernet., 3(3): 289-290.

Wang Q H, Rao J N K. 2002a. Empirical likelihood-based inference in linear errors-in-covariables models with validation data. Biometrika, 89(2): 345-358.

Wang Q H, Rao J N K. 2002b. Empirical likelihood-based inference under imputation for missing response data. Annals of Statistics, 30(3): 896-924.

Watson G S. 1964. Smooth regression analysis. Sankhya, Series A, 26: 359-372.

Wei X, Yang S, Yu K, et al. 2010. Bahadur representation of linear kernel quantile estimator of var under α-mixing assumptions. Journal of Statistical Planning and Inference, 140: 1620-1634.

Wheeden R, Zygmund A. 1977. Measure and Integral. New York: Dekker.

Whittle P. 1958. On the smoothing of probability density functions. Journal of the Royal Statistical Society, Series B, 20: 334-343.

Wieczorek B, Ziegler K. 2010. On optimal estimation of a non-smooth mode in a nonparametric regression model with Formula Not Shown -mixing errors. Journal of Statistical Planning and Inference, 140(2): 406-418.

Withers C S. 1981. Conditions for linear processes to be strong-mixing. Z. Wahrscheinlichkeitstheorie Verw. Gebiete, 57: 477-480.

Xing G D, Yang S C, Liang X. 2014. On the uniform consistency of frequency polygons for ψ-mixing samples. Journal of the Korean Statistical Society, 44(2): 179-186.

Yang S. 1997. Moment inequality for mixing sequences and nonparametric estimation. Acta Mathematica Sinica (in Chinese), 40: 271-279.

Yang S. 2000. Moment bounds for strong mixing sequences and their application. J. Math. Research and Exposition, 20: 349-359.

Yang S. 2001. Moment inequalities for the partial sums of random variables. Science in China (Series A), 44: 1-6.

Yang S. 2003. Uniformly asymptotic normality of the regression weighted estimator for negatively associated samples. Statistics and Probability Letters, 62(2): 101-110.

Yang S. 2007. Maximal moment inequality for partial sums of strong mixing sequences and application. Acta Mathematica Sinica, English Series, 23(6): 1013-1024.

Yang X. 2015. Frequency polygon estimation of density function for dependent samples. Journal of the Korean Statistical Society, 44(4): 530-537.

Yokoyama R. 1980. Moment bounds for stationary mixing sequences. Z. Wahrscheinlichkeitstheorie Verw. Gebiete, 52: 45-57.

Zhang L X. 1998. Rosenthal type inequalities for B-valued strong mixing random fields and their applications. Science in China Series A: Mathematics, 41(7): 736-745.

Zhang L X. 2000. Further moment inequalities and the strong law of large numbers for bvalued strong mixing random fields. Chinese Acta Appl. Math.(in Chinese), 23(4): 518-525.

Zhang L X, Wen J W. 2001. A weak convergence for negatively associated fields. Statistics and Probability Letters, 53: 259-267.